2016 年
中国农业技术推广发展报告

ZHONGGUO NONGYE JISHU TUIGUANG FAZHAN BAOGAO

中华人民共和国农业部　编

中国农业出版社

图书在版编目（CIP）数据

2016 年中国农业技术推广发展报告／中华人民共和
国农业部编 . —北京：中国农业出版社，2018.3
ISBN 978-7-109-24012-4

Ⅰ.①2…　Ⅱ.①中…　Ⅲ.①农业科技推广—研究
报告—中国—2016　Ⅳ.①F324.3

中国版本图书馆 CIP 数据核字（2018）第 057070 号

中国农业出版社出版
（北京市朝阳区麦子店街 18 号楼）
（邮政编码 100125）
责任编辑　郭银巧

中国农业出版社印刷厂印刷　　新华书店北京发行所发行
2018 年 3 月第 1 版　　2018 年 3 月北京第 1 次印刷

开本：787mm×1092mm　1/16　印张：18
字数：407 千字
定价：100.00 元
（凡本版图书出现印刷、装订错误，请向出版社发行部调换）

致　谢

在本书编写过程中，以下人员参与了各地农业技术推广典型材料的编写或提供了有关材料，特此感谢！（以姓氏笔画为序）

于　轩　于　良　于金海　王端容　韦文捷
申　巍　石敬祥　亚库甫江·吐尔逊　刘　菲
刘　献　刘丽文　吴　洁　吴　涛　初蔚琳
张晓华　范　利　范士超　罗蓓蓓　周陆昌
郑　宇　郑福禄　贺凌倩　柴一梅　徐　嘉
徐友伟　崔淑丽　韩　民　鲁　方　曾庆鸿
谢国和

［前 言］

农业现代化关键在科技进步。提高农业科技转化率，关键环节是推广。随着农业新技术、新成果的迅速更新和不断升级，农业技术推广在农业农村经济工作中的重要地位日益凸显，已经成为实施创新驱动发展战略、实现"三农""强富美"目标的重要力量。2016年中央1号文件明确提出要深入贯彻五大发展理念，大力推进农业现代化，不断巩固农业农村发展好形势，这为今后一段时期的农业技术推广工作提供了重要遵循和行动指南。2016年，全国各级农业技术推广机构积极响应中央号召，坚持围绕中心、紧扣主线、突出重点、服务全局，在加快农业发展方式转变、保障重要农产品有效供给、促进绿色发展和可持续发展等方面做了大量卓有成效的工作。一大批农业重大项目陆续实施，一系列优质高效技术模式、高新技术物化产品、配套生产技术工艺等得以大面积推广应用，农技推广体系改革建设、推广机制创新、队伍素质提升等不断取得新突破，为全面保障国家粮食安全、有效提升农业产出质量和效率做出了重要贡献。

为总结交流各地农业技术推广工作的好经验好做法，进一步提升农业技术推广工作效能，我们组织编写了《2016年中国农业技术推广发展报告》。在编写过程中，本着"突出典型、以点带面"的原则，系统总结了2016年全国农业技术推广工作的基本情况，包括2016年全国农业技术推广体系改革建设、农业技术推广重大政策规定、农业技术推广重大项目实施、农业技术推广工作举措等，以期为各地深化农业技术推广改革建设提供借鉴，持续巩固农业技术推广整体工作良好的发展势头。

本书的编辑出版，得到了农业部有关司局和各省（自治区、直辖市）农业行政主管部门、各级农业技术推广机构的大力支持，在此一并致谢！

编 者

2017 年 12 月

[目 录]

前言

第一篇　2016 年全国农业技术推广体系改革建设情况概述

第二篇　2016 年度出台的重大政策及文件汇编

第三篇　农业技术推广重大项目实施情况

第四篇 各地农业技术推广工作创新典型材料

目　录

第一篇

2016年全国农业技术推广体系改革建设情况概述

2016年是"十三五"规划的开局之年，也是我国农业转方式调结构、加快转型升级的关键一年。一年来，在党中央国务院的坚强领导下，各地农技推广部门和广大农业科技工作者紧紧围绕"提质增效转方式、稳粮增收可持续"这一目标，充分发挥技术优势、人才优势和体系优势，全力推进农业供给侧结构性改革，着力推动农业绿色发展和可持续发展，为确保农业农村经济持续向好、实现"十三五"规划良好开局做出了重要贡献。农业技术推广在我国农业全局工作中的作用地位日益凸显，已经成为农业增产增效和农民增收致富的重要依靠。

一、农业技术推广体系改革与建设成效显著

（一）"一个衔接、两个覆盖"目标基本实现

随着农技推广法的深入实施，基层农技推广机构的公益性定位不断强化。目前，绝大多数基层农技推广机构已经纳入地方财政全额拨款事业单位序列，农技人员工资纳入财政预算，乡镇农技人员工资待遇与当地事业单位人员的平均收入基本衔接。2016年，中央财政继续投入26亿元实施"基层农技推广体系改革与建设补助项目"（以下简称"补助项目"），覆盖全国31个省（自治区、直辖市）、3个计划单列市、2个农业部直属垦区和新疆生产建设兵团等37个省级单位的2 436个农业县（市、区、场）。各级地方政府也安排相应资金，用于保障基层农技推广机构履行职能，基层农技推广机构的工作条件和服务手段得到明显改善。

经过多年改革建设，全国农技推广体系更加健全，截至2016年底，共有省、市（地）、县、乡四级农技推广机构7.49万个，其中，乡镇农技推广机构（区域站）5.41万个，占72.2%；编制内农技人员51.16万人，其中，乡镇农技人员28.28万人，占55.27%。基层农技推广体系改革的有序有效推进，为解决农技推广"最后一公里"问题奠定了坚实基础。

（二）"三权在县"管理模式全面推开

科学合理的管理体制是保证农技推广机构有效履行职能的前提。目前，根据乡镇农技推广机构人、财、物的归属情况，其管理体制一般分为3种：县农业行政部门为主管理、乡镇政府为主管理、县农业行政部门和乡镇政府共同管理。近年来，农业部根据农技推广工作的特点，积极倡导"三权在县"的管理体制，加强县级农业主管部门对乡镇农技推广机构的管理和指导。河北、安徽、江西、河南、吉林、湖南、四川、甘肃等地将理顺管理体制作为推广体系改革的主要工作来抓，结合当地实际，探索出比较成功的乡镇农技推广机构管理模式，较好地解决了因条块分割造成的管人与管事分离问题。如河北省跨乡镇设置区域站，以行业部门管理为主，实行"县办县管"；安徽省强化县级管理部门作用，对乡镇农技推广机构实行"三权在县"的"县办县管"管理模式；吉林省通过在乡镇设置专业站所，实行县乡双重管理、以县级农业部门管理为主的"县管乡用"模式。经过几年的改革，全国以县管为主的乡镇农技推广机构比例逐年提升。据统计，截至2016年底，全

国 44.98％的乡镇农技推广机构已实行"三权在县"或县乡双重管理、以县为主的管理模式。"三权在县"的管理体制，在保证基层农技人员从事农技推广本职工作的时间和精力、落实工作经费和加强条件建设方面起到了重要作用，促进了基层农技推广机构公益性职能的履行。

（三）农技推广队伍素质大幅提升

通过实施基层农技推广补助项目、农技推广骨干人才培训、特岗计划等，基层农技推广队伍不断充实，技术力量不断加强。各地各级农业部门也制定了一系列政策措施，加强基层农技推广人才的引进和培养。浙江省建立"省级统一组织、培训基地承办、异地集中办班、示范县选派学员"的农技人员培训机制，有效提升了基层农技人员为农服务能力，受到广大基层农技人员的欢迎。安徽省结合农技推广补助项目，实行基层农技人员学历提升计划，对考核称职以上并参加学历提升教育的基层农技人员给予每人90％的学费补助，全省1 000多名农技人员参加全国成人教育统考并被录取。福建省招收录取37名乡镇农技推广机构紧缺人才定向委培生。江西省从2014年起，采取"定向招生、定向培养、定向就业"，大力培养基层农技人员，至2016年已累计招录学生1 051名。2016年，全国基层农技人员人均接受业务培训3.12次；20余万人接受了5天以上的脱产业务培训，其中由省、地两级组织培训人数为15.04万人、参加跨省培训0.68万人。部分省还开展基层农技人员学历提升行动，支持基层农技人员到高等院校进修深造、提升学历，解决农技人员因为学历低而职称评定难的问题。福建省支持81名具有大专学历的乡镇农技人员参加福建农林大学成人专升本学历教育。江西省支持450名基层农技人员参加了学历提升。据统计，截至2016年底，全国农技推广体系编制内农技人员中，具有大专及以上学历的比例为67.58％，拥有各类专业技术职称的占75.24％。基层农技推广队伍人员的学历、技术职称及素质的提升，为加快农业科技成果转化和应用提供了人才保障。

二、新型农技推广与服务机制发展迅速

（一）运行机制日趋多元

各地积极贯彻落实《农业部关于加强基层农技推广工作制度建设的意见》，大力推行农技推广人员聘用制度、工作考评制度、推广责任制度、人员培训制度和多元推广制度等，促进了基层农技推广工作规范管理和有效运行。以"包村联户"为主要形式的工作机制和"专家＋农业技术人员＋科技示范户＋辐射带动户"的技术服务模式在全国农业县普遍建立，基层农技推广工作实现了目标化、责任化、制度化管理，有效调动了基层农技人员下乡服务的积极性、主动性和创造性。据统计，2016年基层农技人员平均从事推广服务天数达到200天，其中在田间（养殖场户）服务60天以上。

2016年全国农技中心继续推进基层农技推广机构星级服务创建试点工作，指导试点乡镇农技推广机构（区域站）在机构建设、队伍建设、运行管理、职能履行、服务效果等5个方面综合创建。试点地区农业主管部门和各级农技推广机构高度重视星级创建工作，科学制定推进方案，精心组织实施，取得了阶段性成效，涌现了一大批机构形象好、班子队伍好、管理运行好、工作业绩好、服务口碑好的"五好"乡镇农技推广机构，推动了基

层农技推广方式方法创新和服务能力提升。

农业部农机推广总站创设了"中国农机推广田间日"技术推广新形式，以体验式、参与式推广为主题，以田间为主要阵地，结合重要农时季节农机作业举办各种技术推广活动，加速新技术、新机具、新成果推广应用，同时，积极推进事企合作共建示范农场建设，总结探索形成适合当地机械化生产的工艺路线、技术要点、机具配套、操作规程及运行机制，为新型经营主体提供全程化、精准化技术服务，发挥示范农场技术创新、试验示范、培训宣传、辐射带动作用。

全国畜牧总站探索并积极开展基层畜牧（草原）技术推广示范站创建，在全国 31 个省（自治区、直辖市）首批创建基层畜牧（草原）技术推广示范站 170 个，给基层站建设树立了标杆、建立了样板，在行业内引起了强烈反响。为进一步提高基层畜牧技术推广人员服务能力和水平，全国畜牧总站与中国农业出版社进行战略合作，准备为全国 170 个示范站建设"养殖书屋"，每个示范站免费配备科技书籍 1 000 册，搭建中国养殖技术服务云平台，组织线上线下培训，为基层站及其所覆盖的养殖场户提供更多服务，让今天的书香，变成明天的奶香、蛋香和肉香。

全国水产技术推广总站联合北京、天津、河北、辽宁、黑龙江、浙江、福建、山东、河南、湖北、湖南、广东、四川、重庆等 14 个省（直辖市）开展水产养殖节能减排技术集成与示范，围绕池塘循环水养殖、多品种生态混养、鱼菜共生等技术模式，新建立核心示范区近 6 万亩*，辐射带动 2 000 多万亩，全国水产技术推广总站与上海海洋大学联合发起"中国稻田综合种养产业技术创新战略联盟"，吸收来自企业、高校、科研、推广等单位 100 多家。

（二）推广模式务实创新

各地主动应对农技推广面临的新形势和新任务，在农技推广方式和方法创新上做了大量有益的探索，积累了一些好经验和好做法。浙江省全面推进基层农业公共服务中心建设，推行"3＋X"的"一站式"职能配置和服务模式，并依托农民专业合作社、农业企业等建设农技服务基地（点），形成一个公共服务中心加若干个农技服务基地（点）的"1＋N"农技推广新方式。甘肃省根据农业区域类型和服务对象的不同，总结推广了两种有代表性的特色服务模式，即以"突出产业、区域建站、特色管理、创新运行、高效服务"为主要特点的"庄浪模式"和以"立足主导产业、突出新型主体、紧扣关键节点、区域整体推进、全程全员服务"为主要特点的"山丹模式"。江苏省通过建设现代农业科技综合示范基地，打造农业科技成果转化新平台。安徽省桐城市针对土地流转率高、种植大户和家庭农场等新型农业经营主体发展快等特点，构建了"农技专家＋种植大户"推广模式，对种植大户进行精准指导和分类服务。上海、湖南等地大力推广和普及农民田间学校农技推广新模式，帮助农民提高分析、研究和解决农业生产中实际问题的能力，受到了农民的一致好评。此外，信息化技术得到广泛应用，农技推广信息网、"12316"、手机APP、农技推广 QQ 群、微信群等信息手段与农技推广的深度融合，有效扩大了技术宣传

---

* 亩为非法定计量单位，1 亩≈667 米^2，余同。——编者注

覆盖面，提升了技术到位率和转化率。安徽省小麦苗情监测物联网系统，对小麦的"苗情、墒情、病虫情、灾情"进行实时远程采集，大大提高了小麦苗情的精准化监测水平，在加强小麦生产管理和防灾减灾方面发挥了重要作用。

三、农业技术推广为产业发展做出突出贡献

（一）立足种植业转型升级，稳定粮食等农产品有效供给

2016年，各级种植业技术推广机构全面实施"藏粮于地、藏粮于技"战略，大力推广农作物新品种和农业新技术，科学控肥、控药、控水，扎实推进种植业各项重点工作，农业生产总体稳定，结构调整有序进行。在稳粮增收方面，2016年成功实现高位护盘，全年粮食产量达到6 162.5亿千克，是继粮食"十二连增"后的历史第二高产年，农民收入稳定增长，增长率继续高于城镇居民；在结构调整方面，2016年调减籽粒玉米3 000万亩左右，粮豆轮作与粮改饲试点改革等协同配套、有序推进；在绿色发展方面，化肥使用量自改革开放以来首次接近零增长，农药使用量继续零增长，畜禽粪便、废旧农膜、秸秆等得到有效处理，农业面源污染防治攻坚战取得新突破。

（二）围绕畜牧业健康发展，增强肉蛋奶优质供给水平

2016年，各级畜牧业技术推广机构围绕农业部党组"保供给、保安全、保生态"决策部署，强化技术服务与支撑，着力加强草原保护建设，通过试点示范等推广了以畜禽标准化生产、畜禽粪便资源化利用、草原鼠虫害治理等为代表的先进技术，为现代畜牧业建设和农牧民增收提供了支撑、做出了贡献。全年畜牧业产出基本稳定，结构进一步优化，2016年全年肉类总产量8 540万吨，比2015年下降1.0％。其中，猪肉产量5 299万吨，下降3.4％；牛肉产量717万吨，增长2.4％；羊肉产量459万吨，增长4.2％；禽肉产量1 888万吨，增长3.4％；禽蛋产量3 095万吨，增长3.2％；牛奶产量3 602万吨，下降4.1％。

（三）着眼现代渔业建设，提升水产品安全供给能力

2016年，各级水产技术推广部门紧紧围绕渔业中心工作，开展渔业产业结构调整，强化集成示范，全力推进现代水产养殖新技术新模式应用，稻渔综合种养示范推广到2016年达2 250万亩，渔业平均亩产量75千克。服务现代种业，不断提高水产养殖良种化水平，累计组织推广水产良种65个，审定通过新品种14个。着力加强疫病监控和规范用药指导，全国监测面积达30多万公顷，监测养殖种类70余种、养殖病害近百种。加强资源养护，大力提升渔业生态环境治理技术支撑水平，努力促进一、二、三产融合发展和产业扶贫，为推进现代渔业建设提供了有力的技术支撑，为渔业增效、渔民增收做出了积极贡献。全年水产品产量达6 900万吨，比2015年增长3.0％。其中，养殖水产品产量5 156万吨，增长4.4％；捕捞水产品产量1 744万吨，下降1.0％。

（四）加速农机产业融合，提升机械化作业水平

2016年，全国农机推广系统以落实政策为保障，以重大项目实施为抓手，以推广先进适用农机化技术为重点，不断创新工作理念和方式方法，着力促进农机与农艺融合、农

业机械化与适度规模经营融合、农业机械化与信息化融合，加速技术集成配套和系统解决方案，推进农业机械化"全程、全面、高质、高效"发展。在产品方面，2016年大中型拖拉机、深松机、插秧机、联合收获机、烘干机保有量增幅分别达到 6.27、11.45、6.25、9.38、35.72 个百分点；在耕种收综合机械化率方面，2016年全国农作物耕种收综合机械化率达 65.19%，同比提高 1.37 个百分点，玉米收获、水稻种植、油菜机播、油菜机收、花生机收、棉花机收等薄弱环节机械化率同比分别提高了 2.50、2.19、3.19、5.35、3.75、4.02 个百分点；在农机化作业方面，2016年水稻机插、玉米机收、机械节水灌溉、机械深施化肥、机械化秸秆还田、机械烘干粮食分别达到 1 227.782 万公顷、2 451.674 万公顷、1 602.269 万公顷、3 514.214 万公顷、4 800.065 万公顷、11 226.48 万吨。

第二篇

2016年度出台的重大政策及文件汇编

中共中央办公厅　国务院办公厅关于实行以增加知识价值为导向分配政策的若干意见

厅字〔2016〕35 号

为加快实施创新驱动发展战略，激发科研人员创新创业积极性，在全社会营造尊重劳动、尊重知识、尊重人才、尊重创造的氛围，现就实行以增加知识价值为导向的分配政策提出以下意见。

一、总体要求

（一）基本思路

全面贯彻党的十八大和十八届三中、四中、五中全会以及全国科技创新大会精神，深入学习贯彻习近平总书记系列重要讲话精神，加快实施创新驱动发展战略，实行以增加知识价值为导向的分配政策，充分发挥收入分配政策的激励导向作用，激发广大科研人员的积极性、主动性和创造性，鼓励多出成果、快出成果、出好成果，推动科技成果加快向现实生产力转化。统筹自然科学、哲学社会科学等不同科学门类，统筹基础研究、应用研究、技术开发、成果转化全创新链条，加强系统设计、分类管理。充分发挥市场机制作用，通过稳定提高基本工资、加大绩效工资分配激励力度、落实科技成果转化奖励等激励措施，使科研人员收入与岗位职责、工作业绩、实际贡献紧密联系，在全社会形成知识创造价值、价值创造者得到合理回报的良性循环，构建体现增加知识价值的收入分配机制。

（二）主要原则

——坚持价值导向。针对我国科研人员实际贡献与收入分配不完全匹配、股权激励等对创新具有长期激励作用的政策缺位、内部分配激励机制不健全等问题，明确分配导向，完善分配机制，使科研人员收入与其创造的科学价值、经济价值、社会价值紧密联系。

——实行分类施策。根据不同创新主体、不同创新领域和不同创新环节的智力劳动特点，实行有针对性的分配政策，统筹宏观调控和定向施策，探索知识价值实现的有效方式。

——激励约束并重。把人作为政策激励的出发点和落脚点，强化产权等长期激励，健全中长期考核评价机制，突出业绩贡献。合理调控不同地区、同一地区不同类型单位收入水平差距。

——精神物质激励结合。采用多种激励方式，在加大物质收入激励的同时，注重发挥精神激励的作用，大力表彰创新业绩突出的科研人员，营造鼓励探索、激励创新的社会氛围。

二、推动形成体现增加知识价值的收入分配机制

（一）逐步提高科研人员收入水平。在保障基本工资水平正常增长的基础上，逐步提高

体现科研人员履行岗位职责、承担政府和社会委托任务等的基础性绩效工资水平，并建立绩效工资稳定增长机制。加大对作出突出贡献科研人员和创新团队的奖励力度，提高科研人员科技成果转化收益分享比例。强化绩效评价与考核，使收入分配与考核评价结果挂钩。

（二）发挥财政科研项目资金的激励引导作用。对不同功能和资金来源的科研项目实行分类管理，在绩效评价基础上，加大对科研人员的绩效激励力度。完善科研项目资金和成果管理制度，对目标明确的应用型科研项目逐步实行合同制管理。对社会科学研究机构和智库，推行政府购买服务制度。

（三）鼓励科研人员通过科技成果转化获得合理收入。积极探索通过市场配置资源加快科技成果转化、实现知识价值的有效方式。财政资助科研项目所产生的科技成果在实施转化时，应明确项目承担单位和完成人之间的收益分配比例。对于接受企业、其他社会组织委托的横向委托项目，允许项目承担单位和科研人员通过合同约定知识产权使用权和转化收益，探索赋予科研人员科技成果所有权或长期使用权。逐步提高稿费和版税等付酬标准，增加科研人员的成果性收入。

三、扩大科研机构、高校收入分配自主权

（一）引导科研机构、高校实行体现自身特点的分配办法。赋予科研机构、高校更大的收入分配自主权，科研机构、高校要履行法人责任，按照职能定位和发展方向，制定以实际贡献为评价标准的科技创新人才收入分配激励办法，突出业绩导向，建立与岗位职责目标相统一的收入分配激励机制，合理调节教学人员、科研人员、实验设计与开发人员、辅助人员和专门从事科技成果转化人员等的收入分配关系。对从事基础性研究、农业和社会公益研究等研发周期较长的人员，收入分配实行分类调节，通过优化工资结构，稳步提高基本工资收入，加大对重大科技创新成果的绩效奖励力度，建立健全后续科技成果转化收益反馈机制，使科研人员能够潜心研究。对从事应用研究和技术开发的人员，主要通过市场机制和科技成果转化业绩实现激励和奖励。对从事哲学社会科学研究的人员，以理论创新、决策咨询支撑和社会影响作为评价基本依据，形成合理的智力劳动补偿激励机制。完善相关管理制度，加大对科研辅助人员的激励力度。科学设置考核周期，合理确定评价时限，避免短期频繁考核，形成长期激励导向。

（二）完善适应高校教学岗位特点的内部激励机制。把教学业绩和成果作为教师职称晋升、收入分配的重要依据。对专职从事教学的人员，适当提高基础性绩效工资在绩效工资中的比重，加大对教学型名师的岗位激励力度。对高校教师开展的教学理论研究、教学方法探索、优质教学资源开发、教学手段创新等。

（三）落实科研机构、高校在岗位设置、人员聘用、绩效工资分配、项目经费管理等方面自主权。对科研人员实行岗位管理，用人单位根据国家有关规定，结合实际需要，合理确定岗位等级的结构比例，建立各级专业技术岗位动态调整机制。健全绩效工资管理，科研机构、高校自主决定绩效考核和绩效分配办法。赋予财政科研项目承担单位对间接经费的统筹使用权。合理调节单位内部各类岗位收入差距，除科技成果转化收入外，单位内部收入差距要保持在合理范围。积极解决部分岗位青年科研人员和教师收入待遇低等问题，加强学术梯队建设。

（四）重视科研机构、高校中长期目标考核。结合科研机构、高校分类改革和职责定位，加强对科研机构、高校中长期目标考核，建立与考核评价结果挂钩的经费拨款制度和员工收入调整机制，对评价优秀的加大绩效激励力度。对有条件的科研机构，探索实行合同管理制度，按合同约定的目标完成情况确定拨款、绩效工资水平和分配办法。完善科研机构、高校财政拨款支出、科研项目收入与支出、科研成果转化及收入情况等内部公开公示制度。

四、进一步发挥科研项目资金的激励引导作用

（一）发挥财政科研项目资金在知识价值分配中的激励作用。根据科研项目特点完善财政资金管理，加大对科研人员的激励力度。对实验设备依赖程度低和实验材料耗费少的基础研究、软件开发和软科学研究等智力密集型项目，项目承担单位应在国家政策框架内，建立健全符合自身特点的劳务费、间接经费管理方式。项目承担单位可结合科研人员工作实绩，合理安排间接经费中绩效支出。建立符合科技创新规律的财政科技经费监管制度，探索在有条件的科研项目中实行经费支出负面清单管理。个人收入不与承担项目多少、获得经费高低直接挂钩。

（二）完善科研机构、高校横向委托项目经费管理制度。对于接受企业、其他社会组织委托的横向委托项目，人员经费使用按照合同约定进行管理。技术开发、技术咨询、技术服务等活动的奖酬金提取，按照《中华人民共和国促进科技成果转化法》及《实施〈中华人民共和国促进科技成果转化法〉若干规定》执行；项目合同没有约定人员经费的，由单位自主决定。科研机构、高校应优先保证科研人员履行科研、教学等公益职能；科研人员承担横向委托项目，不得影响其履行岗位职责、完成本职工作。

（三）完善哲学社会科学研究领域项目经费管理制度。对符合条件的智库项目，探索采用政府购买服务制度，项目资金由项目承担单位按照服务合同约定管理使用。修订国家社会科学基金、教育部高校哲学社会科学繁荣计划的项目资金管理办法，取消劳务费比例限制，明确劳务费开支范围，加大对项目承担单位间接成本补偿和科研人员绩效激励力度。

五、加强科技成果产权对科研人员的长期激励

（一）强化科研机构、高校履行科技成果转化长期激励的法人责任。坚持长期产权激励与现金奖励并举，探索对科研人员实施股权、期权和分红激励，加大在专利权、著作权、植物新品种权、集成电路布图设计专有权等知识产权及科技成果转化形成的股权、岗位分红权等方面的激励力度。科研机构、高校应建立健全科技成果转化内部管理与奖励制度，自主决定科技成果转化收益分配和奖励方案，单位负责人和相关责任人按照《中华人民共和国促进科技成果转化法》及《实施〈中华人民共和国促进科技成果转化法〉若干规定》予以免责，构建对科技人员的股权激励等中长期激励机制。以科技成果作价入股作为对科技人员的奖励涉及股权注册登记及变更的，无需报科研机构、高校的主管部门审批。加快出台科研机构、高校以科技成果作价入股方式投资未上市中小企业形成的国有股，在企业上市时豁免向全国社会保障基金转持的政策。

（二）完善科研机构、高校领导人员科技成果转化股权奖励管理制度。科研机构、高校的正职领导和领导班子成员中属中央管理的干部，所属单位中担任法人代表的正职领

导，在担任现职前因科技成果转化获得的股权，任职后应及时予以转让，逾期未转让的，任期内限制交易。限制股权交易的，在本人不担任上述职务一年后解除限制。相关部门、单位要加快制定具体落实办法。

（三）完善国有企业对科研人员的中长期激励机制。尊重企业作为市场经济主体在收入分配上的自主权，完善国有企业科研人员收入与科技成果、创新绩效挂钩的奖励制度。国有企业科研人员按照合同约定薪酬，探索对聘用的国际高端科技人才、高端技能人才实行协议工资、项目工资等市场化薪酬制度。符合条件的国有科技型企业，可采取股权出售、股权奖励、股权期权等股权方式，或项目收益分红、岗位分红等分红方式进行激励。

（四）完善股权激励等相关税收政策。对符合条件的股票期权、股权期权、限制性股票、股权奖励以及科技成果投资入股等实施递延纳税优惠政策，鼓励科研人员创新创业，进一步促进科技成果转化。

六、允许科研人员和教师依法依规适度兼职兼薪

（一）允许科研人员从事兼职工作获得合法收入。科研人员在履行好岗位职责、完成本职工作的前提下，经所在单位同意，可以到企业和其他科研机构、高校、社会组织等兼职并取得合法报酬。鼓励科研人员公益性兼职，积极参与决策咨询、扶贫济困、科学普及、法律援助和学术组织等活动。科研机构、高校应当规定或与科研人员约定兼职的权利和义务，实行科研人员兼职公示制度，兼职行为不得泄露本单位技术秘密，损害或侵占本单位合法权益，违反承担的社会责任。兼职取得的报酬原则上归个人，建立兼职获得股权及红利等收入的报告制度。担任领导职务的科研人员兼职及取酬，按中央有关规定执行。经所在单位批准，科研人员可以离岗从事科技成果转化等创新创业活动。兼职或离岗创业收入不受本单位绩效工资总量限制，个人须如实将兼职收入报单位备案，按有关规定缴纳个人所得税。

（二）允许高校教师从事多点教学获得合法收入。高校教师经所在单位批准，可开展多点教学并获得报酬。鼓励利用网络平台等多种媒介，推动精品教材和课程等优质教学资源的社会共享，授课教师按照市场机制取得报酬。

七、加强组织实施

（一）强化联动。各地区各部门要加强组织领导，健全工作机制，强化部门协同和上下联动，制定实施细则和配套政策措施，加强督促检查，确保各项任务落到实处。加强政策解读和宣传，加强干部学习培训，激发广大科研人员的创新创业热情。

（二）先行先试。选择一些地方和单位结合实际情况先期开展试点，鼓励大胆探索、率先突破，及时推广成功经验。对基层因地制宜的改革探索建立容错机制。

（三）加强考核。各地区各部门要抓紧制定以增加知识价值为导向的激励、考核和评价管理办法，建立第三方评估评价机制，规范相关激励措施，在全社会形成既充满活力又规范有序的正向激励。

本意见适用于国家设立的科研机构、高校和国有独资企业（公司）。其他单位对知识型、技术型、创新型劳动者可参照本意见精神，结合各自实际，制定具体收入分配办法。国防和军队系统的科研机构、高校、企业收入分配政策另行制定。

国务院关于印发实施《中华人民共和国促进科技成果转化法》若干规定的通知

国发〔2016〕16号

各省、自治区、直辖市人民政府，国务院各部委、各直属机关、各直属机构：

现将《实施〈中华人民共和国促进科技成果转化法〉若干规定》印发给你们，请认真贯彻实行。

国务院

2016年2月26日

实施《中华人民共和国促进科技成果转化法》若干规定

为加快实施创新驱动发展战略，落实《中华人民共和国促进科技成果转化法》，打通科技与经济结合的通道，促进大众创业、万众创新，鼓励研究开发机构、高等院校、企业等创新主体及科技人员转移转化科技成果，推进经济提质增效升级，作出如下规定。

一、促进研究开发机构、高等院校技术转移

（一）国家鼓励研究开发机构、高等院校通过转让、许可或者作价投资等方式，向企业或者其他组织转移科技成果。国家设立的研究开发机构和高等院校应当采取措施，优先向中小微企业转移科技成果，为大众创业、万众创新提供技术供给。

国家设立的研究开发机构、高等院校对其持有的科技成果，可以自主决定转让、许可或者作价投资，除涉及国家秘密、国家安全外，不需审批或者备案。

国家设立的研究开发机构、高等院校有权依法以持有的科技成果作价入股确认股权和出资比例，并通过发起人协议、投资协议或者公司章程等形式对科技成果的权属、作价、折股数量或者出资比例等事项明确约定，明晰产权。

（二）国家设立的研究开发机构、高等院校应当建立健全技术转移工作体系和机制，完善科技成果转移转化的管理制度，明确科技成果转化各项工作的责任主体，建立健全科技成果转化重大事项领导班子集体决策制度，加强专业化科技成果转化队伍建设，优化科技成果转化流程，通过本单位负责技术转移工作的机构或者委托独立的科技成果转化服务机构开展技术转移。鼓励研究开发机构、高等院校在不增加编制的前提下建设专业化技术转移机构。

国家设立的研究开发机构、高等院校转化科技成果所获得的收入全部留归单位，纳入单位预算，不上缴国库，扣除对完成和转化职务科技成果作出重要贡献人员的奖励和报酬

后，应当主要用于科学技术研发与成果转化等相关工作，并对技术转移机构的运行和发展给予保障。

（三）国家设立的研究开发机构、高等院校对其持有的科技成果，应当通过协议定价、在技术交易市场挂牌交易、拍卖等市场化方式确定价格。协议定价的，科技成果持有单位应当在本单位公示科技成果名称和拟交易价格，公示时间不少于 15 日。单位应当明确并公开异议处理程序和办法。

（四）国家鼓励以科技成果作价入股方式投资的中小企业充分利用资本市场做大做强，国务院财政、科技行政主管部门要研究制定国家设立的研究开发机构、高等院校以技术入股形成的国有股在企业上市时豁免向全国社会保障基金转持的有关政策。

（五）国家设立的研究开发机构、高等院校应当按照规定格式，于每年 3 月 30 日前向其主管部门报送本单位上一年度科技成果转化情况的年度报告，主管部门审核后于每年 4 月 30 日前将各单位科技成果转化年度报告报送至科技、财政行政主管部门指定的信息管理系统。年度报告内容主要包括：

1. 科技成果转化取得的总体成效和面临的问题；

2. 依法取得科技成果的数量及有关情况；

3. 科技成果转让、许可和作价投资情况；

4. 推进产学研合作情况，包括自建、共建研究开发机构、技术转移机构、科技成果转化服务平台情况，签订技术开发合同、技术咨询合同、技术服务合同情况，人才培养和人员流动情况等；

5. 科技成果转化绩效和奖惩情况，包括科技成果转化取得收入及分配情况，对科技成果转化人员的奖励和报酬等。

二、激励科技人员创新创业

（六）国家设立的研究开发机构、高等院校制定转化科技成果收益分配制度时，要按照规定充分听取本单位科技人员的意见，并在本单位公开相关制度。依法对职务科技成果完成人和为成果转化作出重要贡献的其他人员给予奖励时，按照以下规定执行：

1. 以技术转让或者许可方式转化职务科技成果的，应当从技术转让或者许可所取得的净收入中提取不低于 50％的比例用于奖励。

2. 以科技成果作价投资实施转化的，应当从作价投资取得的股份或者出资比例中提取不低于 50％的比例用于奖励。

3. 在研究开发和科技成果转化中作出主要贡献的人员，获得奖励的份额不低于奖励总额的 50％。

4. 对科技人员在科技成果转化工作中开展技术开发、技术咨询、技术服务等活动给予的奖励，可按照促进科技成果转化法和本规定执行。

（七）国家设立的研究开发机构、高等院校科技人员在履行岗位职责、完成本职工作的前提下，经征得单位同意，可以兼职到企业等从事科技成果转化活动，或者离岗创业，在原则上不超过 3 年时间内保留人事关系，从事科技成果转化活动。研究开发机构、高等院校应当建立制度规定或者与科技人员约定兼职、离岗从事科技成果转化活动期间和期满后的权利和义务。离岗创业期间，科技人员所承担的国家科技计划和基金项目原则上不得中止，确需中止的应当按照有关管理办法办理手续。

积极推动逐步取消国家设立的研究开发机构、高等院校及其内设院系所等业务管理岗位的行政级别，建立符合科技创新规律的人事管理制度，促进科技成果转移转化。

（八）对于担任领导职务的科技人员获得科技成果转化奖励，按照分类管理的原则执行：

1. 国务院部门、单位和各地方所属研究开发机构、高等院校等事业单位（不含内设机构）正职领导，以及上述事业单位所属具有独立法人资格单位的正职领导，是科技成果的主要完成人或者对科技成果转化作出重要贡献的，可以按照促进科技成果转化法的规定获得现金奖励，原则上不得获取股权激励。其他担任领导职务的科技人员，是科技成果的主要完成人或者对科技成果转化作出重要贡献的，可以按照促进科技成果转化法的规定获得现金、股份或者出资比例等奖励和报酬。

2. 对担任领导职务的科技人员的科技成果转化收益分配实行公开公示制度，不得利用职权侵占他人科技成果转化收益。

（九）国家鼓励企业建立健全科技成果转化的激励分配机制，充分利用股权出售、股权奖励、股票期权、项目收益分红、岗位分红等方式激励科技人员开展科技成果转化。国务院财政、科技等行政主管部门要研究制定国有科技型企业股权和分红激励政策，结合深化国有企业改革，对科技人员实施激励。

（十）科技成果转化过程中，通过技术交易市场挂牌交易、拍卖等方式确定价格的，或者通过协议定价并在本单位及技术交易市场公示拟交易价格的，单位领导在履行勤勉尽责义务、没有牟取非法利益的前提下，免除其在科技成果定价中因科技成果转化后续价值变化产生的决策责任。

三、营造科技成果转移转化良好环境

（十一）研究开发机构、高等院校的主管部门以及财政、科技等相关部门，在对单位进行绩效考评时应当将科技成果转化的情况作为评价指标之一。

（十二）加大对科技成果转化绩效突出的研究开发机构、高等院校及人员的支持力度。研究开发机构、高等院校的主管部门以及财政、科技等相关部门根据单位科技成果转化年度报告情况等，对单位科技成果转化绩效予以评价，并将评价结果作为对单位予以支持的参考依据之一。

国家设立的研究开发机构、高等院校应当制定激励制度，对业绩突出的专业化技术转移机构给予奖励。

（十三）做好国家自主创新示范区税收试点政策向全国推广工作，落实好现有促进科技成果转化的税收政策。积极研究探索支持单位和个人科技成果转化的税收政策。

（十四）国务院相关部门要按照法律规定和事业单位分类改革的相关规定，研究制定符合所管理行业、领域特点的科技成果转化政策。涉及国家安全、国家秘密的科技成果转化，行业主管部门要完善管理制度，激励与规范相关科技成果转化活动。对涉密科技成果，相关单位应当根据情况及时做好解密、降密工作。

（十五）各地方、各部门要切实加强对科技成果转化工作的组织领导，及时研究新情况、新问题，加强政策协同配合，优化政策环境，开展监测评估，及时总结推广经验做法，加大宣传力度，提升科技成果转化的质量和效率，推动我国经济转型升级、提质增效。

（十六）《国务院办公厅转发科技部等部门关于促进科技成果转化若干规定的通知》（国办发〔1999〕29号）同时废止。此前有关规定与本规定不一致的，按本规定执行。

国务院办公厅关于印发促进科技成果转移转化行动方案的通知

国办发〔2016〕28号

各省、自治区、直辖市人民政府，国务院各部委、各直属机构：

《促进科技成果转移转化行动方案》已经国务院同意，现印发给你们，请认真贯彻落实。

国务院办公厅

2016年4月21日

促进科技成果转移转化行动方案

促进科技成果转移转化是实施创新驱动发展战略的重要任务，是加强科技与经济紧密结合的关键环节，对于推进结构性改革尤其是供给侧结构性改革、支撑经济转型升级和产业结构调整，促进大众创业、万众创新，打造经济发展新引擎具有重要意义。为深入贯彻党中央、国务院一系列重大决策部署，落实《中华人民共和国促进科技成果转化法》，加快推动科技成果转化为现实生产力，依靠科技创新支撑稳增长、促改革、调结构、惠民生，特制定本方案。

一、总体思路

深入贯彻落实党的十八大、十八届三中、十八届四中、十八届五中全会精神和国务院部署，紧扣创新发展要求，推动大众创新创业，充分发挥市场配置资源的决定性作用，更好地发挥政府作用，完善科技成果转移转化政策环境，强化重点领域和关键环节的系统部署，强化技术、资本、人才、服务等创新资源的深度融合与优化配置，强化中央和地方协同推动科技成果转移转化，建立符合科技创新规律和市场经济规律的科技成果转移转化体系，促进科技成果资本化、产业化，形成经济持续稳定增长新动力，为到2020年进入创新型国家行列、实现全面建成小康社会奋斗目标作出贡献。

（一）基本原则

——市场导向。发挥市场在配置科技创新资源中的决定性作用，强化企业转移转化科技成果的主体地位，发挥企业家整合技术、资金、人才的关键作用，推进产学研协同创新，大力发展技术市场。完善科技成果转移转化的需求导向机制，拓展新技术、新产品的市场应用空间。

——政府引导。加快政府职能转变，推进简政放权、放管结合、优化服务，强化政府在科技成果转移转化政策制定、平台建设、人才培养、公共服务等方面的职能，发挥财政资金引导作用，营造有利于科技成果转移转化的良好环境。

——纵横联动。加强中央与地方的上下联动，发挥地方在推动科技成果转移转化中的重要作用，探索符合地方实际的成果转化有效路径。加强部门之间统筹协同、军民之间融合联动，在资源配置、任务部署等方面形成共同促进科技成果转化的合力。

——机制创新。充分运用众创、众包、众扶、众筹等基于互联网的创新创业新理念，建立创新要素充分融合的新机制，充分发挥资本、人才、服务在科技成果转移转化中的催化作用，探索科技成果转移转化新模式。

（二）主要目标

"十三五"期间，推动一批短中期见效、有力带动产业结构优化升级的重大科技成果转化应用，企业、高校和科研院所科技成果转移转化能力显著提高，市场化的技术交易服务体系进一步健全，科技型创新创业蓬勃发展，专业化技术转移人才队伍发展壮大，多元化的科技成果转移转化投入渠道日益完善，科技成果转移转化的制度环境更加优化，功能完善、运行高效、市场化的科技成果转移转化体系全面建成。

主要指标：建设100个示范性国家技术转移机构，支持有条件的地方建设10个科技成果转移转化示范区，在重点行业领域布局建设一批支撑实体经济发展的众创空间，建成若干技术转移人才培养基地，培养1万名专业化技术转移人才，全国技术合同交易额力争达到2万亿元。

二、重点任务

围绕科技成果转移转化的关键问题和薄弱环节，加强系统部署，抓好措施落实，形成以企业技术创新需求为导向、以市场化交易平台为载体、以专业化服务机构为支撑的科技成果转移转化新格局。

（一）开展科技成果信息汇交与发布

1. 发布转化先进适用的科技成果包。围绕新一代信息网络、智能绿色制造、现代农业、现代能源、资源高效利用和生态环保、海洋和空间、智慧城市和数字社会、人口健康等重点领域，以需求为导向发布一批符合产业转型升级方向、投资规模与产业带动作用大的科技成果包。发挥财政资金引导作用和科技中介机构的成果筛选、市场化评估、融资服务、成果推介等作用，鼓励企业探索新的商业模式和科技成果产业化路径，加速重大科技成果转化应用。引导支持农业、医疗卫生、生态建设等社会公益领域科技成果转化应用。

2. 建立国家科技成果信息系统。制定科技成果信息采集、加工与服务规范，推动中央和地方各类科技计划、科技奖励成果存量与增量数据资源互联互通，构建由财政资金支持产生的科技成果转化项目库与数据服务平台。完善科技成果信息共享机制，在不泄露国家秘密和商业秘密的前提下，向社会公布科技成果和相关知识产权信息，提供科技成果信息查询、筛选等公益服务。

3. 加强科技成果信息汇交。建立健全各地方、各部门科技成果信息汇交工作机制，推广科技成果在线登记汇交系统，畅通科技成果信息收集渠道。加强科技成果管理与科技计划项目管理的有机衔接，明确由财政资金设立的应用类科技项目承担单位的科技成果转化义务，开展应用类科技项目成果以及基础研究中具有应用前景的科研项目成果信息汇交。鼓励非财政资金资助的科技成果进行信息汇交。

4. 加强科技成果数据资源开发利用。 围绕传统产业转型升级、新兴产业培育发展需求，鼓励各类机构运用云计算、大数据等新一代信息技术，积极开展科技成果信息增值服务，提供符合用户需求的精准科技成果信息。开展科技成果转化为技术标准试点，推动更多应用类科技成果转化为技术标准。加强科技成果、科技报告、科技文献、知识产权、标准等的信息化关联，各地方、各部门在规划制定、计划管理、战略研究等方面要充分利用科技成果资源。

5. 推动军民科技成果融合转化应用。 建设国防科技工业成果信息与推广转化平台，研究设立国防科技工业军民融合产业投资基金，支持军民融合科技成果推广应用。梳理具有市场应用前景的项目，发布军用技术转民用推广目录、"民参军"技术与产品推荐目录、国防科技工业知识产权转化目录。实施军工技术推广专项，推动国防科技成果向民用领域转化应用。

（二）产学研协同开展科技成果转移转化

6. 支持高校和科研院所开展科技成果转移转化。 组织高校和科研院所梳理科技成果资源，发布科技成果目录，建立面向企业的技术服务站点网络，推动科技成果与产业、企业需求有效对接，通过研发合作、技术转让、技术许可、作价投资等多种形式，实现科技成果市场价值。依托中国科学院的科研院所体系实施科技服务网络计划，围绕产业和地方需求开展技术攻关、技术转移与示范、知识产权运营等。鼓励医疗机构、医学研究单位等构建协同研究网络，加强临床指南和规范制定工作，加快新技术、新产品应用推广。引导有条件的高校和科研院所建立健全专业化科技成果转移转化机构，明确统筹科技成果转移转化与知识产权管理的职责，加强市场化运营能力。在部分高校和科研院所试点探索科技成果转移转化的有效机制与模式，建立职务科技成果披露与管理制度，实行技术经理人市场化聘用制，建设一批运营机制灵活、专业人才集聚、服务能力突出、具有国际影响力的国家技术转移机构。

7. 推动企业加强科技成果转化应用。 以创新型企业、高新技术企业、科技型中小企业为重点，支持企业与高校、科研院所联合设立研发机构或技术转移机构，共同开展研究开发、成果应用与推广、标准研究与制定等。围绕"互联网＋"战略开展企业技术难题竞标等"研发众包"模式探索，引导科技人员、高校、科研院所承接企业的项目委托和难题招标，聚众智推进开放式创新。市场导向明确的科技计划项目由企业牵头组织实施。完善技术成果向企业转移扩散的机制，支持企业引进国内外先进适用技术，开展技术革新与改造升级。

8. 构建多种形式的产业技术创新联盟。 围绕"中国制造 2025""互联网＋"等国家重点产业发展战略以及区域发展战略部署，发挥行业骨干企业、转制科研院所主导作用，联合上下游企业和高校、科研院所等构建一批产业技术创新联盟，围绕产业链构建创新链，推动跨领域跨行业协同创新，加强行业共性关键技术研发和推广应用，为联盟成员企业提供订单式研发服务。支持联盟承担重大科技成果转化项目，探索联合攻关、利益共享、知识产权运营的有效机制与模式。

9. 发挥科技社团促进科技成果转移转化的纽带作用。 以创新驱动助力工程为抓手，提升学会服务科技成果转移转化能力和水平，利用学会服务站、技术研发基地等柔性创新载体，组织动员学会智力资源服务企业转型升级，建立学会联系企业的长效机制，开展科技信息服务，实现科技成果转移转化供给端与需求端的精准对接。

（三）建设科技成果中试与产业化载体

10. 建设科技成果产业化基地。 瞄准节能环保、新一代信息技术、生物技术、高端装备制造、新能源、新材料、新能源汽车等战略性新兴产业领域，依托国家自主创新示范区、国家高新区、国家农业科技园区、国家可持续发展实验区、国家大学科技园、战略性新兴产业集聚区等创新资源集聚区域以及高校、科研院所、行业骨干企业等，建设一批科技成果产业化基地，引导科技成果对接特色产业需求转移转化，培育新的经济增长点。

11. 强化科技成果中试熟化。 鼓励企业牵头、政府引导、产学研协同，面向产业发展需求开展中试熟化与产业化开发，提供全程技术研发解决方案，加快科技成果转移转化。支持地方围绕区域特色产业发展、中小企业技术创新需求，建设通用性或行业性技术创新服务平台，提供从实验研究、中试熟化到生产过程所需的仪器设备、中试生产线等资源，开展研发设计、检验检测认证、科技咨询、技术标准、知识产权、投融资等服务。推动各类技术开发类科研基地合理布局和功能整合，促进科研基地科技成果转移转化，推动更多企业和产业发展急需的共性技术成果扩散与转化应用。

（四）强化科技成果转移转化市场化服务

12. 构建国家技术交易网络平台。 以"互联网＋"科技成果转移转化为核心，以需求为导向，连接技术转移服务机构、投融资机构、高校、科研院所和企业等，集聚成果、资金、人才、服务、政策等各类创新要素，打造线上与线下相结合的国家技术交易网络平台。平台依托专业机构开展市场化运作，坚持开放共享的运营理念，支持各类服务机构提供信息发布、融资并购、公开挂牌、竞价拍卖、咨询辅导等专业化服务，形成主体活跃、要素齐备、机制灵活的创新服务网络。引导高校、科研院所、国有企业的科技成果挂牌交易与公示。

13. 健全区域性技术转移服务机构。 支持地方和有关机构建立完善区域性、行业性技术市场，形成不同层级、不同领域技术交易有机衔接的新格局。在现有的技术转移区域中心、国际技术转移中心基础上，落实"一带一路"、京津冀协同发展、长江经济带等重大战略，进一步加强重点区域间资源共享与优势互补，提升跨区域技术转移与辐射功能，打造连接国内外技术、资本、人才等创新资源的技术转移网络。

14. 完善技术转移机构服务功能。 完善技术产权交易、知识产权交易等各类平台功能，促进科技成果与资本的有效对接。支持有条件的技术转移机构与天使投资、创业投资等合作建立投资基金，加大对科技成果转化项目的投资力度。鼓励国内机构与国际知名技术转移机构开展深层次合作，围绕重点产业技术需求引进国外先进适用的科技成果。鼓励技术转移机构探索适应不同用户需求的科技成果评价方法，提升科技成果转移转化成功率。推动行业组织制定技术转移服务标准和规范，建立技术转移服务评价与信用机制，加强行业自律管理。

15. 加强重点领域知识产权服务。实施"互联网＋"融合重点领域专利导航项目，引导"互联网＋"协同制造、现代农业、智慧能源、绿色生态、人工智能等融合领域的知识产权战略布局，提升产业创新发展能力。开展重大科技经济活动知识产权分析评议，为战略规划、政策制定、项目确立等提供依据。针对重点产业完善国际化知识产权信息平台，发布"走向海外"知识产权实务操作指引，为企业"走出去"提供专业化知识产权服务。

（五）大力推动科技型创新创业

16. 促进众创空间服务和支撑实体经济发展。重点在创新资源集聚区域，依托行业龙头企业、高校、科研院所，在电子信息、生物技术、高端装备制造等重点领域建设一批以成果转移转化为主要内容、专业服务水平高、创新资源配置优、产业辐射带动作用强的众创空间，有效支撑实体经济发展。构建一批支持农村科技创新创业的"星创天地"。支持企业、高校和科研院所发挥科研设施、专业团队、技术积累等专业领域创新优势，为创业者提供技术研发服务。吸引更多科技人员、海外归国人员等高端创业人才入驻众创空间，重点支持以核心技术为源头的创新创业。

17. 推动创新资源向创新创业者开放。引导高校、科研院所、大型企业、技术转移机构、创业投资机构以及国家级科研平台（基地）等，将科研基础设施、大型科研仪器、科技数据文献、科技成果、创投资金等向创新创业者开放。依托3D打印、大数据、网络制造、开源软硬件等先进技术和手段，支持各类机构为创新创业者提供便捷的创新创业工具。支持高校、企业、孵化机构、投资机构等开设创新创业培训课程，鼓励经验丰富的企业家、天使投资人和专家学者等担任创业导师。

18. 举办各类创新创业大赛。组织开展中国创新创业大赛、中国创新挑战赛、中国"互联网＋"大学生创新创业大赛、中国农业科技创新创业大赛、中国科技创新创业人才投融资集训营等活动，支持地方和社会各界举办各类创新创业大赛，集聚整合创业投资等各类资源支持创新创业。

（六）建设科技成果转移转化人才队伍

19. 开展技术转移人才培养。充分发挥各类创新人才培养示范基地作用，依托有条件的地方和机构建设一批技术转移人才培养基地。推动有条件的高校设立科技成果转化相关课程，打造一支高水平的师资队伍。加快培养科技成果转移转化领军人才，纳入各类创新创业人才引进培养计划。推动建设专业化技术经纪人队伍，畅通职业发展通道。鼓励和规范高校、科研院所、企业中符合条件的科技人员从事技术转移工作。与国际技术转移组织联合培养国际化技术转移人才。

20. 组织科技人员开展科技成果转移转化。紧密对接地方产业技术创新、农业农村发展、社会公益等领域需求，继续实施万名专家服务基层行动计划、科技特派员、科技创业者行动、企业院士行、先进适用技术项目推广等，动员高校、科研院所、企业的科技人员及高层次专家，深入企业、园区、农村等基层一线开展技术咨询、技术服务、科技攻关、成果推广等科技成果转移转化活动，打造一支面向基层的科技成果转移转化人才队伍。

21. 强化科技成果转移转化人才服务。 构建"互联网＋"创新创业人才服务平台，提供科技咨询、人才计划、科技人才活动、教育培训等公共服务，实现人才与人才、人才与企业、人才与资本之间的互动和跨界协作。围绕支撑地方特色产业培育发展，建立一批科技领军人才创新驱动中心，支持有条件的企业建设院士（专家）工作站，为高层次人才与企业、地方对接搭建平台。建设海外科技人才离岸创新创业基地，为引进海外创新创业资源搭建平台和桥梁。

（七）大力推动地方科技成果转移转化

22. 加强地方科技成果转化工作。 健全省、市、县三级科技成果转化工作网络，强化科技管理部门开展科技成果转移转化的工作职能，加强相关部门之间的协同配合，探索适应地方成果转化要求的考核评价机制。加强基层科技管理机构与队伍建设，完善承接科技成果转移转化的平台与机制，宣传科技成果转化政策，帮助中小企业寻找应用科技成果，搭建产学研合作信息服务平台。指导地方探索"创新券"等政府购买服务模式，降低中小企业技术创新成本。

23. 开展区域性科技成果转移转化试点示范。 以创新资源集聚、工作基础好的省（自治区、直辖市）为主导，跨区域整合成果、人才、资本、平台、服务等创新资源，建设国家科技成果转移转化试验示范区，在科技成果转移转化服务、金融、人才、政策等方面，探索形成一批可复制、可推广的工作经验与模式。围绕区域特色产业发展技术瓶颈，推动一批符合产业转型发展需求的重大科技成果在示范区转化与推广应用。

（八）强化科技成果转移转化的多元化资金投入

24. 发挥中央财政对科技成果转移转化的引导作用。 发挥国家科技成果转化引导基金等的杠杆作用，采取设立子基金、贷款风险补偿等方式，吸引社会资本投入，支持关系国计民生和产业发展的科技成果转化。通过优化整合后的技术创新引导专项（基金）、基地和人才专项，加大对符合条件的技术转移机构、基地和人才的支持力度。国家科技重大专项、重点研发计划支持战略性重大科技成果产业化前期攻关和示范应用。

25. 加大地方财政支持科技成果转化力度。 引导和鼓励地方设立创业投资引导、科技成果转化、知识产权运营等专项资金（基金），引导信贷资金、创业投资资金以及各类社会资金加大投入，支持区域重点产业科技成果转移转化。

26. 拓宽科技成果转化资金市场化供给渠道。 大力发展创业投资，培育发展天使投资人和创投机构，支持初创期科技企业和科技成果转化项目。利用众筹等互联网金融平台，为小微企业转移转化科技成果拓展融资渠道。支持符合条件的创新创业企业通过发行债券、资产证券化等方式进行融资。支持银行探索股权投资与信贷投放相结合的模式，为科技成果转移转化提供组合金融服务。

三、组织与实施

（一）加强组织领导

各有关部门要根据职能定位和任务分工，加强政策、资源统筹，建立协同推进机制，形成科技部门、行业部门、社会团体等密切配合、协同推进的工作格局。强化中央和地方协同，加强重点任务的统筹部署及创新资源的统筹配置，形成共同推进科技成果转移转化的合力。各地方要将科技成果转移转化工作纳入重要议事日程，强化科技成果转移转化工作职能，结合实际制定具体实施方案，明确工作推进路线图和时间表，逐级细化分解任务，切实加大资金投入、政策支持和条件保障力度。

（二）加强政策保障

落实《中华人民共和国促进科技成果转化法》及相关政策措施，完善有利于科技成果转移转化的政策环境。建立科研机构、高校科技成果转移转化绩效评估体系，将科技成果转移转化情况作为对单位予以支持的参考依据。推动科研机构、高校建立符合自身人事管理需要和科技成果转化工作特点的职称评定、岗位管理和考核评价制度。完善有利于科技成果转移转化的事业单位国有资产管理相关政策。研究探索科研机构、高校领导干部正职任前在科技成果转化中获得股权的代持制度。各地方要围绕落实《中华人民共和国促进科技成果转化法》，完善促进科技成果转移转化的政策法规。建立实施情况监测与评估机制，为调整完善相关政策举措提供支撑。

（三）加强示范引导

加强对试点示范工作的指导推动，交流各地方各部门的好经验、好做法，对可复制、可推广的经验和模式及时总结推广，发挥促进科技成果转移转化行动的带动作用，引导全社会关心和支持科技成果转移转化，营造有利于科技成果转移转化的良好社会氛围。

附件：重点任务分工及进度安排表

重点任务分工及进度安排表

序号	重点任务	责任部门	时间进度
1	发布一批产业转型升级发展急需的科技成果包	科学技术部会同有关部门	2016年6月底前完成
2	建立国家科技成果信息系统	科学技术部、财政部、中国科学院、中国工程院、自然科学基金会等	2017年6月底前建成
3	加强科技成果信息汇交，推广科技成果在线登记汇交系统	科学技术部会同有关部门	持续推进
4	开展科技成果转化为技术标准试点	国家质量监督检验检疫总局、科学技术部	2016年12月底前启动
5	推动军民科技成果融合转化应用	国家国防科工局、工业和信息化部、财政部、国家知识产权局等	持续推进
6	依托中科院科研院所体系实施科技服务网络计划	中国科学院	持续推进
7	在有条件的高校和科研院所建设一批国家技术转移机构	科学技术部、教育部、农业部、中国科学院等	2016年6月底前启动建设，持续推进

（续）

序号	重点任务	责任部门	时间进度
8	围绕国家重点产业和重大战略，构建一批产业技术创新联盟	科学技术部、工业和信息化部、中国科学院等	2016年6月底前启动建设，持续推进
9	推动各类技术开发类科研基地合理布局和功能整合，促进科研基地科技成果转移转化	科学技术部会同有关部门	持续推进
10	打造线上与线下相结合的国家技术交易网络平台	科学技术部、教育部、工业和信息化部、农业部、国务院国资委、中国科学院、国家知识产权局等	2017年6月底前建成运行
11	制定技术转移服务标准和规范	科学技术部、国家质量监督检验检疫总局	2017年3月底前出台
12	依托行业龙头企业、高校、科研院所建设一批支撑实体经济发展的众创空间	科学技术部会同有关部门	持续推进
13	依托有条件的地方和机构建设一批技术转移人才培养基地	科学技术部会同有关部门	持续推进
14	构建"互联网＋"创新创业人才服务平台	科学技术部会同有关部门	2016年12月底前建成运行
15	建设海外科技人才离岸创新创业基地	中国科学技术协会	持续推进
16	建设国家科技成果转移转化试验示范区，探索可复制、可推广的经验与模式	科学技术部会同有关地方政府	2016年6月底前启动建设
17	发挥国家科技成果转化引导基金等的杠杆作用，支持科技成果转化	科学技术部、财政部等	持续推进
18	引导信贷资金、创业投资资金以及各类社会资金加大投入，支持区域重点产业科技成果转移转化	科学技术部、财政部、人民银行、中国银行业监督管理委员会、中国证券监督管理委员会	持续推进
19	推动科研机构、高校建立符合自身人事管理需要和科技成果转化工作特点的职称评定、岗位管理和考核评价制度	教育部、科学技术部、人力资源社会保障部等	2017年12月底前完成
20	研究探索科研机构、高校领导干部正职任前在科技成果转化中获得股权的代持制度	科学技术部、中央组织部、人力资源社会保障部、教育部	持续推进

国务院办公厅关于深入推行科技特派员
制度的若干意见

国办发〔2016〕32号

各省、自治区、直辖市人民政府，国务院各部委、各直属机构：

科技特派员制度是一项源于基层探索、群众需要、实践创新的制度安排，主要目的是引导各类科技创新创业人才和单位整合科技、信息、资金、管理等现代生产要素，深入农村基层一线开展科技创业和服务，与农民建立"风险共担、利益共享"的共同体，推动农村创新创业深入开展。当前，我国正处在全面建成小康社会的决胜阶段，农村经济社会发展任务艰巨繁重。为深入实施创新驱动发展战略，激发广大科技特派员创新创业热情，推进农村大众创业、万众创新，促进一、二、三产业融合发展，经国务院同意，现提出如下意见。

一、总体要求

（一）指导思想

全面贯彻党的十八大和十八届三中、十八届四中、十八届五中全会精神，按照党中央、国务院决策部署，牢固树立创新、协调、绿色、开放、共享的发展理念，深入实施创新驱动发展战略，壮大科技特派员队伍，完善科技特派员制度，培育新型农业经营和服务主体，健全农业社会化科技服务体系，推动现代农业全产业链增值和品牌化发展，促进农村一、二、三产业深度融合，为补齐农业农村短板、促进城乡一体化发展、全面建成小康社会作出贡献。

（二）实施原则

——坚持改革创新。面对新形势新要求，立足服务"三农"，不断深化改革，加强体制机制创新，总结经验，与时俱进，大力推动科技特派员农村科技创业。

——突出农村创业。围绕农村实际需求，加大创业政策扶持力度，培育农村创业主体，构建创业服务平台，强化科技金融结合，营造农村创业环境，形成大众创业、万众创新的良好局面。

——加强分类指导。发挥各级政府以及科技特派员协会等社会组织作用，对公益服务、农村创业等不同类型科技特派员实行分类指导，完善保障措施和激励政策，提升创业能力和服务水平。

——尊重基层首创。鼓励地方结合自身特点开展试点，围绕农村经济社会发展需要，建立完善适应当地实际情况的科技特派员农村科技创业的投入、保障、激励和管理等机制。

二、重点任务

（三）切实提升农业科技创新支撑水平

面向现代农业和农村发展需求，重点围绕科技特派员创业和服务过程中的关键环节和现实需要，引导地方政府和社会力量加大投入力度，积极推进农业科技创新，在良种培育、新型肥药、加工贮存、疫病防控、设施农业、农业物联网和装备智能化、土壤改良、旱作节水、节粮减损、食品安全以及农村民生等方面取得一批新型实用技术成果，形成系列化、标准化的农业技术成果包，加快科技成果转化推广和产业化，为科技特派员农村科技创业提供技术支撑。

（四）完善新型农业社会化科技服务体系

以政府购买公益性农业技术服务为引导，加快构建公益性与经营性相结合、专项服务与综合服务相协调的新型农业社会化科技服务体系，推动解决农技服务"最后一公里"问题。加强科技特派员创业基地建设，打造农业农村领域的众创空间——"星创天地"，完善创业服务平台，降低创业门槛和风险，为科技特派员和大学生、返乡农民工、农村青年致富带头人、乡土人才等开展农村科技创业营造专业化、便捷化的创业环境。深化基层农技推广体系改革和建设，支持高校、科研院所与地方共建新农村发展研究院、农业综合服务示范基地，面向农村开展农业技术服务。推进供销合作社综合改革试点，打造农民生产生活综合服务平台。建立农村粮食产后科技服务新模式，提高农民粮食收储和加工水平，减少损失浪费。支持科技特派员创办、领办、协办专业合作社、专业技术协会和涉农企业等，围绕农业全产业链开展服务。推进农业科技园区建设，发挥各类创新战略联盟作用，加强创新品牌培育，实现技术、信息、金融和产业联动发展。

（五）加快推动农村科技创业和精准扶贫

围绕区域经济社会发展需求，以现代农业、食品产业、健康产业等为突破口，支持科技特派员投身优势特色产业创业，开展农村科技信息服务，应用现代信息技术推动农业转型升级，大力推进"互联网＋"现代农业，加快实施食品安全创新工程，培育新的经济增长点。落实"一带一路"等重大发展战略，促进我国特色农产品、医药、食品、传统手工业、民族产业等走出去，培育创新品牌，提升品牌竞争力。落实精准扶贫战略，瞄准贫困地区存在的科技和人才短板，创新扶贫理念，开展创业式扶贫，加快科技、人才、管理、信息、资本等现代生产要素注入，推动解决产业发展关键技术难题，增强贫困地区创新创业和自我发展能力，加快脱贫致富进程。

三、政策措施

（六）壮大科技特派员队伍

支持普通高校、科研院所、职业学校和企业的科技人员发挥职业专长，到农村开展创业服务。引导大学生、返乡农民工、退伍转业军人、退休技术人员、农村青年、农村妇女等参与农村科技创业。鼓励高校、科研院所、科技成果转化中介服务机构以及农业科技型企业等各类农业生产经营主体，作为法人科技特派员带动农民创新创业，服务产业和区域发展。结合各类人才计划实施，加强科技特派员的选派和培训，继续实施林业科技特派员、农村流通科技特派员、农村青年科技特派员、巾帼科技特派员专项行动和健康行业科技创业者行动，支持相关行业人才深入农村基层开展创新创业和服务。利用新农村发展研究院、科技特派员创业培训基地等，通过提供科技资料、创业辅导、技能培训等形式，提高科技特派员创业和服务能力。鼓励我国科技特派员到中亚、东南亚、非洲等地开展科技创业，引进国际人才到我国开展农村科技创业。

（七）完善科技特派员选派政策

普通高校、科研院所、职业学校等事业单位对开展农村科技公益服务的科技特派员，在 5 年时间内实行保留原单位工资福利、岗位、编制和优先晋升职务职称的政策，其工作业绩纳入科技人员考核体系；对深入农村开展科技创业的，在 5 年时间内保留其人事关系，与原单位其他在岗人员同等享有参加职称评聘、岗位等级晋升和社会保险等方面的权利，期满后可以根据本人意愿选择辞职创业或回原单位工作。结合实施大学生创业引领计划、离校未就业高校毕业生就业促进计划，动员金融机构、社会组织、行业协会、就业人才服务机构和企事业单位为大学生科技特派员创业提供支持，完善人事、劳动保障代理等服务，对符合规定的要及时纳入社会保险。

（八）健全科技特派员支持机制

鼓励高校、科研院所通过许可、转让、技术入股等方式支持科技特派员转化科技成果，开展农村科技创业，保障科技特派员取得合法收益。通过国家科技成果转化引导基金等，发挥财政资金的杠杆作用，以创投引导、贷款风险补偿等方式，推动形成多元化、多层次、多渠道的融资机制，加大对科技特派员创业企业的支持力度。引导政策性银行和商业银行等金融机构在业务范围内加大信贷支持力度，开展对科技特派员的授信业务和小额贷款业务，完善担保机制，分担创业风险。吸引社会资本参与农村科技创业，办好中国农业科技创新创业大赛、中国青年涉农产业创业创富大赛等赛事，鼓励银行与创业投资机构建立市场化、长期性合作机制，支持具有较强自主创新能力和高增长潜力的科技特派员企业进入资本市场融资。对农民专业合作社等农业经营主体，落实减税政策，积极开展创业培训、融资指导等服务。

四、组织实施

（九）强化组织领导

发挥科技特派员农村科技创业行动协调指导小组作用，加强顶层设计、统筹协调和政策配套，形成部门协同、上下联动的组织体系和长效机制，为推行科技特派员制度提供组织保障。各地方要将科技特派员工作作为加强县市科技工作的重要抓手，建立健全多部门联合工作机制，结合实际制定本地区推动科技特派员创业的政策措施，抓好督查落实，推动科技特派员工作深入开展。

（十）创新服务机制

加强对各类科技特派员协会的指导，继续实行科技特派员选派制，启动科技特派员登记制。支持科技特派员协会等社会组织为科技特派员提供电子商务、金融、法律、合作交流等服务。建立完善科技特派员考核评价指标体系和退出机制，实行动态管理。加强对科技特派员工作的动态监测，完善科技特派员统计报告工作。

（十一）加强表彰宣传

对作出突出贡献的优秀科技特派员及团队、科技特派员派出单位以及相关组织管理机构等，按照有关规定予以表彰。鼓励社会力量设奖对科技特派员进行表彰奖励。宣传科技特派员农村科技创业的典型事迹和奉献精神，组织开展科技特派员巡讲活动，激励更多的人员、企业和机构踊跃参与科技特派员农村科技创业。

国务院办公厅

2016 年 5 月 1 日

农业部关于印发《农业部深入实施〈中华人民共和国促进科技成果转化法〉若干细则》的通知

农科教发〔2016〕7 号

部机关各司局、派出机构、各直属单位：

《农业部深入实施〈中华人民共和国促进科技成果转化法〉若干细则》已经农业部 2016 年第 7 次部常务会议审议通过，现印发给你们，请认真贯彻执行。

农业部

2016 年 12 月 12 日

农业部深入实施《中华人民共和国促进科技成果转化法》若干细则

为深入贯彻习近平总书记在全国科技创新大会、两院院士大会、中国科协第九次全国代表大会上的讲话精神，全面落实《中华人民共和国促进科技成果转化法》《中共中央印发〈关于深化人才发展体制机制改革的意见〉的通知》《国务院关于印发实施〈中华人民共和国促进科技成果转化法〉若干规定的通知》《中共中央办公厅　国务院办公厅印发〈关于实行以增加知识价值为导向分配政策的若干意见〉的通知》的部署要求，充分调动农业部属科研院所及科技人员转移转化科技成果的积极性，规范成果转移转化行为，推动农业科技源头创新，提升科技支撑现代农业发展的能力和水平，现提出如下实施细则。

一、促进科研院所成果转移

（一）科学界定成果权属

1. 主要利用财政性资金形成的科技成果，除涉及国家安全、国家利益和重大社会公共利益外，授权项目承担单位依法取得。

执行本单位的任务或者主要是利用本单位的物质技术条件所完成的发明创造为职务发明创造。职务发明创造申请专利的权利属于该单位；申请被批准后，该单位为专利权人。

利用本单位的物质技术条件所形成的科技成果，单位与科技人员订有合同，对成果的归属作出约定的，从其约定。法律另有规定的，从其规定。

科研院所联合其他单位或企业共同承担或实施财政性科研项目，各承担单位应就成果权属依照国家相关法律和项目管理规定进行约定。

2. 科研院所与其他单位共同依法取得的成果，科研院所应与其签订合同，约定成果归属。对于接受企业、其他社会组织委托的横向委托项目，允许项目承担单位和科技人员通过合同约定知识产权使用权和转化收益。

3. 成果完成团队应明确团队各成员成果权益比例，达成一致意见后形成方案，报本单位成果转化管理部门备案。

4. 成果完成人应至少符合以下三个条件中的两个：一是在科研项目立项书中，有明确的职责定位和任务分工；二是在科学研究实施阶段，有创造性贡献和实际工作量；三是在专利、品种权、软件著作权等知识产权证书或品种审定证书中列出的实际完成人，或在科技成果评价、鉴定时列入的实际完成人。除此之外，其他人员均不能作为成果完成人。

5. 成果完成人享有的知识产权权益，不因工作单位和岗位变动而丧失。

（二）规范成果处置

6. 科研院所可自主通过转让、许可或作价投资等方式，向企业或者其他组织转化科技成果。涉及国家秘密、国家安全、国家重大公共利益的，按国家有关法律法规要求的程序处置。不涉及国家秘密、国家安全、国家重大公共利益的，不需审批或者备案。

7. 科研院所实施成果转化时，应充分听取成果完成人意见。应通过协议定价、在技术交易市场挂牌交易、拍卖等市场化方式确定价格。协议定价的，应在本单位公示科技成果名称和拟交易价格，公示时间不少于15日，并明确公开异议处理程序和办法。

8. 科研院所未能适时实施成果转化的，成果完成人和参加人在不变更职务科技成果权属的前提下，可以根据与科研院所的协议进行该项科技成果的转化，并享有协议规定的权益。科研院所对上述科技成果转化活动应予以支持。

9. 科研院所的科技成果应首先在中国境内实施，优先向带动能力强、辐射范围广的农业产业化龙头企业或新型农业经营主体转让。需将成果转让或许可境外组织或个人实施的，应按有关规定报相关部门审批，法律、法规对批准机构另有规定的，依照其规定。

（三）激励成果转移

10. 科研院所转化科技成果所获得的收入全部留归单位依法自主分配，纳入单位预算，实行统一管理，不上缴国库。用于人员奖励和报酬的支出，应纳入年度工资总额计划，计入当年本单位工资总额，不纳入本单位工资总额基数。

11. 成果转化收益分配应兼顾成果完成人、成果转化人员、专职成果转化机构、研究院所等各方利益，以及相关基础研究和公益性成果研发、转化事业的发展。

12. 科研院所开展技术开发、技术咨询、技术服务等活动取得的净收入视同成果转化收入。

（四）明确单位主体责任

13. 科研院所应切实加强对科技成果转化工作的组织领导，明确专门的机构或岗位，负责组织协调成果转化和知识产权保护工作，建立健全运行机制，完善管理制度，争取资金支持，建设专业化成果转化队伍。

14. 科研院所应加强科技成果转化管理，建立成果转化对上报告、对下考核制度。应将科技成果转化工作作为年度工作主要述职内容，对下属单位或科研团队进行分类评价，并加大成果转化奖励力度。

15. 科研院所应加强与其他单位联合协作，发挥各自成果特色和单位特长，协同转化科技成果，提高科技成果转化效率和使用范围。

16. 科研院所应及时发现成果转化工作中的新情况、新问题，总结推广经验做法。应加强知识产权管理，建立健全相关制度，既要提高科技人员保护自身成果的产权意识，更要提高科技人员转化应用成果的市场开拓意识。不断探索有效、科学的科技成果保护及转移方法，特别是难以用技术手段保护的科技成果，不断提升科技成果转化的质量和效率。

二、充分调动科技人员积极性

（一）强化科研院所履行科技成果转化长期激励的法人责任

17. 科研院所应加大在专利权、著作权、植物新品种权等知识产权及科技成果转化形成的股权、岗位分红权等方面的激励力度。建立健全科技成果转化内部管理与奖励制度，自主决定科技成果转化收益分配和奖励方案。

18. 以科技成果作价入股作为对科技人员的奖励涉及股权注册登记及变更的，无需报主管部门审批。

（二）激励重要贡献人员

19. 科技成果转化收益应首先用于对科技成果完成人、为科技成果转化做出重要贡献人员的奖励和报酬。

20. 科研院所以技术转让或者许可方式转化职务科技成果的，应从技术转让或许可所取得的净收入中提取不低于50%的比例用于奖励和报酬。

21. 科研院所以科技成果作价投资实施转化的，应从作价投资取得的股份或者出资比例中提取不低于50%的比例用于奖励和报酬。

22. 科研院所在研究开发和科技成果转化中作出主要贡献的人员，获得奖励的份额不低于奖励总额的50%。

（三）鼓励持股转化成果

23. 科研院所正职和领导班子成员中属中央管理的干部，所属单位中担任法人代表的正职领导，是科技成果的主要完成人或者对科技成果转化作出重要贡献的，可以依法获得现金奖励，原则上不得获取股权激励。在担任现职前因科技成果转化获得的股权，应在任现职后及时予以转让，原则上不超过3个月。股权不得转让其配偶、子女及其配偶，股权转让对象和价格应在科研院所官网上公示5个工作日以上。逾期未转让的，任期内限制交易，并不得利用职权为所持股权的企业谋取利益。限制股权交易的，在本人不担任上述职务1年后解除限制。其他担任领导职务的科技人员和没有领导职务的科技人员，作为成果完成人，可依法获得现金奖励或股权激励，无需审批，但必须在科研院所官网上公示5个工作日以上。如有异议，由科研院所的成果转化部门负责协调解决。获得股权激励的领导人员不得利用职权为所持股权的企业谋取利益。

（四）鼓励科技人员兼职兼薪和离岗创业

24. 科研院所正职领导不得到企业兼职。领导班子其他成员根据工作需要，经批准可在本单位出资的企业或参与合作举办的民办非企业单位兼职，但不得在兼职单位领取薪酬。科研院所内设机构领导人员，经批准可在企业或民办非企业单位兼职，个人按照有关规定在兼职单位获得的报酬，应全额上缴本单位，由单位根据实际情况给予适当奖励。可兼职的科研院所领导人员应按照干部管理权限进行审批，任期届满继续兼职应重新履行审批手续，兼职不得超过2届，所兼职务未实行任期制的，兼职时间最长不得超过10年。

25. 没有领导职务的科技人员在履行好岗位职责、完成本职工作的前提下，经所在单位同意，可以到企业和其他科研机构、高校、社会组织等兼职并取得合法报酬。鼓励科技人员公益性兼职，积极参与决策咨询、扶贫救困、科学普及、法律援助和学术交流等活动。实行科技人员兼职公示制度，批准兼职的须在本单位官网公示5个工作日以上。对到外资企业或有国（境）外背景的企业兼职的，科研院所要审慎审批，必要时应听取主管部门意见，了解其政治倾向和相关背景，不得到有敌视、分化我国背景的企业兼职。

26. 兼职人员须与所在单位和兼职单位签订三方协议，明确各方权利义务、服务期限、成果权益分配比例、薪酬标准等，兼职行为不得泄露本单位技术秘密，损害或侵占本单位合法权益。兼职人员职务发生变动时，应按照新任职务的相应规定进行兼职管理，如有按规定不得兼任的职务，应在3个月内辞去。兼职取得的报酬原则上归个人，建立兼职获得股权及红利等收入的报告制度，兼职收入不受本单位绩效工资总额限制，个人须如实将兼职收入报单位备案，按有关规定缴纳个人所得税。

27. 到企业兼职的人员与其他在岗人员同等享有参加职称评聘、报奖评优、岗位等级晋升和社会保险等方面权利，可按规定参加成果权益分配。

28. 科技人员在相应人事、组织部门审批同意的情况下可离岗从事科技成果转化等创新创业活动，原则上不超过三年。离岗创业人员须与所在单位签订协议，明确双方权利义务、离岗期限、保险接续等事宜。

三、保障成果转化工作健康发展

（一）加强院所制度建设

29. 科研院所应加强促进科技成果转化问题研究，强化制度建设，要建立健全科技成果确权管理办法、科技成果产权交易管理办法、科技成果转化收益分配管理办法、科技人员兼职和离岗创业管理办法、科技人员持股管理办法、知识产权保护管理办法等六项制度，并经职工代表大会讨论通过实施。在各项制度中，均应体现重大事项集体决策机制。

30. 科研院所应按照如下内容，于每年3月30日前向上级主管部门指定的管理信息系统报送本单位上一年度科技成果转化情况报告。内容包括：科技成果转化总体成效和问题；科技成果数量及有关情况；科技成果转让、许可和作价投资情况；推进产学研合作情况，包括自建、共建研究开发机构、成果转化机构、转化服务平台情况，签订技术开发合同、技术咨询合同、技术服务合同情况，人才培养和人员流动情况等；科技成果转化绩效和奖惩情况，包括科技成果转化取得收入及分配情况，对科技成果转化人员的奖励和报酬等。

（二）促进成果公开转移

31. 科研院所应加强与全国农业科技成果转移服务中心的联合协作，委托中心开展科技成果价值发现、托管交易、众创服务和人员培训等工作。

32. 科研院所在开展成果权属界定、成果处置、收益分配等工作时，应按照依法依规制定的管理制度，规范并履行约定、审批、公示等一系列程序。

33. 科研院所在从事科技成果转化过程中，通过公开方式确定交易价格的，院所领导在履行勤勉尽责义务、没有牟取非法利益的前提下，免除其在科技成果定价中因科技成果转化后续价值变化产生的决策责任。

（三）切实加强组织管理

34. 农业部有关司局负责研究制定促进科技成果转化的办法、制度、政策、措施，指导监督科研院所落实相关促进科技成果转化的法律法规，规范实施成果转化工作，并加强科研院所科技成果转化的绩效考核，在开展条件建设、科研立项、评奖表彰等工作时，优先支持成果转化业绩突出的院和所。

35. 农业部科技教育司负责全国农业科技成果转移服务中心的建设督导工作，推动科研院所科技成果公开、规范、高效交易。

36. 农业部有关司局积极推动科研院所业务管理岗位的去行政化改革，建立符合科技创新规律、适应成果转化新要求的科技人员管理制度。

37. 本细则中事业单位党员领导干部及工作人员在兼职取酬、离岗创业、持股、奖励等方面，不得违反党内法规和国家有关规定。

38. 本细则适用于部属三院及所属研究所。农业部其他直属事业单位如有自主创新的科技成果，其成果完成人在享有成果权益分配时可依照相应条款执行。

北京市农村工作委员会　北京市农业局 北京市财政局关于加强村级全科农技员 队伍建设提高技术服务水平的意见

京政农发〔2016〕27 号

各远郊区农委、农业局（农业服务中心）、财政局：

为进一步加强村级全科农技员队伍建设，适应首都城市战略定位和农业结构调整需要，提高村级全科农技员队伍的规范化管理水平，提升村级全科农技员的科技素质和技术服务能力，提出如下意见。

一、充分认识村级全科农技员队伍建设的重要意义

（一）村级全科农技员队伍建设是农技推广服务的重要制度创新，是做好基层农技推广服务的重要力量。村级全科农技员队伍的建立，完善了市、区、乡镇和村四级农技推广服务体系，加强了基层农技推广服务力量，基本解决了农技推广服务的"最后一公里"问题。村级全科农技员扎根生产一线，服务广大农民，畅通了农业技术推广和科技信息服务的渠道，成为推广农业新技术的桥头堡、指导农民创业就业的贴心人、推动农业"调转节"的排头兵，为北京都市型现代农业创新驱动发展提供了保障。

（二）正确把握新形势下村级全科农技员队伍建设的薄弱点和着力点。随着农业结构调整深入推进，村级全科农技员队伍在管理运行中反映出一些问题：部分村级全科农技员技术身份没有得到充分尊重，工作职能认识模糊；一些区没能及时开展日常培训，村级全科农技员专业知识更新速度和服务受到影响；个别区财政补贴经费投入不足，大幅度减少村级全科农技员数量，出现了跨区服务困难的现象；缺少全市统一的信息管理平台，日常监管能力不足等等。要正确认识和科学分析当前村级全科农技员队伍建设的薄弱点，以全面提升服务能力为着力点，提升专业技能，加强科技支撑，严格考核管理。

（三）明确村级全科农技员的工作职责定位。村级全科农技员主要职责是农业技术推广和科技信息服务，各区要确保村级全科农技员正确履行岗位职责、不断提高服务水平。要将村级全科农技员队伍建设与管理作为"三农"工作的重要内容，充分发挥村级全科农技员队伍在农业生产以及观光休闲农业、生态农业中的作用，推进农村一、二、三产业融合发展。"十三五"期间，各区要进一步完善村级全科农技员队伍建设，稳定村级全科农技员队伍，优化人员结构，为村级全科农技员履职提供必要条件和优良服务。

二、强化村级全科农技员聘用、考核和退出机制

（四）规范落实村级全科农技员聘用、退出制度。一是加强聘用监管，各区农业主管部

门要严格按照村级全科农技员上岗条件进行选聘，注重选拔生产经验丰富、服务意识好、科技创新能力强、有较好群众基础和影响力的人员，严禁任人唯亲，杜绝不符合条件人员进入村级全科农技员队伍。二是严格执行村级全科农技员的聘用程序，严格执行逐级推荐、岗前测试、公开公示、上岗培训、签约聘用等工作程序，提高工作透明度，接受社会监督。三是切实执行退出制度，对服务用户不满意、年度绩效考核不达标、基层反映问题比较突出或不符合聘任条件的村级全科农技员，及时根据当地农业产业和服务用户等实际情况进行更换。

（五）完善村级全科农技员绩效考核管理办法。进一步建立健全以到户服务率、解决问题有效率、农民满意率为主要指标的考核管理制度和打分标准体系。适当调整区级农技推广部门的考核打分权重，把农业专业技术部门的评价作为村级全科农技员工作开展情况和工作效能高低的重要依据。完善绩效考核与绩效补贴挂钩办法，建立激励机制，提高工作质量和效率，避免绩效补贴平均化。

（六）建立村级全科农技员动态管理信息化平台。整合现有资源，建设覆盖全科农技员推荐、选拔、聘用、技术服务、技术需求、年度考核、补贴发放，自主学习、专业培训、技能鉴定、学历教育、学籍管理，以及市、区专家技术支撑、管理制度建设和政府政策服务的全程信息化管理服务平台，实时动态监管，提高管理效率。

三、提升村级全科农技员技术服务水平

（七）加强村级全科农技员技能培训。各区农业主管部门作为培训实施主体，要制定年度培训计划，落实经费预算，定期组织培训。要在充分调研的基础上，确定培训内容，实现精准培训，重点加强专业技术、实践操作和沟通协作技能培训。在培训方法上要坚持理论教学、现场演示、田间实操、观摩交流相结合，突出实效。在培训方式上要充分利用农业科技网络书屋、农科咨询服务热线、微信群、智农通、远程教育等信息化手段。市级农业科研院所、大专院校和推广机构要将村级全科农技员培训教育纳入到年度工作计划，积极参与到各区组织的专业培训中，并组织开展优秀村级全科农技员的技能鉴定和学历教育。

（八）加强村级全科农技员的技术支持。充分发挥市级农业科研院所、大专院校和推广机构的科技优势，整合科技资源，为村级全科农技员的服务工作提供技术支持。各单位要建立长效工作机制，推动市、区两级专家与村级全科农技员建立紧密联系，力争实现每名村级全科农技员至少对接一名专家，做好传帮带。要积极发挥科技项目的带动作用，充分利用市、区两级的农业科技试验示范推广项目、新型职业农民培育项目、农业科技推广服务体系建设和改革项目以及其他有关项目，带动村级全科农技员开展技术服务和创新创业。鼓励村级全科农技员与科技特派员工作有机融合。

四、创新村级全科农技员技术服务模式

（九）创新服务模式，提升服务效率和水平。鼓励各区因地制宜，积极创新服务模式，提高村级全科农技员的服务效率和水平。探索成立村级全科农技员村级服务队，按林果、蔬菜、畜牧等专业分为若干工作小组，以组为单位在本村或就近跨村开展服务，弥补村级全科农技员技能不足或岗位空缺带来的缺陷。要加强对低收入村的服务，对于尚未实现村级全科农技员一人一村的区，要加大资金投入，确保低收入村实现一人一村。

（十）探索建立市、区农业技术部门监管村级全科农技员的工作机制。各区可选取部分镇、村开展试点，将全科农技员按照个人意愿和当地重点产业分布情况，划归不同技术领域的技术服务队，接受市、区两级农业技术部门业务工作委派，开展专业技术服务工作。市、区两级农业技术部门定期对其工作完成情况进行监督检查和追踪问效，并协助当地部门进行绩效考核和补贴发放。

（十一）积极引导村级全科农技员创新创业。鼓励村级全科农技员在生产一线的科技创新，对于自主开展农业技术试验、示范、推广的村级全科农技员，市、区农业主管部门可统筹利用现有支农政策给予一定的物化补助和绩效奖励。鼓励各级农业技术部门带领村级全科农技员承担农业科技试验、示范、推广项目，积极引导村级全科农技员创新创业，带领当地农民致富。支持村级全科农技员开展农产品电子商务活动。

五、进一步加大村级全科农技员队伍支持力度

（十二）强化组织领导。市农委负责全市村级全科农技员队伍建设工作的市级督导检查，将村级全科农技员队伍建设纳入市新农村建设考核和奖励范畴；市农业局负责全面统筹指导各区全科农技员队伍建设工作，负责建设和运营村级全科农技员队伍市级信息化管理服务平台，并负责协调市级科研、教学和推广机构的教师和专家力量；市财政局负责安排市级财政经费预算，并督导各区财政部门落实区级经费预算。各区农业主管部门是村级全科农技员队伍建设的责任主体，全面负责村级全科农技员的各项工作；各区财政部门负责保障全科农技员的区级工作补贴、培训教育、村级服务站点建设以及其他相关经费。乡（镇）政府负责统筹、协调、调度本乡（镇）域资源，落实村级农业综合服务站建设，做好对村级全科农技员的管理和服务工作。行政村是村级全科农技员开展服务的重要依托，由村支部书记或村委会主任担任村级农业综合服务站站长，为村级全科农技员开展农技服务提供必要的设施设备和场所条件，做好相关组织协调工作。市、区科研、教学部门和推广机构负责保障村级全科农技员培训教育、技能鉴定和学历教育的师资和专家力量。

（十三）健全工作制度。各区农业主管部门要健全各类信息公开和信息报送制度。完善经费预算编制管理，每年年底及时将村级全科农技员当年在岗工作情况及区级经费预算安排情况报市农业局，作为编制市级下一年度经费预算的依据。对于区级经费预算不能落实的，或者不能按照村级全科农技员管理办法进行选聘、考核和管理使用的区，将核减或取消市级经费补贴。各区农业主管部门要进一步建立健全村级全科农技员定期例会、月度考勤、工作日志、信息上报、绩效考核、人员聘用和退出、补贴发放等制度。市农委、市农业局每年联合对各区工作进行督导和检查。

（十四）完善工作条件。各区、乡镇和村要积极创造条件，不断完善村级服务站点建设，力争为每个村级全科农技员配置一间农民培训教室、一个农残检测室、一部工作电脑，鼓励有条件的村为村级全科农技员配置试验示范地（大棚、养殖场地等）。在确保村级全科农技员服务积极性不下降、服务质量不断提高的前提下，现行的市级补贴标准不变，允许各区根据当地的经济和农民收入情况，适当调整村级全科农技员工作补贴标准，实现奖优罚劣。有条件的地区要为村级全科农技员投保人身意外伤害险。

（十五）营造良好环境。各部门要加强宣传引导，充分关心村级全科农技员的成长，使这支队伍逐渐成为推动本市现代农业发展、增加农民收入的重要力量。市农委、市农业局每年组织评选优秀村级全科农技员和工作突出的区、乡镇、村，并及时进行交流表彰。

天津市实施《中华人民共和国农业技术推广法》办法

(2016 年 12 月 15 日天津市第十六届人民代表大会
常务委员会第三十二次会议修订通过)

第一章 总 则

第一条 为了加强农业技术推广工作，促使农业科研成果和实用技术尽快应用于农业生产，增强科技支撑保障能力，促进本市农业和农村经济可持续发展，根据《中华人民共和国农业技术推广法》，结合本市实际情况，制定本办法。

第二条 本办法所称农业技术推广，是指通过试验、示范、培训、指导以及咨询服务等方式，把种植业、林业、畜牧业、渔业等的科研成果和实用技术，普及应用于农业生产产前、产中、产后全过程的活动。

第三条 本市支持农业技术推广事业发展，坚持依靠科技进步，加快农业科研成果和实用技术的推广应用，发展高产、优质、高效、生态、安全农业。

第四条 市和区人民政府应当加强对农业技术推广工作的领导，将农业技术推广工作纳入国民经济和社会发展规划，健全农业技术推广体系，加强基础设施和队伍建设，完善保障机制，促进农业技术推广事业的发展。

第五条 市和区农业行政主管部门负责本行政区域内农业技术推广工作的组织协调，并按照职责负责组织实施农业技术推广工作。市和区水务行政主管部门，按照职责负责有关的农业技术推广工作。

科学技术行政主管部门应当对农业技术推广工作进行指导。

发展改革、教育、财政、人力社保等行政主管部门，在各自的职责范围内，负责农业技术推广的有关工作。

第六条 市和区农业、水务、林业等部门（统称农业技术推广部门）应当根据国民经济和社会发展规划，制定本系统农业技术推广相关规划、计划，指导和协调农业技术推广体系的建设，组织推动农业技术推广工作。

第七条 市、区、乡镇国家农业技术推广机构是承担农业、水利、林业等农业技术推广工作的公益性公共服务机构。市和区人民政府应当保证国家农业技术推广机构的稳定和发展。

第八条 本市鼓励和支持培养引进农业技术推广人才和农业科技人员、高等院校毕业生到基层从事农业技术推广工作。

鼓励和支持科技人员研究开发、推广先进农业技术，农业劳动者、农业生产经营组织应用先进农业技术。

鼓励和支持引进国内外先进的农业技术，促进京津冀地区和国内外农业技术推广的合作与交流。

第九条　市和区人民政府对在农业技术推广工作中作出突出成绩的单位和个人，应当给予奖励。

第二章　农业技术推广体系

第十条　本市农业技术推广实行以各级国家农业技术推广机构为主导，各级国家农业技术推广机构与农业科研单位、高等院校、农民专业合作社、涉农企业、家庭农场以及群众性科技组织、农民技术人员等相结合的农业技术推广体系。

本市鼓励和支持供销合作社、其他企业事业单位、社会团体以及社会各界的科技人员，开展农业技术推广服务。

第十一条　各级国家农业技术推广机构应当履行下列职责：

（一）市和区人民政府确定的关键农业技术的引进、试验、示范；

（二）绿色、环保、可持续农业技术的推广；

（三）植物病虫害、动物疫病及农业灾害的监测、预报和预防；

（四）农产品质量的检验、检测、监测服务，协助做好农产品质量安全工作；

（五）农产品生产过程中的检验、检测、监测咨询技术服务；

（六）农业资源、森林资源、农业生态安全和农业投入品使用的监测服务；

（七）水资源管理、防汛抗旱和农田水利建设技术服务；

（八）农业公共信息和农业技术宣传教育、培训服务；

（九）对下级国家农业技术推广机构实行业务指导；

（十）法律、法规规定的其他职责。

第十二条　各级国家农业技术推广机构应当建立健全岗位责任制，实行绩效管理；建立健全项目管理、人员培训、考核考评、财务管理等制度。

第十三条　本市实行区农业技术推广部门统一管理乡镇国家农业技术推广机构的体制。

区农业技术推广部门对乡镇国家农业技术推广机构的人员和业务经费实施统一管理，其人员的调配、考评和晋升，应当听取所服务区域乡镇人民政府的意见。

乡镇人民政府应当支持乡镇国家农业技术推广机构开展工作，提供必要的工作条件。

第十四条　各级国家农业技术推广机构的岗位设置应当以专业技术岗位为主。市国家农业技术推广机构的专业技术岗位不得低于机构岗位总量的百分之八十，区国家农业技术推广机构的专业技术岗位不得低于机构岗位总量的百分之八十五，乡镇国家农业技术推广机构的岗位应当全部为专业技术岗位。

各级国家农业技术推广机构应当根据农业生产实际需要配备相关专业人员，并保持各专业人员的合理比例。

第十五条　各级国家农业技术推广机构的专业技术人员应当符合岗位职责要求，具有相应的专业技术水平，熟练掌握所推广的农业技术，熟悉农村生产经营情况。

各级国家农业技术推广机构新聘用的专业技术人员，应当具有全日制大学本科以上相关专业学历，并通过市或者区人民政府有关部门组织的专业技术水平考核。

第十六条　村农业技术推广服务组织、农业科技示范户和农民技术人员在各级国家农业技术推广机构的指导下，进行各项农业技术的宣传、示范和推广，为农户提供技术服务。

村民委员会和村集体经济组织应当推动、帮助村农业技术推广服务组织、农业科技示范户和农民技术人员开展工作。

第十七条　本市发挥农业科研单位、高等院校、农民专业合作社和其他企业事业单位、社会组织、个人等社会力量在农业技术推广中的作用，引导其参与农业技术推广服务。

各级人民政府可以采取购买服务等方式，实施公益性农业技术推广服务。

第三章　农业技术的推广与应用

第十八条　重大农业技术的推广应当列入市和区相关发展规划、计划，由农业技术推广部门会同科学技术等相关部门按照各自的职责，相互配合，组织实施。

重大农业技术推广通过确定重点农业技术推广项目实施，列入科技发展计划予以支持。

第十九条　向农业劳动者和农业生产经营组织推广的农业技术，必须在推广地区经过试验证明具有先进性、适用性和安全性。

第二十条　各级国家农业技术推广机构应当利用试验示范基地，通过现场会、科技示范户应用示范带动等多种形式，促进农业新品种、新技术、新装备的普及应用。

第二十一条　各级国家农业技术推广机构应当采取下乡、进村、入户、电话咨询、互联网等多种形式，提供农业技术、政策、信息等推广服务。

第二十二条　各级国家农业技术推广机构应当根据农事、农时，采取集中授课、现场观摩、学习培训、远程教育等方式，组织开展农业实用技术培训。

第二十三条　本市鼓励和支持农民专业合作社、涉农企业、家庭农场、群众性科技组织和农民技术人员，发挥自身信息、技术、市场等优势，采取多种形式，为农民应用先进农业技术提供服务。

第二十四条　农业科研单位和高等院校应当发挥人才、成果、科研等优势，通过多种形式组织科研人员深入农村，促进农业科研成果的转化。

农业科研单位和高等院校与各级国家农业技术推广机构应当密切协作，开展技术咨询、技术服务、技术开发，对农业生产中的技术难题联合进行科研攻关。

第二十五条　农业新品种、新技术需要进行审定、登记、评价的，应当依照法律、法规规定的条件和程序进行。

第二十六条　本市鼓励具备相应条件的技术评价机构向市场提供农业技术先进性、适用性和安全性评估论证等服务。

第四章　农业技术推广的保障措施

第二十七条　市和区人民政府应当将农业技术推广资金纳入本级财政预算，并逐步加大投入，推动农业技术推广工作开展。

第二十八条　市人民政府设立农业科技成果转化与推广专项资金，支持农业科技成果转化、农业科技示范推广、农业新品种新技术新装备引进、农业科技合作等项目。

区人民政府可以结合本区实际设立农业技术推广专项资金。

第二十九条　市和区人民政府应当采取措施，保障和改善区、乡镇国家农业技术推广机构专业技术人员的工作条件、生活条件和待遇，并按照国家规定给予补贴，保持国家农业技术推广队伍的稳定，不得安排国家农业技术推广机构的专业技术人员长期从事与农业技术推广无关的工作。

第三十条　任何单位和个人不得截留或者挪用农业技术推广资金，不得侵占国家农业技术推广机构的试验示范基地、工作用房、仪器设备、生产资料和其他财产。

第三十一条　乡镇国家农业技术推广机构人员的职称评定，应当以考核其推广工作的业务技术水平和实绩为主。

第三十二条　在乡镇从事农业技术推广工作连续满二十年或者在市和区从事农业技术推广工作连续满三十年的农业科技人员，由市农业技术推广部门颁发荣誉证书给予表彰。

第三十三条　市和区农业技术推广部门及国家农业技术推广机构应当有计划地组织农业技术推广人员的技术培训。培训情况作为对农业技术推广人员考核、聘任、晋升职务的依据。

第三十四条　农民技术人员经考核符合条件的，可以按照有关规定授予相应的技术职称，并发给证书。

获得技术职称的农民技术人员可以受聘在国家农业技术推广机构从事农业技术推广工作。

第三十五条　从事农业技术推广服务活动的单位和个人，可以按照国家和本市规定享受财政扶持、税收、信贷、保险等方面的优惠。

第三十六条　市和区农业技术推广部门应当定期对国家农业技术推广机构的农业技术推广效果、效益、效率进行评估，采取相应措施，不断提高农业技术推广水平。

第五章　法律责任

第三十七条　国家农业技术推广机构及其工作人员未依照本办法规定履行职责的，由主管机关责令限期改正，通报批评；对直接负责的主管人员和其他直接责任人员依法给予处分。

第三十八条　违反本办法规定，向农业劳动者、农业生产经营组织推广未经试验证明具有先进性、适用性或者安全性的农业技术，造成损失的，应当承担赔偿责任。

第三十九条　违反本办法规定，截留或者挪用农业技术推广资金或者侵占国家农业技术推广机构的试验示范基地、工作用房、仪器设备、生产资料和其他财产的，对直接负责的主管人员和其他直接责任人员依法给予处分，并责令限期退还；构成犯罪的，依法追究刑事责任。

第六章　附　　则

第四十条　负有农业技术推广职责的街道办事处，参照本办法中乡镇人民政府的有关规定执行。

第四十一条　本办法自2017年3月1日起施行。1994年10月18日天津市第十二届人民代表大会常务委员会第十一次会议通过的《天津市实施〈中华人民共和国农业技术推广法〉办法》同时废止。

浙江省农业厅　浙江省教育厅　浙江省人力资源和社会保障厅关于开展 2016 年定向培养基层农技人员工作的通知

浙农科发〔2016〕11 号

各市、县（市、区）农业局、教育局、人力资源和社会保障局：

根据省政府办公厅《关于启动实施教育体制改革试点工作的通知》（浙政办发〔2011〕54 号）和《关于扎实推进基层农业公共服务中心建设进一步强化为农服务的意见》（浙政办发〔2011〕136 号）精神，2016 年继续开展定向培养基层农技人员工作。现将有关事项通知如下：

一、培养目标

按照德智体全面发展的要求，培养具有良好思想品德和职业道德，能胜任基层农技推广岗位，下得去、留得住、用得上、受欢迎的基层农业公共服务本科层次的农业专业人才。

二、招生方式

定向培养实行招生与乡镇农技推广机构公开招聘工作人员并轨进行，按照"先填志愿，后签协议"的原则，按考生户籍以县（市、区）为单位实施定向招生（招聘）。

三、招生对象

全省范围内当年报考普通高校，有意为基层农业事业服务，并与户籍所在县（市、区）农业部门签订定向就业协议的学生。

四、招生计划

2016 年全省定向培养基层农技人员 70 名。定向培养招生计划由各地有关部门共同协商，经当地政府批准后确定，名额分配情况见附件。

五、承办院校

定向培养工作由浙江农林大学承担，主要培养纯农类专业学生。2016 年招生专业包括农学、植物保护、园艺、食品质量与安全、动物医学、农业资源与环境、农林经济管理等 7 个本科专业，其中农林经济管理专业安排在高校招生的第一批提前录取，其他 6 个专业安排在高校招生的第二批提前录取。

六、招生（招聘）程序

各县（市、区）农业、人力社保部门应在高考成绩公布前，按照公开招聘规定和招生计划，发布定向培养招生（招聘）公告。

符合条件的考生按浙江省普通高校招生有关规定填报志愿。只能选择在第一院校志愿填报，否则志愿无效。省教育考试院根据志愿优先、高考成绩从高到低原则，按各县（市、区）招生计划1∶1.2比例，向招生院校提供名单。招生院校将相应名单分发至各县（市、区）农业局。

各县（市、区）农业部门根据院校提供的名单组织考生体检。考生体检应当在县级以上综合性医院进行。县级农业部门应当即时告知考生体检结果，考生如有异议应当即时提出复检要求，否则视作放弃复检，复检应尽快安排且只能进行一次，结果以复检结论为准。对体检合格考生，按志愿优先、高考成绩从高到低原则，根据招生计划数确定定向培养考生，并在本县（市、区）范围公示3天，公示无异议并征得当地人力社保部门同意后，按招生计划的1∶1比例与合格考生签订定向培养就业协议，并将签订协议考生名单报招生院校。如有考生放弃签订协议，则按高考成绩从高到低顺延。

招生院校在相应批次招生工作开始前，将各县（市、区）报送的已签订协议考生名单报省教育考试院。省教育考试院按名单投档，由招生院校按有关规定录取。未列入各县（市、区）合格考生名单或者签订协议前未经公示的考生不得录取。最终录取的定向培养生名单，由招生院校抄送当地农业、人力社保部门备案。

各地可根据当地实际，在定向培养招生（招聘）公告中，明确招生（招聘）程序、组织机构、定向就业协议签订等具体事宜。

七、学习费用

经学校正式录取并已签订定向就业协议的农学、植物保护、园艺、动物医学等4个专业的学生，按省教育厅、省财政厅关于就读省内本科院校农学类专业和高职（高专）农业种养技术专业的本省户籍学生有关政策免交学费，所需经费由省财政负担。食品质量与安全、农业资源与环境、农林经济管理等3个专业学生学费自理。定向培养生可享受与在校学生同等的奖、助、贷学金政策。

八、就业与待遇

定向培养生按期毕业后，应当回入学前户籍所在县（市、区）乡镇农技推广机构工作。具体工作单位采取竞争择优办法，由农业部门商乡镇农技推广机构主管部门、人力社保部门确定，由乡镇农技推广机构与定向培养生签订事业单位人员聘用合同，合同期限为5年。合同期满，要严格实施聘期考核。聘期考核不合格的，不再续签聘用合同。定向培养生在乡镇从事农技推广工作的期限不得少于5年，具体按各地签订的协议执行。

九、组织保障

开展定向培养基层农技人员，是解决当前基层农业服务人员年龄老化、青黄不接、专业失衡状况的迫切要求，是进一步优化基层农技人才队伍结构和增强为农服务能力的有力举措，是发展现代农业的重要保障。各地要高度重视，加强组织领导，认真抓好落实。农业部门要结合基层农技队伍建设需要，制定人才培养计划，加强与有关部门的沟通协调。教育部门要通过多种形式加大宣传，鼓励和动员本地考生填报定向培养专业志愿，积极投身基层农业事业。人力社保等相关部门要积极支持，紧密配合，制定完善定向培养、定向就业的优惠政策和措施，确保定向培养各项工作落到实处。承办院校要认真制订培养方案和教学计划，精心组织实施，确保教育质量，切实为农业培养下得去、用得上、受欢迎的农业专业人才。

附件：2016 年定向培养基层农技人员招生计划数（略）

浙江省农业厅　浙江省教育厅　浙江省人力资源和社会保障厅
2016 年 6 月 12 日

浙江省农业厅关于开展现代农业科技示范基地建设的实施意见

各市、县（市、区）农业局：

农业科技示范基地是农业科技创新、成果转化和推广应用的主平台、主阵地。当前，各地在开展科技示范基地建设中，建设标准不规范、设施设备不配套、服务功能不显现等问题比较突出，整体示范带动作用不够突显。为深入实施创新驱动发展战略，增强农业科技支撑力和显示度，走内涵式现代农业发展道路，现就开展现代农业科技示范基地建设提出如下意见：

一、基本目标和原则

（一）基本目标

立足各地产业发展实际和农民群众技术需求，以加快农业科技自主创新、技术集成和推广应用为目标，按照"整合提升、分类建设、集聚集成、见形见效"的思路和要求，在现有各类科技示范基地基础上，通过加强服务条件建设、对接科研单位及技术专家、落实技术补助等措施，力争3年内在全省建设1 000个左右技术先进、功能多元、设施配套、带动明显、运行规范的现代农业科技示范基地，整体构建农业科技创新和推广应用平台，促进科技与生产、集成与示范、培训与推广的紧密结合，强化农业现代化科技支撑。

（二）基本原则

——整合资源、规范提升。着眼于基地提升，以现有农业科技示范园区（示范基地）、科技示范场、品种区试及展示示范基地、区域试验站、新型职业农民实训基地、农业科普教育基地等为基础，科学规划设计，优化功能布局，明确建设内容，整合资金资源，进行完善提升。

——服务产业、系统集成。着眼于产业提升，以县域、区域粮油及主导产业发展技术需求为导向，集自主创新、集成示范、推广应用、教育培训、科普宣传、生态监测等功能为一体，致力于解决全产业链各关键环节的技术问题。

——因地制宜、分类建设。着眼于构建体系，以现有农技科研推广体系为依托，分类分批建设，符合要求的基地可以直接进行认定。按综合性、专业化功能定位及平原、山区等生态区域进行分类建设；建设主体和共建单位可为省市县农业科研、教学、推广单位及龙头企业、专业合作社等规模生产经营组织。

——集聚示范、注重实效。着眼于推广应用，以技术集聚、专家对接、主体共建为手段，通过新品种、新技术、新机具、新模式、新材料集中应用展示，以及开展交流观摩、技术培训等，使基地成为推广应用农业科技新成果的示范基地、技术超市、田间学校。

二、建设布局

各地根据当地农业产业特点、规模、布局及主体功能区规划，以现有各类科技示范基地为基础，统筹公益性及社会化科技资源，突出示范重点及服务功能，进行规划布局和建设。特别要与农业"两区""一区一镇"、现代生态循环农业示范区等规划布局紧密结合。各县（市、区）围绕当地农业主导产业、特色产业，规划布局10～15个长期性基地。同时，整合省、市农业科研教育单位科技试验基地，形成全省现代农业科技示范基地整体布局和体系。

各科技示范基地之间服务功能要注重分工与协作，各具特色、功能互补，优化资源配置和共享。科技示范基地内科研、试验示范、技术培训、检验检测、科普教育等功能分区布局要科学合理。

三、功能定位

（一）建成长期性基地。坚持支撑产业、服务农民主线，着眼长远，通过不断整合资源、创新机制、加大投入、完善功能，在种质资源保护、长期定位观测、技术集成示范等方面持续发挥作用、形成积淀，将示范基地建成各具特色的长期性基地。

（二）建成创新性基地。坚持产业链、技术链、管理链的有机融合，以基地为载体，集聚技术、集聚人才、创新管理，加快技术研发和集成，并把示范基地与农业科技孵化器、众创空间、星创天地等有机结合，将示范基地建成现代农业技术新高地、农业创业新基地。

（三）建成开放性基地。坚持推动农业科研、教学、推广单位和生产主体的合作共建，以基地为平台，通过集中展示农业科技成果、交流观摩技术模式、田间培育新型职业农民、现场科普中小学生等，充分发挥示范基地多重功能，促进示范基地向生产主体、广大农民和社会公众开放。

四、建设内容

按照"缺什么补什么、什么弱补什么"的原则，重点推进示范基地的条件建设、技术提升、服务拓展。主要包括：

（一）试验场地。根据基地的发展规模、功能定位、产业特点等，划定相应的区域设立试验场地，用于开展品种、技术、设施、设备、产品等的试验示范。试验场地一般应相对集中在一块区域，也可分设成若干功能区块，要求道路、沟渠、设施等基础条件配套。

（二）服务用房。有固定的服务用房，设立专家工作室、试验检测室、培训教室等，有条件的可设立研究中心、院士（博士）工作站。专家工作室能满足专家办公的基本需要；试验检测室用于存放必要的仪器设备，主要开展科学研究、试验示范、产地检验检测等；培训教室能开展一定规模的培训。

（三）设施设备。试验场地、试验检测室、专家工作室、培训教室可要配备必要的观察、试验、检测、办公、服务、培训等工作开展所需的办公设备、仪器设备和培训设备。

（四）标识标牌。统一树立"浙江省现代农业科技示范基地"的标牌（格式见附件

1）。试验场地内的品种、技术、模式、产品要进行标识，充分解读技术要点，反映生产潜能及适应范围等。有条件的基地还可以建设科普长廊、科技成果展示馆、科普影音室、参与性场地等。验收合格的基地还要统一制作铜牌（格式见附件2）。

具体实施过程中，各地可根据产业基础、技术水平等现状，围绕基地定位和功能目标，把握重点、因地制宜确定建设内容。

五、建设程序及组织实施

实行一次性规划，整县制推进，分3年建设完成。

（一）编制实施方案。各市、县（市、区）根据当地产业发展和现有基地的实际，统筹编制现代农业科技示范基地建设实施方案，明确建设数量、建设类型、建设地点、建设时序、建设内容，及经费预算安排等。科研教学单位所属基地按属地管理原则，由各市农业局统一组织上报。省厅组织对各地的建设方案进行审核汇总，编制全省建设实施方案及年度计划。

（二）组织开展建设。各地按照建设实施方案及年度计划，进一步细化措施，对每一个基地编制建设方案或技术方案，落实建设主体，明确时间进度和工作要求，抓好基地建设。

（三）做好检查验收。按要求完成建设的基地，由各市农业局组织进行验收，验收合格的由省厅统一发文公布。省厅将结合全国基层农技推广补助项目绩效考核等对基地建设工作进行抽查检查。

六、资金投入及补助方式

（一）资金来源。现代农业科技示范基地建设所需投入，通过整合相关补助资金来保障。包括：补助经费纳入全国基层农技推广补助项目示范基地建设中；省级产业技术项目主要落实在示范基地中实施，实现资金整合、技术集聚；欠发达地区（含海岛）农技推广工作补助资金，要统筹部分用于示范基地建设；新型职业农民培育、品种区试、种子种苗工程等方面的项目及经费向示范基地倾斜。同时，积极争取中央、省农业科技项目等财政资金投入。

（二）补助方式。从2016年起，采用先建后补方式，对列入建设计划、验收合格的示范基地，从全国基层农技推广补助项目中补助，具体金额由各县（市、区）根据基地建设规模和内容确定。

七、工作要求

（一）加强组织领导。现代农业科技示范基地建设工作列入省厅对各地的工作目标考核，各市、县（市、区）农业部门要高度重视，专题研究部署，搞好建设布局，落实责任措施，加大建设力度。各县（市、区）要明确专门人员，抓紧编制示范基地建设实施方案，明确年度实施计划，组织填写《现代农业科技示范基地建设申请表》（附件3）和《浙江省现代农业科技示范基地计划建设汇总表》（附件4），经集体研究后上报市农业局，各市农业局审核后在7月底前统一上报省厅。

（二）强化技术支撑。各地要加强示范基地与科研教学单位、产业技术团队的对接，实现产业技术团队专家对示范基地的全覆盖，每个基地至少要对接 2～3 名技术专家，每年组织开展几项技术攻关或试验示范，并开展推介、观摩、培训等活动。省厅将对示范基地负责人进行培训。

（三）规范运行管理。各地要把科技示范基地作为提升现代农业发展层次的主平台、助推器，健全管理运行、成果转化等制度，彰显农业科技的显示度。要明确基地管理人员、服务方式、资金支持等制度，形成长效化运行机制；要制定试验示范、推广应用、教育培训等工作计划或技术方案，形成成果转化机制；要以支撑产业发展、促进农民增收为主要评价指标，加强绩效管理，形成优胜劣汰的机制。

联系人：吕国英，联系电话：0571-86757758。

附件：1. 浙江省现代农业科技示范基地标牌式样（略）
2. 浙江省现代农业科技示范基地铜牌式样（略）
3. 现代农业科技示范基地建设申报表（略）
4. 浙江省现代农业科技示范基地计划建设汇总表（略）

浙江省农业厅
2016 年 7 月 6 日

第三篇

农业技术推广重大项目
实施情况

2016年基层农技推广体系改革与建设补助项目

一、基本情况

2016年，中央财政继续投入26亿元实施"基层农技推广体系改革与建设补助项目"（以下简称"补助项目"），在全国31个省（自治区、直辖市）、3个计划单列市、2个农业部直属垦区和新疆生产建设兵团等37个省级单位的2 436个农业县（市、区、场）实施。各级农业部门按照"健全壮大一个体系（基层农技推广体系）、稳定发展两支队伍（农技推广服务和科技示范展示队伍），持续提升3个能力（试验示范能力、指导服务能力、人员业务能力）"的总体思路，加强组织领导、健全过程管理、强化绩效考评，取得了积极成效。通过项目实施，集聚1.6万余名农业科技专家与基层农技推广机构紧密结合开展技术推广和指导服务，30万人次基层农技人员接受了脱产业务培训，建设了1.05万个农业科技试验示范基地，培育了117万个科技示范户，累计推广了农业主导品种4 000多个（次）、主推技术3 000多项（次），覆盖了项目县的农业主导产业，全国农业主导品种、主推技术的到位率均达到了95％以上，为推动农业供给侧结构性改革、农业生产再获丰收、农民收入持续增长提供了有力支撑。

二、主要做法

农业部会同地方农业部门，加强顶层设计，细化实施内容，完善考评机制，确保了项目年度任务有效落实。

（一）加强组织领导，健全协作机制

农业部高度重视补助项目实施，将其作为推进基层农技推广体系改革建设，提高农技推广效能的重要措施和有效抓手。韩长赋部长、张桃林副部长等领导亲自过问项目实施情况，在基层调研时专门了解补助项目经费到位情况和具体实施效果。部内负责项目管理司局会同部属推广单位建立补助项目管理协同机制，组织开展专题调研，及时调度项目实施新进展、新成效，及时协调解决实施中出现的新情况新问题。各省和项目县结合本地实际健全管理协调机制，项目县成立分管县（市、区）长为组长的工作领导小组，加强农业、人事、编制、财政、发改等有关部门的统筹协调，明确职责分工，细化实施方案，推进年度项目任务顺利开展。一些省（直辖市）建立项目管理联席会议制度、重点工作月报告制度，定期会商、强化部门协作和沟通。安徽省农村工作委员会、省财政厅联合成立了实施基层农技推广体系改革与建设补助项目工作领导小组，统一协调组织种植、畜牧、水产、农机等行业共同实施项目，实现了统一项目组织实施、人员培训、资金使用、信息上报、督查通报、考核奖惩等"六统一"，加强了行业部门联系，形成了工作合力，为促进补助项目规范高效管理，均衡全面实施提供了有力保障。

（二）细化实施内容，加强过程管理

农业部在项目实施中，召开补助项目实施部署会、培训班，解读项目指导内容，交流工作情况，分析存在问题，探讨推动项目实施的好思路好方法；统一编制《技术指导员手册》和《科技示范户手册》，组织各地加强记载项目实施过程中技术指导员、科技示范户工作服务等情况。各地根据项目实施要求，结合当地实际需求，突出工作重点，明确具体任务目标，细化实施方案内容，抓好主导产业、主导品种、主推技术的确定，试验示范基地建设，科技示范户、技术指导员的遴选，项目资金管理、专家队伍、农技人员、科技示范户作用的发挥，提升项目实施成效。省市县各级农业部门、技术指导员、科技示范户之间层层签订合同，分解责任，量化任务指标，细化措施。部分省还积极争取省级财政配套资金支持农技推广体系改革与建设补助项目建设。2017 年，各地落实配套资金 5.5 亿元，为补助项目高效实施提供了有力的经费保障。云南省在补助项目实施中，采取一年 1 个实施方案、一年 2 次集中培训、一年 3 次督促检查的方式，确保项目实施有组织、有机构、有人员、有条件、有方案、有指导、有检查、有考核，真正做到年初有计划、年中有督促、年尾有考核，为项目的有序推进提供坚强保障。

（三）加强督导检查，狠抓绩效管理

农业部会同各地农业部门以提高项目规范性为出发点，把绩效考评作为核心抓手，通过事前狠抓审核规范、事中实时开展督导、事末加强绩效考评，努力构建了补助项目高效规范管理运行机制。农业部继续将补助项目实施纳入农业部专项工作延伸绩效管理，多次组织开展调研督查，全面了解项目实施进展和成效。探索建立第三方机构绩效考评机制，委托江苏农学会作为第三方机构，对 2016 年补助项目实施情况进行绩效考评，特别是对 10％左右的项目县（332 个）进行了实地考评。各地加强过程管理，完善考核机制，将平时检查、专项检查与年终绩效管理考核相结合，实现过程管理规范化，绩效考核常态化、科学化。一是坚持日常检查与定期考核相结合。各省定期组织省、地、县项目管理人员，采取县级自查、市级互查、省级抽查的办法，对项目实施情况进行全面督查，确保实现督查全覆盖。二是项目台账与痕迹管理相结合。各地普遍建立符合当地特色的项目管理台帐，对项目管理、技术指导、试验示范、技术培训等各环节工作内容加以规范和记载，做到所有工作有记录、有档案。三是考核结果与项目资金安排相结合。各地普遍实行"三挂钩"政策：即将县级项目考评督查结果与下一年度资金安排挂钩，优秀项目县给予表彰和资金重点支持，排名靠后的项目县末位淘汰；将农技人员考评核查结果与收入挂钩，奖优罚劣，树立正确导向；将示范户考评结果与兑现物化补贴挂钩，动态调整、择优递补，起到了良好的导向作用。河北省组成 6 个督导检查组，对 40 个项目县资金落实、实施效果和制度建设等进行专项督导检查，根据考核标准现场打分，及时发现亮点经验，督促各地针对存在问题加强整改，促进项目规范落实，也为绩效考评工作打下良好基础。湖北省采取基层自评、市州初评、第三方评估和省农业厅工作组现场查验考评的方法，对补助项目进行绩效考核，对核查发现的问题列出了项目问题清单，要求项目县及时整改到位。第三方抽查了示范户 5 422 人、农技人员 857 人和示范基地 319 个，共计 6 598 个调查对象。考核结果通报全省，并与下年度项目资金安排相挂钩。江西省通过县级自查、设区市全面

核查、省级抽查，对项目县实施情况进行全面考核，有效规范了资金使用，推动了任务落实。河南省采取县级自评、省辖市初评、第三方调查、省级核查以及日常工作情况评价等方式，对2016年度项目县（市、区）进行绩效考评，考评结果作为2017年度项目资金安排的重要参考依据，形成奖优罚劣的机制，并将结果等次以适当方式通报到各省辖市、各省直管县（市、区）人民政府。山西省曲沃县结合补助项目绩效考评专门设立了最佳贡献奖、科技创新奖、业务争先奖、学习进步奖4个奖项和3个奖励等级，有效调动了基层农技人员工作积极性。

（四）树立先进典型，扩大影响成效

农业部会同各地农业部门在多年补助项目实施基础上，深入挖掘项目实施取得的成功经验和典型作法，遴选推出任务实施好、作用影响大的项目县、农技推广机构、农技人员等先进典型，通过电视、报纸、网站等多渠道、多形式全方位多角度开展宣传，不断扩大项目影响。农业部组织农牧渔业丰收奖评审，396名基层农技人员获得农业技术推广贡献奖。农民日报、中国农业信息网等媒体记者深入项目县采访宣传，发掘先进典型和成功案例。辽宁省开展"农民满意农技员"创建、"最美农技员"评选等活动，营造了学先进、争先进、比奉献的深厚氛围，树立了农技人员的良好形象。安徽省、市、县三级均举办了"农民满意农技员"评选活动，吸引了社会各界的广泛关注和热心参与，展示了农技人员扎根基层、艰苦奋斗的先进事迹，弘扬了围绕中心、服务大局、无私奉献的优良作风。福建省组织农业系统向该省优秀基层农技人员黄秀泉学习活动，并把学习宣传黄秀泉同志的先进事迹作为开展"两学一做"学习教育的重要内容，引导广大党员干部以黄秀泉先锋模范为镜，激励广大党员干部坚定信念、爱岗敬业、勇于进取、担当作为。湖南省开展了乡镇农技服务站星级创建活动，将工作积极、服务态度好、服务质量高、群众反映好的乡镇站创建为"五好"站，给予表彰和奖励，提高基层农技推广的服务能力和成效。新疆维吾尔自治区特克斯县对在农业技术推广工作做出重大贡献的农技人员实行奖励，每年评选10个重大任务奖，每个给予绩效奖励0.5万元，并评选出15名"最美农技员"予以通报表彰。

三、主要成效和经验

通过2016年补助项目实施，在健全农技推广体系、提升农技人员能力、增强推广服务能力、支撑农业产业发展等方面取得了新的进展和成效。

（一）巩固发展了改革成果，进一步健全了基层农技推广体系

各地以补助项目实施为抓手，深化基层农技推广体制机制改革，县乡机构组织构架日益完善，明确了公益性定位；人员队伍逐步稳定，到位率明显提高；财政投入不断增强，工作条件初步改善。目前，农业部所属种植业、畜牧兽医、渔业、农机化4个系统共设立国家农技推广机构7.83万个，主要分布在基层，其中县级1.92万个，乡镇级5.64万个（包括0.32万个区域站、1.83万个综合站）。乡级农技推广机构中，实行"县管"和"县乡共管、以县为主"的，占总数的62.3%，较"十一五"末提高24.6个百分点。95.5%的基层农技推广机构实行全额拨款，农技人员工资全额纳入财政预算并实现了与当地其他事业单位相衔接。

（二）完善了人员培养机制，进一步提高了农技推广队伍的业务素质

补助项目安排专门资金，支持基层农技人员提升业务能力和学历层次，为实现农技人员培训制度化，打造一支工作有本领、作风过得硬、带动作用明显、群众信得过的高素质农技推广队伍提供了有力支撑。各省采取异地研修、集中办班和现场实训等方式，分层、分类、分批进行业务培训。同时，结合田间学校开展现场实操培训，注重加强动手能力培养。经过系统培训，基层农技推广队伍专业技能得到提高，业务面更加开阔，知识老化问题逐步得到改善。浙江省建立"省级统一组织、培训基地承办、异地集中办班、示范县选派学员"的农技人员培训机制，有效提升了基层农技人员为农服务能力，受到广大基层农技人员的欢迎。安徽省开展基层农技人员学历提升计划，对在农技推广补助项目实施中考核称职以上基层农技人员，参加学历提升教育给予每人90％的学费补助，全省1 000多名农技人员参加全国成人教育统考并被录取。福建省招收录取37名乡镇农技推广机构紧缺人才定向委培生。江西省从2014年起，采取"定向招生、定向培养、定向就业"的办法培养基层农技员。至2016年已累计招录学生1 051名。2016年，全国基层农技人员人均接受业务培训3.12次；20多万人接受了5天以上的脱产业务培训，其中由省、地两级组织培训人数为15.04万人、参加跨省培训0.68万人。部分省还开展基层农技人员学历提升行动，支持基层农技人员到高等院校进修深造、提升学历，解决农技人员因为学历低而职称评定难的问题。福建省支持81名具有大专学历的乡镇农技人员参加福建农林大学成人专升本学历教育。江西省支持450名基层农技人员参加了学历提升。

（三）健全了农技推广运行机制，进一步增强了农技推广服务能力

通过实施补助项目实施，以"包村联户"为主要形式的工作机制和"专家＋农业技术人员＋科技示范户＋辐射带动户"的技术服务模式在全国农业县普遍建立，基层农技推广工作实现了目标化、责任化、制度化管理，有效调动了基层农技人员下乡服务的积极性、主动性和创造性。基层农技人员与农民的联系更加紧密，信息反馈更加迅速，既激发了农技人员学习新知识、探索新技术的热情，又增强了他们做好农技服务的责任感，服务的范围进一步拓展，从单一的技术服务向农业信息、产品质量安全、生产管理等综合服务转变，工作的作风进一步转变，变过去的被动服务为主动服务，工作的效率和质量明显提升，农民对农技员的满意度不断提高。2016年基层农技人员平均从事推广服务天数达到200天，其中在田间服务60天以上。

（四）推动了方式方法创新，进一步提高了农技推广服务效能

农技人员蹲点包村、入驻基地、对接主体，开展指导服务，进一步完善了"专家＋农业技术人员＋示范基地＋科技示范户"的技术服务模式，健全了县、乡、村农业科技试验示范基地网络，农技人员在示范户和基地开展新技术、新品种的示范和推广，让广大农户看有示范，学有样板，实现了农技人员与农民面对面，科技与田间零距离。

一是建设了一大批高标准农业科技示范展示平台。按照产业规划到位、培训指导到位、示范推广到位"三个到位"的要求，建设了1万多个农业科技示范展示基地，基地与农业科研院校（所）紧密对接，农业科研院校提供农业技术支撑，开展"一业为主、多种示范"的引进、试验、技术集成、对比展示和技术培训等工作。成为农业科技成果展示的

窗口和技术推广的辐射源，将农业科技创新与推广应用的阵地搬到田间地头，把增产增效科技成果直接做给农民看、带着农民干、帮着农民把钱赚，满足了农民对农业技术可视化、多样化、综合化、现场化的要求。

二是农民田间学校等互动式、参与式推广方式日益普及。各地采取聘请专家授课，农民参与互动式培训，不定期组织农业科技示范户、农民技术员、种植大户和辐射带动户开展现场技术培训与观摩，实现了专家与农民面对面，技术与田间零距离的培训。福建省以农业科技示范基地、专业合作社、家庭农场、涉农企业等组织为载体，结合当地主导产业分布情况，利用全省已建成的农民田间学校，大力加强农民田间学校建设，开展观摩、示范、培训 900 多场次，促进了农民与技术、市场、信息的对接。湖南省 51 个县（市、区）举办了田间学校辅导员培训班 152 期，培训县级辅导员 2 000 余人。

三是农技推广信息化建设取得重要进展。各地利用 QQ 群、微信群、网络书屋等信息化手段开展技术推广服务，完善科技服务"110"、咨询电话、远程培训、一点通服务平台等延伸服务措施，初步构建了农业生产各环节上下贯通、左右关联、优势互补、运转高效的农业科技服务网络平台，推动了农技推广评价数据化、农技管理精确化、服务环节精准化，为广大农户提供了高效便捷、简明直观、双向互动的农技推广服务，有效地提高了农技推广服务综合能力。浙江省借助农民信箱平台，推进"互联网＋农业科技"发展，农技推广信息化取得积极成效。山西省选择 5 个农业大县和特色产业县开展农业科技云平台建设试点。上海市将农业信息化列入农业推广主导产业，初步建成覆盖整个郊区的为农信息服务体系，1 390 个涉农行政村配置为综合信息服务智能查询终端，农民可以查询农技推广、病虫害防治、市场信息等相关信息，与专家通过视频咨询农业技术问题。广东省以"12316 三农综合信息服务平台""农博士""农技宝"等为载体，积极推进基层农技推广服务信息化建设，提高农业科技服务信息化水平。12316 三农信息服务平台专家库有 1 400 多名中级职称以上的专家，为广大农户及时提供种养知识、专家问诊、政策咨询、供求信息等方面的服务。

（五）促进了成果转化应用，进一步增强了对现代农业发展的支撑能力

基层农技推广体系依托补助项目实施，根据当地产业发展实际和农民技术需求，通过建设农业科技示范基地开展技术集成示范、培育科技示范户发挥辐射带动作用、进村入户解决科技成果转化"最后一公里"，切实发挥了向上对接专家教授，向下对接服务对象的桥梁纽带作用，加快了先进适用技术的推广应用，解决区域农业技术需求和供给不匹配问题。2016 年，基层农技推广体系示范推广了超级稻、双低油菜、转基因抗虫棉等一大批新品种，推动我国主要农作物良种覆盖率达到 96％以上、畜禽水产品种良种化比重逐年提升、奶牛良种覆盖率达 60％。示范推广了稻田综合种养、小麦氮肥后移、玉米"一增四改"、马铃薯脱毒种薯、奶牛饲料高效利用、深海网箱养殖等一大批农业防灾减灾、农机农艺融合、资源高效利用等先进适用技术，支撑粮棉油糖高产创建、园艺作物标准化生产、畜禽标准化规模养殖和水产品健康养殖等生产模式，为推动农业供给侧结构性改革提供了有力支撑，促进了农业稳产增产、连年丰收。

（六）助力科技扶贫产业扶贫，促进了农业产业化发展与精准扶贫有机结合

补助项目实施范围覆盖全国 95％的贫困县，各地在实施项目时，主动对接精准扶贫

工作，在科技示范户遴选中，注重精选科技意愿强烈的贫困户作为脱贫示范户，重点开展技术指导员技术对口帮扶，为打赢脱贫攻坚战提供了有力支撑。安徽省每个技术指导员联系服务2个贫困户，在春季田管、夏收夏种、秋收秋种等关键季节和养殖的关键时期，进村入户开展指导服务，一对一面对面讲，手把手地教，为推动贫困户依靠农业科技致富脱贫奠定了坚实基础。湖南省宜章县大力发展肉鹅产业，以肉鹅养殖基地为中心，以科技示范为纽带，全产业链帮扶3 240人，贫困对象收益每年可达3 000元/人。广西壮族自治区基层农技人员积极参加农业产业扶贫，技术指导推动扶贫，雇用贫困农户参与示范基地生产及管理，使示范基地成为带动帮扶贫困户增加收入的来源之一。四川省组织9 095名农业科技专家组建1 875个农技专家服务团，选派11 955名农技人员，深入省内88个重点贫困县、11 501个重点贫困村实施技术帮扶。四川省农业厅与财政厅联合发文保障驻村农技员待遇，对表现优秀的驻村农技员予以表彰奖励。云南省禄劝县书西村是禄劝县重点扶贫山区村，通过补助项目实施带动，将其建成农业科技示范村，成为科技扶贫的典范。2016年该村种植草乌农户的年平均收入突破6万元以上。昆明市王喜良市长调研时给予充分肯定，认为其为实现贫困地区脱贫摘帽树立了示范样板典型。海南省结合精准扶贫工作需要，以"专业合作社＋科技示范户＋贫困户"的模式运行农业科技试验示范基地。既让贫困户在生产过程中全面掌握先进的农业生产技术和管理技能，又获得了劳务报酬。

绿色高产高效创建项目

一、基本情况

2016 年，按照中央的部署和部党组的要求，紧紧围绕"提质增效转方式、稳粮增收可持续"的工作主线，以绿色发展为导向，以创新驱动为支撑，打造绿色高产高效创建升级版，助力种植业转型升级和现代农业发展。在创建方式上，改变过去以万亩片为单元的创建方式，在全国选择一批生产基础好、优势突出、特色鲜明、产业带动能力强的县开展整建制创建。在资金支持上，中央财政安排 15 亿元资金，在全国选择 288 个县开展整建制绿色高产高效创建，集中发力。在实施理念上，从过去单一追求高产，转变为高产与高效相统一、生产与生态相协调。在工作落实上，引入主体申报制、考核验收制、竞争淘汰制，切实加强项目监管。经过一年的项目实施，取得了积极的进展，集成组装增产增效、资源节约、生态环保的可复制的技术模式，促进农机农艺融合、良种良法配套，示范带动更大面积增产增效。

二、主要做法

（一）强化责任落实

各省高度重视绿色高产高效创建工作，将其作为推进农业转方式调结构的重要抓手和推广先进技术的重要平台。省级统筹：各省都成立了由农业部门负责同志任组长的绿色高产高效创建领导小组，加强统筹协调，形成工作合力。新疆维吾尔自治区由政府副主席任组长，有关厅局负责同志为成员，为创建工作提供了有力的组织保障。责任到县：项目县都成立了由政府负责同志任组长的协调机构，明确责任分工、细化工作措施，县长就是创建工作的第一责任人，县市农业局是项目实施的责任主体，农业局长是项目实施的第一责任人，确保任务落实到位、工作责任到位。

（二）聚合力量打造

各地整合资源，协调人力、物资、资金向绿色高产高效创建县倾斜，着力打造绿色发展示范样板。升级创建层次：以绿色发展理念为引领，从过去单一追求高产，转变为高产与高效相统一、生产与生态相协调。黑龙江省在绿色高产高效创建县全面推行化肥、农药、除草剂"三减"，湖南省明确双季稻创建县化肥农药实现零增长，亩均节本 15% 以上。扩大创建规模：改变过去以万亩片为单元的创建方式，选择生产基础好、优势突出、特色鲜明、产业带动能力强的县开展整建制创建，打造高产创建升级版，不少省份涌现出几万亩、十几万亩、几十万亩的集中连片示范方，起到了很好的示范带动作用。聚焦创建资金：将过去的每个示范片 16 万元，增加到每个项目县 400 万～600 万元，整合资金、集中发力。江苏省财政安排 2.7 亿元资金支持开展绿色高产高效创建，山东省整合涉农资金 3.7 亿元，在更大范围、更高层次搭建绿色高产高效平台。

（三）狠抓指导服务

充分发挥行政＋科研"1＋1＞2"的作用，聚集各方力量，形成政府主导、部门配合、院所参与的大协作格局。行政出题：河北、湖北、四川等省组织省内外知名专家组成专家技术指导组，整合科研、教学、推广等部门资源和力量，要求每个项目县依托 1 个科研单位，聘请 1 名领衔专家，建立 1 支团队开展协同攻关。专家破题：针对油菜机播水平低的瓶颈，由傅廷栋院士和官春云院士领衔，集成组装了油菜直播全程机械化、毯苗机械移栽等高效技术模式；针对水稻毯式育秧存在的植伤瓶颈，由张洪程院士领衔，集成组装了水稻钵苗机插精准肥水绿色高产高效技术模式。农技部门答题：充分发挥基层农技部门业务性强、服务范围广、联系生产紧的优势，每个示范片明确 1 名农技人员蹲点包片，做到工作指导到田间、技术服务到地头、物资供应到农户，提高关键技术到位率。

（四）创新工作机制

充分发挥新型经营主体的示范引领作用，推行耕种收全过程专业化、社会化服务，推动绿色高产高效创建组织方式和机制创新。培育新型经营主体：鼓励种植大户、家庭农场等新型经营主体参与，使其成为项目承担的主体，更好发挥示范带动作用。四川推行种粮大户带动、"大园区＋小业主"全程托管、土地股份合作社等适度规模经营模式和"龙头企业＋专合组织＋种粮大户"的产业化经营模式。培育专业化服务组织：引导植保、农机合作社等新型服务主体，推行代耕代种、代收代储、统防统治、统配统施等专业化服务，提升生产的组织化程度和集约化水平。吉林开通测土配方施肥手机信息服务，农民在自家地块即可接受系统服务，有效提高了测土配方施肥技术入户到田率，探索了农业技术推广的新途径。

（五）强化监督检查

监督检查是绿色高产高效创建的重要保障。今年创新项目实施方式，引入主体申报制、考核验收制、竞争淘汰制，切实加强项目监管，为开展好绿色高产高效创建提出了更高要求。事前有把关：项目省根据农财两部下发的实施方案，明确试点区域、目标任务、操作方式等内容，通过层层申报、逐级把关，科学遴选项目县，确保申报主体机会平等、申报过程公正公平，充分调动项目县积极性，做到优中选优。事中有检查：跟踪调度项目县工作进展，及时发现问题，督促整改落实。创新督导方式，组织 28 个省开展省际间交叉督导，既相互督促检查，又促进经验交流，共同进步提高，取得了很好效果。事后有考核：设立绿色高产高效创建绩效考核评价机制，组织县级自评、市级复核、省级考核，验收合格的县下年度可继续申报，验收不合格的县取消下年度申报资格，并把各省考核结果作为下年度项目安排的重要依据。江西省引入第三方对项目县创建成效进行考核，确保考核结果科学公正。

三、主要成效

（一）以绿色理念为引领的技术集成取得新进展

按照"一控、两减、三基本"的要求，综合运用安全投入品、物理技术、信息技术、绿色防控等措施，促进生产与生态协调发展。"减"，减化肥和农药。推进精准施肥、科学用药，提高化肥农药利用率。黑龙江省绿色高产高效创建县平均亩减少化肥使用量 14.6 千克，减少农药使用量 71.9 毫升。陕西省绿色高产高效创建县主要农作物化肥用量增幅降至 0.2% 以下，带动全省增幅降到 0.4% 以下，创建县农药使用量下降 18%～24%，带动全省下降 3 个百分点。"替"，有机肥替代化肥。合理利用有机养分资源，推进有机肥替代化肥，用耕地内在养分替代外来化肥养分投入。四川省绿色高产高效创建县有机肥施用面积达到 50%，化肥用量减少 30%。贵州省在创建县全面推行秸秆还田，增加有机质投入，项目区化肥使用量减少 6.4%。"节"，推广高效节水技术。推行农艺节水、品种节水和工程节水，大力推广喷灌、滴灌、测墒补灌、水肥一体化等节水技术，做到以水定产，提高水资源利用率。新疆维吾尔自治区绿色高产高效创建县集成推广水肥一体化技术 732.3 万亩，辐射带动全区应用面积 2 205 万亩。宁夏回族自治区玉米创建县大力推广水肥一体化技术，每亩节水 250 立方米，节水 50% 以上。黑龙江在水稻创建县推广浅湿节水灌溉技术，亩节水 80 立方米左右。

（二）以高产高效为特征的典型带动取得新进展

各地整合资金、集约力量、集中打造，涌现出一批高产高效并重的先进典型。高产典型突出。华南双季稻产区绿色高产高效创建县首次创出早稻平均亩产 832.1 千克、晚稻平均亩产 705.7 千克、双季稻年亩产 1 537.8 千克的高产纪录。黄淮海两熟区同一地块创出小麦平均亩产 729 千克、玉米平均亩产 912.9 千克、两季年亩产 1 641.9 千克的高产纪录。辐射带动面广。吉林省 11 个绿色高产高效创建县，示范面积 240 万亩，辐射带动 580 万亩。江西省双季稻示范区平均亩产 1 025.6 千克，比非示范区亩增产 64.6 千克，增幅 6.3%。广东省 6 个绿色高产高效创建县，示范面积 67 万亩，辐射带动 355 万亩。

（三）以提质增效为目标的模式创新取得新进展

以绿色高产高效创建为平台，发展优质专用品种，推行稻田综合种养、高效复合种植等模式，示范带动产量提升、效益增加。推广"水稻＋"增收模式：长江流域水稻主产省在绿色高产高效创建县因地制宜推广稻田养鱼、虾、蟹、鸭等综合种养模式，亩效益普遍在 1 500 元以上，比普通稻田高出 1 倍以上。推广"粮油双增"模式：山东省在绿色高产高效创建县推广玉米花生宽幅间作高效生态种植模式，充分发挥豆科作物养地作用，玉米亩产 500 千克以上，增收花生 120 千克以上，亩均收益提高 30% 以上。推广"一田多用"模式：在绿色高产高效创建县，开辟休闲观光、农事体验、文化传承等多种功能，拓宽农民增收渠道。四川省三台县建立观赏油菜示范点，举办赏花活动，吸引游客 50 万人次以上，拉动休闲产业消费 5 000 万元以上。

（四）以机艺融合为载体的瓶颈攻关取得新进展

各地将农机农艺融合作为绿色高产高效创建的重要内容，减轻劳动强度，提高生产效率。突破关键环节瓶颈：在水稻机插秧、玉米籽粒机收、油菜机械播栽及收获、马铃薯机种机收等方面取得了积极进展。浙江省水稻绿色高产高效创建县引进钵苗插秧机、新型施肥机、植保无人机等高效作业机械，破解秧苗弱、机插难、劳动强度大等技术难题，实现关键环节"机器换人"。提升全程机械化水平：推广应用多功能、智能化、经济型农业机械装备，努力在耕种收全过程实现机械化。湖北省油菜创建县将关键技术进行组装，实现翻耕、灭茬、施肥、播种、开沟、覆土等多工序联合作业，推进全程机械化生产。黑龙江在水稻育秧上实行智能浸种催芽、机械播种，在大田生产上运用高速插秧机、侧深施肥机、专用收获机，确保在"7 个 10 天"内高标准完成芽种生产、秧田播种、泡田整地、秧苗移栽、健身防病、田间收获、秋季翻地作业。

（五）以品牌建设为导向的产业融合取得新进展

各地在绿色高产高效创建中，推行标准化生产，推进产销衔接，促进一、二、三产业融合，提升质量效益竞争力。订单种植：河南省将绿色高产创建作为小麦供给侧改革的试验点，引导粮食加工企业与示范县建立订单生产，8 个创建县落实优质专用小麦订单面积 230 万亩，占创建县总面积的 1/3 左右。创建品牌：安徽省在创建县建立生产基地 274.5 万亩，参与品牌运营的核心企业 47 家，打造了 543 个粮油绿色食品认证品牌，5 个中国地理标志品牌。优质优价：黑龙江五常市建设有机大米生产基地，每千克价格超过 60 元，最高达到 200 元。贵州省播州区发展优质稻生产基地，优质稻价格比普通稻谷高 50% 以上，每亩增收 600 多元。

2016 年水肥一体化示范项目

一、项目执行情况

2016 年，中央财政继续安排专项资金开展水肥一体化集成示范项目，农业部通过《农业部关于下达 2016 年农作物病虫害疫情监测与防治等项目资金的通知（农财发〔2016〕35 号）》在 11 个省（自治区、直辖市）安排资金 2 547.4 万元开展水肥一体化示范工作。项目下达后，各地紧紧围绕创新、协调、绿色、开放、共享五大发展理念，服务"提质增效转方式　稳粮增收调结构"的工作主线，按照项目方案要求，认真组织项目实施，根据各省种植特点和农业供给侧结构性改革的主要任务，建立示范区，强化培训宣传与指导，加大地方投入，不断扩大农田节水技术推广应用面积，取得了显著的经济、社会和生态效益。为进一步加大水肥一体化技术应用提供了技术支持，确保相关工作迈上新台阶。

（一）项目立项及其分布情况

项目主要安排在西北、西南、华北地区的 11 个省（自治区、直辖市）实施，建立 11 个高标准水肥一体化技术示范区，示范面积 28 000 亩。一是在北京、天津、四川、西藏开展喷滴灌水肥一体化技术示范；二是在内蒙古、甘肃、宁夏、新疆开展膜下滴灌水肥一体化技术示范区；三是在重庆、贵州、云南开展集雨补灌水肥一体化示范。

（二）经费安排及规模

2016 年水肥一体化集成示范项目资金规模 2 547.4 万元，主要用于水肥一体化技术模式示范以及技术支撑与保障工作补助。资金安排如下：

1. 水肥一体化技术示范 2 450 万元，建立示范区 28 000 亩。一是膜下滴灌水肥一体化技术示范 960 万元。在内蒙古、甘肃、宁夏、新疆各建设 1 个膜下滴灌水肥一体化技术示范区，示范面积 16 000 亩，主要用于农民购置滴灌设备、地膜、水溶肥等补贴和技术推广部门开展技术指导、试验、总结、验收等工作补助。二是集雨补灌水肥一体化 690 万元。在重庆、贵州、云南各建设 1 个集雨补灌水肥一体化示范区，示范面积 4 500 亩，主要用于农民购置滴灌设备、集雨设施、水溶肥等补贴和技术推广部门开展技术指导、试验、总结、验收等工作补助。三是喷滴灌水肥一体化技术示范 800 万元。在北京、天津、四川、西藏各建设 1 个喷滴灌水肥一体化技术示范区共 7 500 亩，主要用于购置物联网系统、滴灌设备、水溶肥等补贴和技术推广部门开展技术指导、试验、总结、验收等工作补助。

2. 水肥一体化技术集成示范推广 97.4 万元。主要用于水肥一体化和缓释肥技术支撑工作，包括水肥一体化、旱作农业和高效肥宣传报道、技术指导、专题调研、监督检查、规划编制与现场验收等。

二、主要做法

（一）扩大社会影响，加强宣传报道

一是协调央视《经济半小时》栏目赴北京通州和昌平区采访水肥一体化应用情况，于3月31日晚播出《水肥携手润大田》专题报道，聚焦水肥利用中的前景，报道水肥一体化节水节肥，提高水肥利用效率的技术效果。二是组织《农民日报》对水肥一体化工作进行采访报道，于1月28日、4月21日和8月25日开展3次专版宣传。三是各省根据自身情况，通过电视、广播、报纸、网络等平台对相关工作进行宣传报道，加强了社会各级对水肥一体化技术的关注，充分发挥了技术示范的辐射带动作用。内蒙古人民广播电台全程报道了内蒙古自治区控肥增效大拉练活动，对多伦县马铃薯水肥一体化技术示范区进行了宣传报道。

（二）全面统筹谋划，强化组织领导

为进一步加强模式集成，农业部制定印发《推进水肥一体化实施方案（2016—2020年）》，提出加快推广水肥一体化的指导思想、发展目标、工作思路、区域布局和重点工作，统筹谋划、全面推动水肥一体化工作。在保证项目实施的过程中，各项目积极强化组织领导，确保项目稳步推进。宁夏回族自治区成立以分管副厅长为组长的项目领导小组，同时成立由项目承担单位自治区农技总站主管站长为组长，区、县、乡三级农技推广部门负责人和节水农业技术骨干为成员的项目实施小组，区级技术人员主要负责项目的组织实施和技术指导，在项目实施过程中，各级人员层层把好项目监督检查和任务落实，具体工作分工落实到人。内蒙古自治区土壤肥料和节水农业工作站与项目实施旗、县农业局组织成立项目领导小组和技术服务小组，遵守"两学一做在田间"活动和履行"三带头五落实"的工作要求，同时在工作考核上实行三方考核制度，即建立一套农民满意度调查、县乡干部反馈意见和上级部门综合考核的新机制，保证工作落到了实处，保障项目圆满完成。

（三）强化技术集成，加强技术引导

水肥一体化技术模式集成示范进展顺利，全年项目按计划示范推广2.8万亩。甘肃省为确保水肥一体化技术示范项目的落实，项目技术管理专家组多次实地察看了项目区，对已实施膜下滴灌区域进行了摸底考察，就配套水肥一体化相关技术的内容与项目区进行了座谈。四川省各项目县及农业科学院土壤肥料研究所按照省级方案的要求，进一步细化方案，落实示范区、试验作物、示范内容。通过资源整合，统筹协调行政、推广、科研等多方力量，形成合力推进的工作机制，打造精品喷滴灌水肥一体化示范区。

（四）开展技术试验，集成节水新技术

2016年在全国20多个省开展节水农业新技术试验200多项次，涉及小麦、玉米、水稻、马铃薯等主要粮食作物，以及棉花、蔬菜、果树等主要经济作物，取得了良好的抗旱抗逆、节水高效和增产增收效果，筛选、储备了一批节水农业新技术、新产品，提升了节水农业技术水平。一是开展农化抗旱抗逆技术试验，验证和展示各类农化抗旱抗逆技术在

增强作物抵御干旱、干热风、低温、倒春寒、早霜、冷冻等灾害性天气能力，以及提高产量、改善品质、生态环保等方面的作用；二是旱作保墒与测墒灌溉试验，针对广大旱作区和地面灌溉区，试验覆盖保墒、测墒灌溉等技术；三是开展水肥一体化试验，集成创新水肥一体化模式下的水分养分管理与灌溉施肥的方法，科学制定灌溉施肥制度和施肥方案，提升抗旱节水设备装备水平。

（五）加强技术指导，强化项目管理

2016年农业部组织专家先后到贵州、内蒙古、甘肃、新疆等地开展技术指导，现场查看技术示范情况，及时发现和解决项目执行中存在的问题。调研项目中的新技术、新情况、新问题。同时根据工作安排，督促2015年项目承担单位及时组织完成项目自验。云南省把技术培训、技术指导、督促检查作为项目实施的工作重点，采取多种形式，抓好相关工作。西藏自治区邀请区外相关专家进行授课，定期对基层技术人员和农户进行水肥一体化技术培训，提高其节水技术水平，对乡村技术人员和农民开展培训5次，受训600人次。

三、主要成效

（一）经济效益

据统计，整个项目已经实施面积2.8万亩，其中粮食作物1万亩（含马铃薯5 000亩），经济作物1.8万亩。总增产粮食235万千克，总节本增收1 820万元。膜下滴灌水肥一体化种植马铃薯亩均增产400千克，节本增收600元。蔬菜、果树水肥一体化技术，亩均节本增收1 000~1 500元。

（二）社会效益

社会效益体现在以下5个方面：一是农田节水农业示范区在农业增产、农民增收、资源节约高效利用等方面效果显著，成为建设资源节约、环境友好农业的典范，为各地转变农业发展方式，发展现代农业提供了宝贵的经验。二是通过项目示范，提高了农民使用新技术、新设备的意识和兴趣，在广大农村播下了资源节约型农业生产的火种；三是有利于增强农技推广部门的服务手段和服务农村新型经营主体的能力，增强农业节水技术推广部门自身的服务功能；四是通过对专业技术人员和广大农民的技术培训，锻炼和造就了一大批专业人才；五是总结摸索出适合不同区域的节水农业发展的思路和技术模式。

（三）生态效益

通过项目实施，取得了巨大的生态效益。一是示范区水资源利用率大幅度提高，对高效利用农业水资源、促进农业可持续发展具有重要意义。项目区降水的利用率由50%提高到70%，水分生产效率由1千克粮食提高到1.5千克以上。据统计，项目示范区总节水近400万立方米，其中，粮食作物水肥一体化亩均节水约120立方米，蔬菜设施水肥一体化技术亩均节水150立方米。二是采用膜下滴灌、水肥一体化等技术可提高肥料利用率15%以上，减少病虫害的发生，减少了化学农药喷施20%，减轻农田环境污染，改善农产品质量，提高了农产品竞争力。三是监测表明，膜下滴灌和集雨补灌等技术不仅能大幅

提高降水利用率，还能明显减少土壤风蚀水蚀，尤其是西北、西南采取膜下滴灌和集雨补灌，农田保水保土能力显著提高。

四、主要经验和体会

（一）技术示范是发展节水农业有效手段

今年，通过项目示范，建设了一批高水平的精品示范工程，充分发挥了示范带动作用，技术示范效果显著，有效的宣传了项目成果，推动全国节水农业快速发展。东北四省区玉米马铃薯膜下滴灌，西北内蒙古马铃薯地膜覆盖，西南地区果树、蔬菜水肥一体化等技术模式成蓬勃发展的态势，大幅增产粮食、作物 20％以上，为我国农产品供给侧结构性改革做出了突出贡献。

（二）技术培训是提高项目水平的重要环节

通过同期执行农业业务培训水肥一体化技术培训项目，专门就项目管理进行了培训，明确了不同技术模式的示范面积、资金使用比例、技术模式效益观测和评价方法、项目总结和成果要求等，并组织科研教学专家就不同技术模式进行了深入浅出的讲解，提高了技术骨干的技术指导水平。同时，项目省、县也分别进行项目宣传和技术培训，提高基层技术人员、科技示范户和农民应用节水技术的积极性和技术水平，有力地推进了项目开展。

（三）严格监督检查是项目顺利实施的重要措施

农业部深入项目区进行检查监督和技术指导。一是进行监督检查，调查项目组织管理和实施进展，督促地方加快项目进度，确保落实到位；二是进行技术指导，发现项目中存在的问题，及时解决。三是开展调研，通过现场考察与交流，发现新需求、集成新技术，掌握技术实质，做好技术储备。同时，充分利用中国节水农业信息网等信息平台跟踪项目进展，促进项目执行水平有较大程度的提高。

农作物重大病虫害数字化监测预警系统建设与应用

农作物病虫害预测预报信息化建设是提高病虫害测报能力的重要途径和重要手段。2009年以来，在部领导和种植业管理司的高度重视和大力支持下，全国农业技术推广服务中心采用"总体规划、分步实施"的思路，逐步开发建成了农作物重大病虫害数字化监测预警系统，全国20多个省也相继开发建设了各具特色的病虫测报信息系统，初步实现了重大病虫害监测预警数据的网络化报送、自动化处理、图形化展示和可视化发布，全国农作物病虫测报信息化建设快速发展，农作物重大病虫害数字化监测预警网络体系初步形成。

一、实施情况

（一）总体设计和分步实施

为推进系统建设顺利开展，全国农技中心按照"总体规划、分步实施"和"一年一个作物、若干重点功能"的思路，通过技术研讨、制定开发建设方案、系统平台开发建设和应用技术培训等环节，稳步推进数字化监测预警技术研究和系统建设，相继完成了水稻、小麦、棉花、玉米、马铃薯、油菜等作物重大病虫和多食性害虫数字化监测预警系统建设。

（二）技术研究和系统建设

国家农作物重大病虫害数字化监测预警系统经过持续建设，建立了完善的数据上报、信息处理、图形分析、信息发布、监测咨询等功能，已不间断运行超过7年，在重大病虫害监测预警中发挥了重要作用。

1. 测报数据上报。围绕全国农作物重大病虫害监测信息报送工作需要，开发了网络计算机终端填报和手机移动端填报相结合的数据报送方式，设计开发了水稻、小麦、玉米、棉花、油菜等作物重大病虫害，以及蝗虫、黏虫、草地螟和全国重大病虫害发生和防治信息周报等共151张数据上报表格，数据项6 000多项，实现了测报数据自动入库和汇总分析，使全国病虫测报信息的报送进入了网络信息时代，实现了由传统的电报、电话、电子邮件传递向网络化和自动化的转变，极大地提高了测报信息传输的时效性，提高了病虫测报的快速反应能力。

2. 数据分析处理。在实现重大病虫害测报数据网络报送、自动入库和查询汇总的基础上，系统开发了多种数据分析功能：一是依据病虫害发生规律，对原始调查数据进行梳理形成涉及18种病虫害的64个病虫害分析专题图，采用图表、地图及图表与地图相结合等多种方法对专题数据进行分析展现；二是采用地理信息系统（GIS）或Flex等技术手段来进行插值数据展现，专题图和地理信息系统为专业数据的分析结果提供了直接、直观的展示平台，为领导和专家的决策以及专业信息的发布提供了支撑。

3. 图形化展示预警。 在地理信息系统（GIS）功能的基础上，开发了监测数据实时分析、定制专题图分析、病虫发生动态插值分析、病虫发生动态推演和迁飞性害虫迁飞路径分析等功能。如开发使用 GIS 插值分析功能，使每个重大病虫害的发生数据能够在地理空间上表现出发生分布的地图状况，提高了重大病虫害发生情况分析展示的直观性。

4. 预报发布服务。 开发了病虫发生实时监测，对全国有关重大病虫的发生防治情况进行实时调度监测，及时掌握全国病虫害的发生防治动态和进展；同时开发了手机彩信和短信预报发布功能，可定向对有关服务对象及时发送病虫情报信息服务，并在系统开设了各地病虫情报交流、病虫发生图片和电视预报节目展播栏目。预报信息的多种发布途径，扩大了植保信息发布覆盖面和信息到位率，提高了病虫测报服务病虫害防控工作的效能，进一步增强了病虫测报在确保农业丰产丰收中的作用。

5. 监测防控咨询。 为提高全国农业技术推广服务中心对于基层植保机构和农技推广服务组织的业务指导功能，系统开发建设了农作物病虫害专家知识库及农业专家网络咨询功能，方便体系内人员的知识共享、信息交流，也可对普通农户进行病虫害防治知识普及、防治作业科学指导等工作，普通农户可以通过平台与农业专家进行病虫害远程诊断识别，提高上级用户对重大病虫害防控决策的技术水平。

6. 业务考核管理。 为加强对各级植保测报机构的业务管理，系统开发建设了多种业务数据的管理功能，保障数据上报的及时性、完整性，通过对有关重大病虫害测报数据的报送采取个性化管理和"报送提醒"，明确每个基层站承担的报送任务，督促按时完成调查和填报任务；同时对每个基层站的所有报送情况（完成情况和迟报、漏报情况）随时进行统计，作为基层植保机构考核的依据。

7. 系统安全建设。 根据国家信息安全等级保护三级标准，研究应用先进的数据加密及 SSL 证书等其他系统安全技术，加强系统安全性建设，并不定期邀请中国信息安全评测中心、农业部信息中心等专业机构开展系统安全评测和漏洞扫描等，保证系统运行安全稳定，病虫测报数据安全完整。

（三）技术培训和系统应用

为充分发挥系统作用，推动系统的推广应用，全国农技中心高度重视系统应用技术培训和系统平台的推广应用工作。通过召开数字化监测预警技术研讨会，以及分年度、分作物、分片区举办专题培训班共 10 余次，实现对全国 32 个省级植保机构和 1 000 多个区域站每站培训 1 人次，技术人员真正掌握系统的使用，促进系统平台真正成为各级植保机构开展病虫测报业务工作不可或缺的平台和开展测报技术研究的数据中心。

二、主要成效

重大病虫害数字化监测预警系统的开发建设和推广应用，彻底改变了我国农作物有害生物监控信息传统的传递方式，使测报信息的传输处理由传统的信件、邮件时代进入了网络信息时代；革新了测报管理方式，对基层区域站考核由定性转变为准确定量；促进了全国病虫测报数据库建设，建立了国家级病虫测报数据库，实现了 2000 年以来重大病虫害的测报数据的电子化；提升了病虫监测预警快速反应能力，初步实现了对重大病虫害的实时监控，对提高我国植保体系的数字化和信息化建设水平，推进全国农作物有害生物监测预警与治理现代化进程具有十分重要的意义。

（一）实现了测报数据报送网络化，加快了信息传输速度

系统的开发应用，进一步增强了全国农作物重大病虫害监测预警体系功能，基层区域站调查监测取得的测报数据，能够通过国家、省级监测预警系统实时上传到数据库中，且报送过程简单、快捷，极大地提高了工作效率。同时，数字化监测预警系统的建设，统一了测报调查标准和信息汇报制度，测报技术人员通过系统可以直接把数据上报给国家中心和省中心。其中，北京、浙江、黑龙江等省（直辖市）还开发了移动采集系统，采用全球定位系统（GPS）、移动手持电脑（PDA）、智能手机等现代科技设备，实现了重大病虫害发生信息的实时采集和上传。

（二）实现了测报信息分析智能化，提升了快速反应能力

在测报数据的汇总分析上，各地在系统建设中开发了多种数据分析处理功能。国家和各级植保机构（农技中心、植保站）可随时查询、分析、汇总各个测报站点当年及历史测报数据，大大提高了工作效率。在数据分析处理上，系统开发了多种智能化的数据分析、预报方法以及图形化分析处理功能，初步实现了数据分析处理的标准化和图形化，解决了目前测报数据利用率低、分析方法单一等问题。安徽、山西等省开发了预测模型辅助预测功能，上海、山东、四川等省（直辖市）开发了视频会商功能，提高了病虫害监测预警快速反应能力。

（三）实现了预报发布方式多元化，提高了测报信息到位率

为充分利用网络、电视和手机等现代媒体，扩大预报发布途径，国家系统及新疆、广西、湖北等省级系统开发了病虫预报网络或视频发布系统，通过计算机网络，向社会公众发布预报预警信息和防控技术意见，用户可随时登陆网络系统查询和下载有关信息。辽宁等省级系统还开发了利用手机短信、彩信等方式发布预报信息的功能，进一步提高植保技术的普及率、到位率和时效性。

（四）实现了数据库建设标准化，建成国家病虫测报数据库

通过统一数据格式和标准，补充录入历史数据和实时录入调查数据，国家和各省级数字化系统均积累了海量的测报数据，初步建成了国家农作物重大病虫测报数据库。据统计，全国各级系统目前共设计报表 2 520 多张，数据量超过 360 万条，年均积累病虫测报数据 60 余万条。仅国家系统而言，目前已积累信息报表 40 多万张，数据 1 200 多万个。北京市等地已完成近 30 年来的测报历史资料电子数据库建设。这些测报数据的积累，为进一步开展测报技术研究，探索预报技术方法，提高预报服务水平奠定了坚实的基础。

三、经验做法

（一）强化规划设计

通过广泛调研和研讨，摸底需求，加强顶层设计，制定建设规划和年度开发建设方案，既立足需求，又保持前瞻性，逐步开发、完善和推广应用重大病虫害数字化监测预警系统。

（二）强化技术培训

每年通过召开技术研讨会，分片区、分作物举办系统应用专题培训，实现对全国 32 个省级植保机构和 1 000 多个区域站每站培训 1 人次，使基层植保技术人员真正会用系统，对发挥系统效能起到了重要作用。

（三）强化系统应用

系统平台的关键在于应用。全国农技中心始终坚持开发与应用并重，通过多种形式进行宣传和培训，使系统真正成为各位病虫测报业务的工作平台。

（四）强化任务考核

为保证监测数据调查和传输的及时性和质量，通过考核功能设置和日常考核、结果通报等方式，强化任务考核，推动系统应用，以发挥系统平台在病虫害监测预警中的作用。

农机深松整地作业项目

一、实施情况

农机深松整地是指以打破犁底层为目的,通过拖拉机牵引松土机械,在不打乱原有土层结构的情况下松动土壤的一种机械化整地技术。2016 年,农业部制定发布了《全国农机深松整地作业实施规划》,围绕落实《政府工作报告》"增加深松土地 1.5 亿亩"的目标任务,各地及时制定工作方案,落实任务,明确责任,强化督导,抢抓农时,截至 12 月20 日,全国共有 26 个省(自治区、直辖市和新疆生产建设兵团)在春季或秋季组织开展了农机深松作业,投入深松作业机组近 20 万台(套),累计完成深松面积 15 759.03 万亩,占全年计划任务 105.06%,安排深松作业补助资金 22.57 亿元。

从区域上看,2016 年,深松面积主要分布在东北、华北和西北的旱作地区,占全国总任务量 80%以上。其中面积超过 500 万亩的省份有 9 个,分别是黑龙江(4 408 万亩)、山东(1 619 万亩)、吉林(1 518 万亩)、内蒙古(1 435 万亩)、河南(1 149 万亩)、河北(947 万亩)、辽宁(780 万亩)、安徽(684 万亩)、新疆(700 万亩)。从时间上看,深松作业主要集中在秋收之后(9~11 月),秋季深松 12 126.34 万亩,约占全年作业量76.9%。与往年相比,2016 年,由于气候比较特殊,东北地区接连遭遇伏旱、秋涝和冷冬,玉米成熟期推迟约一周,土地封冻提前约 10 天,致使农机深松作业有效时间缩短了15 天左右。对此,东北地区农机部门高度重视,科学调度机具,开展跨区作业,昼夜奋战,抢抓进度。10 月全国深松作业高峰期,每周完成深松作业面积 1 500 万亩以上,确保了在上冻前完成全年作业任务。

二、主要成效

2016 年,各级政府部门及时制定工作方案,落实任务,明确责任,强化督导,深松整地作业取得了政府满意、农户欢迎、地力改善、机手增收等多重效果。推广农机深松整地,通过大功率拖拉机牵引深松机具,在不翻土的情况下,疏松土壤,打破犁底层,改善耕层结构,有效解决了耕地土壤板结、耕层变浅、保水保肥能力差等问题,促进了农作物增产,提升了农业综合生产能力。其作用主要体现在两方面:一是深松作业可促进土壤蓄水保墒,增强抗旱防洪能力。据黑龙江省对比测试,相对于传统的 13~18 厘米旋耕,耕层每加深 1 厘米,每亩土地可增加 2 吨左右的蓄水能力。深松达到 30 厘米的地块,每亩可多蓄水 25 立方米左右,相当于建立了一个"土壤水库"。据河北省测试,通过深松作业,可增加土壤贮水容量 15%左右,同等条件下可减少浇水 1~2 次。二是深松作业可促进农作物根系发育下扎,提高抗倒伏能力。据吉林省对比测试,深松地块的玉米根系生长更发达,茎秆更粗壮,果穗长度和粗度均有明显增加。多个省份对比试验都证明,通过深松,可使小麦每亩增产 50 千克、玉米每亩增产 100 千克左右,平均亩增产 10%左右。因此，在我国耕地、水、肥等资源约束日益增强的情况下，大力开展农机深松整地作业，是促进粮食稳产增产、增强农业综合生产能力的有力措施，也是提升资源利用效率、提高耕地质量、改善生态环境、推动农业可持续发展的有效途径。

三、做法经验

（一）强化行政推动，层层分解任务

3月，农业部印发了《关于贯彻国务院〈政府工作报告〉部署切实做好2016年农机深松整地工作的通知》，将1.5亿亩任务分解下达各有关省，并纳入年度绩效考核重点内容。从5月起，建立了农机深松整地进度月报考核制度（重点省份在秋季每周一报），定期向国办督察室上报各省深松工作进展情况，并在全国农机化系统内予以通报。9月22日，在甘肃省召开了秋季农机深松整地现场推进会，进行了集中动员部署。各省认真落实国办和农业部有关要求，制订了具体而可操作性较强的实施方案，将深松作业任务层层分解，落实细化到各适宜地区。辽宁、山西、陕西省政府将农机深松纳入对各有关县（市）政府的绩效督查考核，签订工作目标任务书，每月进行调度和通报，强化了各级政府的主体责任，为完成全年任务提供了有力的组织保障。

（二）强化装备支撑，鼓励购买深松机具

农业部农机化司要求2016年各地在农机购置补贴政策实施过程中，继续向深松整地机具倾斜，优先满足农民购置大功率拖拉机、深松机、联合整地机等作业机具的需求，力争做到敞开补贴、应补尽补。甘肃等省在中央财政对深松机补贴30%的基础上，再给予10%的省级财政累加补贴。在利好政策的带动下，深松作业机组产销两旺。据统计，2016年1～10月全国轮式拖拉机销量42.59万台，同比下降13.5%，但82千瓦以上的大轮拖销量5.3万台，同比增长30.2%，成为市场一大亮点。农机企业研发的新型偏柱式深松机、曲面铲深松机投放市场，深松作业质量明显提升，受到农民和机手欢迎。截至11月底，全国已使用中央资金73.27亿元，分别补贴农民购置轮式拖拉机32.33万台、深松机1.54万台、联合整地机0.68万台。

（三）强化政策引导，实施深松作业补助

2016年，农、财两部继续开展农机深松整地作业补助试点，所需资金可从中央财政农机购置补贴资金中统筹安排。各地积极争取财政部门支持，结合实际制定具体补助标准（大多数地区是20～40元/亩），按照"先作业后补助、先公示后兑现"的原则执行。据统计，2016年，各有关省计划安排深松作业补助资金22.57亿元，拟补助作业面积8 135.75万亩。与2015年相比，实施深松作业补助省份增加了5个，补助资金规模增加了7.19亿元。黑龙江省对深松补助面积不设上限，深松作业合格多少就补多少，极大地调动了农机手开展深松整地的积极性。

（四）强化技术指导，宣传深松整地成效

1月，农业部印发了《全国农机深松整地作业实施规划（2016—2020年）》，明确了"十三五"期间全国农机深松整地作业任务，确立了东北一熟区等7个深松类型区域的作

业模式和技术路径。"三秋"作业前，黑龙江、吉林、江苏、安徽、河南、陕西、天津、重庆等省（直辖市）先后采取了召开现场会、工作布置会、技术培训会等不同形式，部署做好深松机具准备和技术服务工作，提高了基层干部和广大农民对土地深松的认识。山东省发布了《深松机械作业质量评价技术规范》，使得机手开展作业有章可循，农机部门检查验收有据可依。河南省 2016 年召开农机深松整地宣传培训会议 267 场次，培训 6.1 万多人次。吉林省印制了"农机深松整地技术宣传挂图"下发到各村级政府，推动农机深松整地作业逐步变成农民的自觉行动。

（五）强化主体培育，推进组织化规模化作业

各地通过政府购买服务、公开招投标等方式，优先选择装备实力强、技术水平高、社会信誉度好的农机服务组织承担深松补助试点任务，鼓励开展连片作业，整村整乡推进，努力提高深松作业的组织化、规模化程度。山东省 80 个县（市、区）选出的近 1 000 家农机合作社，分别承担了全省 500 万亩深松补助任务，发挥了主力军的作用。内蒙古、河南等省发挥农机合作社的装备优势，组织开展农机跨区深松作业，平衡了机械余缺。吉林省 2016 年调整深松作业补助对象，从 2015 年的补土地承包户改为今年的补农机合作社，农机合作社从"被动等活干"转变为"主动找活干"，深松机具作业效率明显得到提高。

（六）强化电子监测，提高深松作业质量

各地充分运用卫星定位、移动互联网等现代信息化技术，对农机深松作业质量进行实时检测和远程监管。据初步统计，各省已在 3.78 万台深松机组安装了专用的深松信息化检测仪，检测面积达 5 252 万亩，占计划补助面积的 64.5％。安徽省 2016 年安装了 5 000 多台深松信息化检测仪，实现了补助面积信息化监测覆盖率 100％。"互联网＋深松"技术的运用，极大地提高了农机深松作业面积和作业深度的核查工作效率，有效地防范了虚假作业、重复作业现象发生，保障了深松作业质量和补助资金安全，获得广大农民机手、农机干部以及财政、审计等有关部门的点赞。

（七）强化工作督导，确保任务按时完成

为贯彻落实国务院第三次大督查的相关部署，从 10 月中旬至 10 月底，农业部农机化司抽调精干力量，组成了 8 个工作督导组，由农业部农机化司及农机推广总站负责同志带队，分赴新疆等 12 个深松作业重点省份开展秋季农机深松整地工作督导。各督导组深入深松作业一线，对农机深松作业进展和补助政策执行情况进行实地督导，要求各地强化责任意识，力争高质量、高效率完成深松作业任务。各地也纷纷成立工作组，下乡督促指导深松整地工作，及时发现和解决出现的矛盾和困难。

全株青贮玉米推广示范应用项目

为推动青贮玉米种植与收贮加工，加快建立全株青贮玉米等优质饲草料应用技术体系，推进种植结构调整，2016 年，农业部在河北、河南、山东、山西和黑龙江省等牛羊主产省继续开展全株青贮玉米推广示范应用试点，扎实开展工作，落实各项措施，取得明显成效。

一、实施情况

作为"粮改饲"政策的重要技术支撑，自 2015 年起，农业部组织实施全株青贮玉米推广示范应用项目，每年安排资金 1 000 万元，主要用于：（1）开展青贮玉米种植、全株玉米青贮加工与科学饲喂技术示范推广；（2）开展全株玉米青贮专用添加剂开发与应用；（3）开展青贮玉米种植和全株玉米青贮加工质量安全控制及科学饲喂技术集成应用。截至 2016 年底，共创建全株青贮玉米示范点 20 个，青贮鲜重总产量 55 万吨，平均亩产全株玉米青贮 4.02 吨，可增加奶牛产奶量、肉牛和肉羊增重率 8% 以上，降低养殖成本 10% 以上，实现被带动农户产出效益提高 10% 以上，实现总产值约 1.83 亿元。

通过项目实施，主要开展青贮玉米种植及筛选、调查统计示范省粮改饲推进和优质饲草料种植情况、研究开发全株玉米青贮原料收获加工技术、青贮专用添加剂研究开发与技术集成应用，全株玉米青贮加工质量安全控制技术集成与应用以及科学调制饲喂技术和配套饲养管理技术等，构建全株青贮玉米生产加工技术知识集成与应用体系，为草食畜牧业产业发展提供了有价值的技术成果和饲喂经验，对于"粮改饲"工作的大面积推广，提供了有力的数据支撑，具有重要的理论指导意义。

二、主要成效

（一）示范效应明显，经济社会生态效益显著

在经济效益方面，10 个示范点制作全株玉米青贮 21.8 万吨，可增加奶牛产奶量、肉牛和肉羊增重率 8% 以上，降低养殖成本 10% 以上，实现被带动农户产出效益提高 10% 以上。山西省统计数据表明，项目实施带动示范点周围种植青贮玉米 13.7 万亩，完成玉米青贮 47.95 万吨，相比较籽粒玉米种植，农民种植全株青贮玉米每亩净收入 1 025 元，增收 325 元。在社会效益方面，直接推动了项目区农户实施"粮改饲"计划的进程，培训养殖农民达 2 000 多人次，《全株玉米青贮制作与质量评价》科普读物的大量发放，进一步推动全株青贮玉米技术推广。试验示范数据及时反馈给实施示范点，进一步推动当地的青贮水平，提高经济效益，带动了其他产业的发展，社会效益明显，实现一次投入，多年收益，为畜牧业健康快速发展提供坚实可靠的基础。在生态效益方面，21.8 万吨的全株

玉米青贮制作，提升全株玉米青贮资源化利用效率，减少秸秆焚烧，改善了生态环境，调节了气候。

（二）开展技术培训，提升畜牧养殖技术水平

专家组多次赴 5 个省和示范点开展技术指导，进一步提高了示范点管理人员和养殖户对全株玉米青贮技术重要性的认识。通过召开会议、举办培训以及现场指导，专家将青贮专用玉米配套技术传授给示范点企业工作人员，包括青贮玉米的制作、微生物菌剂的添加、霉菌毒素检测的重要性和检测方法、青贮玉米的科学饲喂等一系列技术，实现了产学研的有效统一，提升了示范点的管理水平，增加了青贮制作和科学饲喂的技术含量，有利于企业增效、农民增收。实现了国内一流科研队伍与规模化生产的对接，并利用畜牧技术推广部门健全的推广网络体系，实现了科研成果向生产力的最快转化。

（三）拓展监管方式，提升项目信息化管理水平

通过搭建全国青贮饲料信息平台，及时掌握各示范点的基本情况和青贮专用玉米项目实施情况。在此基础上，各技术支撑单位和示范省还将青贮专用玉米制作质量检测报告和科学饲喂情况进行上传，便于主管部门对项目进展情况的动态掌握，总结经验，实现有效的动态监管，进一步提升了项目管理水平，推动了技术推广的成效。

三、做法经验

（一）加强工作部署，强化各参与单位职责

为保证项目顺利实施，农业部畜牧业司制定下发了《畜牧业司关于印发全株青贮玉米推广示范应用项目实施方案的通知》，详细部署各项工作。全国畜牧总站组织制定了《2016 年全株青贮玉米推广示范应用项目技术方案》，进一步细化项目内容，提出具体实施方式，明确项目任务和各单位职责。在此基础上，各省根据本身实际情况，成立项目实施领导小组，与各项目实施单位签署《项目任务书》，制定下发各省全株青贮玉米推广示范应用项目技术方案和实施方案，一级抓一级，层层抓落实。

（二）加强支撑条件建设，保障项目示范成效

项目成立了专家组，负责项目有关技术和产品研发与集成，制定全株玉米青贮操作规程和质量安全评价规范，采集示范点全株青贮玉米收贮过程样品，分析评价全株玉米青贮效果，开展全株玉米青贮在奶牛、肉牛、肉羊中的饲喂应用效果评估，对示范点进行技术指导。从青贮设施标准化改造、全株青贮玉米品种筛选和种植、开展青贮专用添加剂产品使用、青贮饲料加工质量安全控制技术应用，到草食家畜全株青贮玉米青贮饲料科学饲喂与家畜高效饲养管理，涵盖了全株青贮玉米技术推广的种养加饲喂全链条，确保全株青贮玉米技术应用示范成效。

（三）加强技术指导，提升技术应用水平

根据项目实施方案要求，制定《全株玉米青贮制作现场工作指导要点》，编写《全株玉米青贮制作技术与质量评价》，开展现场调研和技术指导 200 人次。技术支撑单位和项目实施省举办形式多样的培训班 10 余次，培训技术人员 2 000 余人，就"粮改饲"试点

工作及全株青贮玉米的种植管理、收获加工、管理利用等相关技术进行了详细讲解，全面提升了全株青贮玉米技术在河北、河南、山东、山西、黑龙江等5个"粮改饲"重点省份的应用水平。

（四）加强宣传引导，扩大技术推广影响面

充分利用行业网站、专业报刊杂志、广播电视台等多种渠道，开展项目工作动态、亮点宣传、技术讲座等形式多样的宣传工作，先后在《农民日报》《中国畜牧兽医报》《中国畜牧业》《齐鲁牧业报》"山东草业网""山东畜牧网""中国草业网"等发布宣传信息40多条，在广播、电台开展技术讲座3期，申请发明专利2项，发表青贮饲料质量控制文章5篇，立项《全株玉米青贮饲料中霉菌毒素控制技术规范》农业行业标准1项，完善《全株玉米青贮饲料质量评定标准》1项，及时展示了项目实施的成效，发挥示范效应，打造学习标杆，扩大宣传范围。

草原鼠虫害绿色防控技术推广应用

一、实施情况

2016 年，全国草原鼠害面积 2 807.0 万公顷，较 2015 年略有减少。危害严重的主要是高原鼠兔、高原鼢鼠、东北鼢鼠、草原鼢鼠、大沙鼠、长爪沙鼠、布氏田鼠、黄兔尾鼠、鼹形田鼠和黄鼠，危害面积达到 2 370.6 万公顷，占全国草原鼠害面积的 84.5％。其中，高原鼠兔危害面积最大，达到 1 109.93 万公顷，占全国草原鼠害面积的 39.5％，危害面积较 2015 年减少 2.3％。草原鼢鼠、大沙鼠、东北鼢鼠和黄鼠危害面积分别较 2015 年减少 44.7％、5.7％、5.3％和 16.5％，布氏田鼠、黄兔尾鼠、鼹形田鼠、高原鼢鼠危害面积分别较 2015 年增加 3.8％、17.2％、27.9％和 13.5％。长爪沙鼠危害面积与 2015 年持平。全国草原虫害面积 1 251.5 万公顷，与 2015 年基本持平。危害严重的主要种类是草原蝗虫、叶甲类害虫、草原毛虫、夜蛾类害虫和草地螟，危害面积 1 179.9 万公顷，占全国草原虫害面积的 94.3％。其中，草原蝗虫危害面积最大，达到 817.3 万公顷，占全国草原虫害面积的 65.3％，危害面积较 2015 年减少 1.4％。草原毛虫和夜蛾类害虫危害面积分别较 2015 年增加 25.0％和 66.8％，叶甲类和草地螟危害面积分别较 2015 年减少 7.2％和 37.3％。

2016 年，农业部组织河北、山西、内蒙古、辽宁、吉林、黑龙江、四川、西藏、陕西、甘肃、青海、宁夏、新疆和新疆生产建设兵团累计开展鼠害应急防治面积 617.3 万公顷，防治草原虫害 495.7 万公顷，均超过年初既定防治任务，防治区内草原植被得到恢复，生态环境得到明显改善，有效遏制了草原鼠虫害蔓延的趋势。

二、主要成效

2016 年是"十三五"的开局之年，也是实施新一轮草原生态保护补奖政策的第一年。各级农牧部门牢固树立"公共植保、绿色植保"理念，切实加强组织领导，健全指挥机构，完善应急响应机制，逐级落实防控责任，强化督导检查与技术服务，把草原鼠虫害防控作为恢复草原生态，改善牧区民生的重要举措，切实采取有效措施，扎实推进防治工作，推广绿色防控技术，保障草牧业生产安全，维护草原生态安全，促进边疆少数民族地区社会和谐稳定。草原鼠害绿色防控比例达到 82％，草原虫害绿色防控比例达到 59％，均处于历史最高水平。

三、做法经验

（一）主要做法

一是强化责任落实。4 月，农业部畜牧业司会同全国畜牧总站编发了《2016 年全国草原生物灾害监测预警报告》，对重点物种和重点区域灾害做出预警，指导各地开展防治工作。各地结合自身特点，根据鼠害虫害发生动态，形成了秋季开展防治效果和越冬基数调查、春季组织开展越冬成活率调查、害鼠害虫出蛰后开展路线调查和防治关键季节数据定期报送的监测预警工作机制，并结合固定监测站定期数据采集，农牧民、测报员常年观测，对草原生态保护建设工程区、禁牧休牧区和边境地区开展重点监测，实现对草原鼠虫害的长、中、短期测报和实时监测，有效提升了灾情的响应速度。6月1日开始，各级草原生物灾害防控机构实行应急值班，实时掌握灾情，确保信息畅通，为决策提供依据。

二是全面部署工作。4月，全国畜牧总站与农业部畜牧业司联合召开了全国草原鼠虫害防控工作部署会，农业部印发《关于切实做好2016年草原鼠虫害防治工作的通知》，对草原鼠虫害防控工作，特别是绿色防控技术推广应用进行全面部署。5月中旬，各地调整完善了防控指挥机构，按照"属地管理，分级负责"的原则，逐级落实防控责任，提前制定防控方案、储备药械物资、维护检修器械，确保防控工作适时开展和作业安全。

三是开展技术服务。防治关键时期，全国畜牧总站组织多个工作组，先后赴内蒙古、新疆、青海、甘肃、四川等地开展技术服务，有关省区草原技术推广单位也多次开展科技下乡，进村入户、结对帮扶，着力疏通联系服务农牧民群众的"最后一公里"，提高防治区科技普及率。有关省区也在防控季节及时派出工作组赴灾害防治一线，实地查看灾害发生和防防控情况，提出对策建议，并印制技术手册或明白纸，强化科技支撑与服务能力。

四是提升防控能力。各地加快引进和推广先进适用的新型高效机械，强化队伍装备，提升防控能力，积极探索创新防控机制，稳步推进建立"政府支持、企业参与、市场运作"的防控模式，重点省区实现了空地联合、立体作业，确保重发区虫害在短时间内得到有效控制。如内蒙古自治区在实施地面大型机械专业化作业基础上，积极协调空管部门，利用运5飞机开展防控作业，并探索利用无人机开展草原鼠害航测技术；新疆维吾尔自治区和新疆生产建设兵团针对山地草原地形复杂，因地制宜采用三角翼飞机和直升机，辅以地面大型机械和招引粉红椋鸟开展防控工作；青海省和四川省采用购买服务的方式，利用直升机和无人机开展防控工作，为在高原地区推广飞机防控技术积累了经验，奠定了基础。

五是推广绿色防控技术。各地牢固树立"绿色植保"理念，大力推广应用微生物农药、植物源农药、低毒低残留化学农药替代高毒高残留农药，大中型高效药械替代小型低效药械；推行精准科学施药和专业化统防统治，提高农药使用效率。有条件的地区积极采用招引粉红椋鸟治蝗、牧鸡牧鸭治蝗、招鹰控鼠、野化狐狸等天敌保护利用技术，着力提高生物防控比例。全国畜牧总站组织各地实施了草原鼠害绿色防控技术示范应用项目，研究草原鼠害绿色防控模式，对不同密度的鼠害发生区分区施策，通过应急防治和持续控制，将鼠密度控制在经济阈值之下，促进草原植被恢复，增强草原生态系统自然调控能力，获得2013—2016年全国农牧渔业丰收奖二等奖。

（二）主要经验

各级重视是工作顺利开展的保障。各级政党委、政府把草原鼠害防治工作，作为改善草原生态建设，促进农牧区经济发展与繁荣的民心工程，实现人与自然和谐发展的大事来抓。鼠防工作由过去的业务行为转变为政府行为，保障了防控工作顺利开展。各级农牧部门高度重视草原鼠虫害防治工作，相关部门精心组织并及早做好监测预警和防控准备工作，保障了防控工作有力、有序、有效开展。

统防统治是鼠害防治的重要机制。各地在草原鼠虫害防控工作中，实行统一采购、统一供药、统一加工毒饵、统一管理使用，确保草原鼠虫害防治农药、机械等物资的安全到位。毗邻地区开展统防统治，统筹规划、统一方法、统一时间，避免漏防地块，切实提高了防治效果。毗邻地区着力开展联防联控，对高发性和迁移性物种实行统一防控，确保防控效果，避免交叉为害。

与生态项目结合推进灾害持续治理。各级在草原鼠虫害防控中，充分利用各级财政资金，并结合天然草原植被恢复与建设、退牧还草等项目，在灾害防控后，及时采取草原围栏、补播牧草等改良措施，并和农牧民签订持续控制灾害合同，保护草原生态环境。许多省区都积极采取天敌保护利用措施，控制有害生物种群数量，维护草原生态系统平衡，提高草原自身抗御灾害能力。

现代渔业数字化及物联网技术
集成与示范项目

池塘养殖是我国最重要的水产养殖模式，2014年池塘养殖面积4 678万亩，产量达2 319.84万吨，占水产养殖总产量48％。发展池塘养殖对保障水产品安全供给，促进农业增效、农民增收、农村发展具有重要作用。然而，多年来由于我国传统池塘养殖技术模式粗放、资源消耗大、养殖病害频发、质量安全问题突出、养殖风险高等问题日益突出，池塘养殖可持续发展面临严峻挑战。加快现代信息技术与池塘养殖技术的深度融合，利用现代信息技术改造传统池塘养殖业，是破解当前池塘养殖发展瓶颈、实现转型升级的重要途径。

一、项目简介

为加快推进物联网技术在池塘养殖中的应用，有效提升池塘养殖的智能化、自动化和精准化水平，2012年，全国水产技术推广总站作为子课题单位，承担了公益性行业（农业）科研专项——现代渔业数字化及物联网技术集成与示范项目。

在项目单位的共同努力下，全国水产技术推广总站组织开发了水产养殖物联网关键技术和设备，集成了池塘养殖物联网智能监控系统，并实现产业化应用，系统平台在全国20个省份推广应用132万亩，取得了显著经济、生态和社会成效，项目成果先后获中华农业科技奖二等奖、江苏省科学技术奖二等奖、全国农牧渔业丰收奖一等奖。2016年经农业部科技发展中心评价，成果达到国内领先、国际先进水平。

二、项目成效

（一）开发了面向池塘养殖的系列物联网智能监控装备

一是根据池塘养殖智能生产和管理要求，针对池塘养殖水质监控的关键点，项目组将溶解氧、pH、电导率（盐度）、温度等4类传感器作为研发重点，组织进行了传感器产品的中试、转化。主要开发了水产养殖专用智能传感器，验证了水体水质信息长期原位检测方法，试用了水质传感器新型智能变送方法，改进了水质传感器工艺结构，集成研发了多参数传感器，形成一批水产养殖专用智能传感器产品。二是开发了适用于池塘养殖的无线测控关键设备和系统。测试了适用于池塘养殖的无线传感网自组织、低功耗技术；试验了池塘养殖闭环无线控制器；开发了池塘养殖PLC控制器（电控柜）；集成开发了无线测控网络关键设备和系统。三是开发了池塘养殖专用气象站。采用了多节点多级采集传输模式。研究了水质参数与天气变化的关系。集成了专用气象站产品。

（二）研发了池塘养殖智能监控相关的决策支持系统

一是构建了池塘养殖水质预测预警规则数据库。主要开展了全天养殖池塘溶氧变化规律、水深对养殖池塘溶氧变化的影响、季节对养殖池塘溶氧变化的影响、天气对养殖池塘溶氧变化的影响、风向对养殖池塘溶氧变化的影响、养殖行为对养殖池塘溶氧变化的影响、季节对养殖池塘水温变化的影响、时间对养殖池塘水温变化的影响、水深对养殖池塘水温变化的影响、水质指标对养殖池塘水温变化的影响等方面的研究，并根据研究结果，建立了相关预测预警规则。二是开展了池塘养殖信息决策模型的验证试验。验证并转化应用了基于模糊控制的溶解氧智能控制器模型、基于改进神经网络的复杂非线性的水质预测模型、基于主成分分析的最小二乘支持向量回归的水质预测模型（PCA-LSSVR）、基于改进粒子群算法优化最小二乘支持向量回归机的溶解氧预测模型（IPSO-LSSVR）、基于规则的低误报率的水质预警模型。

（三）集成开发了池塘养殖物联网智能监控系统平台

根据我国池塘养殖的特点、物联网技术发展水平以及养殖户的经济承受能力，提出了"实用简便、可靠可控、智能、成本适中"的总体原则，精心选用自主研发或市场成熟智能传感器、无线监控技术和设备，经过试验验证有效的水质监控、精准投喂、疾病预警等方面软件模型，集成池塘养殖物联网智能监控平台，并推动规模化应用示范。集成应用了适于池塘养殖复杂环境的硬件系统，主要包括：水环境监测站、水质控制站、气象站、现场、远程监控中心、中央云处理平台等子系统；创新了物联网设备在池塘养殖条件的安装工艺，并推广应用。

（四）开展了系统的性能测试和应用效益评估

一是开展了系统和应用性能测试。从技术性能和应用性能两方面进行了系统的性能测试。从测试情况看，系统达到预期设计的目标。从准确性、可靠性、耐用性、易维护性、使用成本等指标，对系统技术性能进行了测试。测试结果：系统数据准确、可靠可控、耐用性好、操作方便；从增产性能、节本性能、提质性能等方面，对系统应用性能进行了测试。二是开展系统综合效益评价。从经济、生态、社会等方面进行了系统的综合效益分析评价。

（五）构建了系统产业化推广应用综合保障体系

主要包括：建立健全了以企业为核心的技术创新协作体系；建立健全了以应用为导向的规范标准体系；建立健全了以公益性平台为支撑的示范推广体系；建立健全了与市场化运营为主的技术维护体系；建立健全了与产业化相配套的政策扶持体系。

三、项目推广

一是打造产业园区，大大提高了技术集成的效率。项目积极推动各方的优势资源在宜兴市物联网产业园区内进行整合，成功构建了政、产、学、研、推、用六位一体的技术创新协作体系，由于技术研发、现场测试、中试、示范推广、市场应用等在产业园区内同步开展，关键技术集成与企业主体培育在产业园区内同步进行，大大提高了技术集成的效率。

二是依托公益推广平台，迅速构建了覆盖全国的示范推广网络。示范推广中，项目注重发挥各级国家水产技术推广机构的作用，全国水产推广技术总站联合江苏、辽宁、湖北、山东、宁夏等 10 多个主产省的水产技术推广机构，依托基层农技推广体系改革补助、渔业主导品种和主推技术，渔业科技入户等项目，迅速建立了以"推广机构＋示范点＋科技示范户"为骨干的、覆盖全国的示范推广网络，加快了技术推广应用。

三是发展智能服务，有效放大了系统的市场需求。项目积极挖掘池塘养殖智能监控系统的信息、用户、平台资源，拓展了精准投喂、远程诊断、质量追溯等智能服务，推动构建了河蟹、对虾、海参等产业化智慧服务示范平台。通过智能服务加深了养殖生产者对智能监控作用的认识，有效放大了智能监控系统的市场需求。

四、项目效果

（一）经济效益突出

2013—2016 年，系统在 20 个省（自治区）推广 132 万亩，取得新增经济效益 16.74 亿元。

（二）生态效益突出

实现养殖节能减排。通过优化推进精细化养殖，提高资源利用效率，降低水、电等养殖能耗，减少养殖废水排放，有利于集约高效、生态环保、资源节约的现代养殖模式的形成；能改善养殖水域环境。精细投喂能减少饲料浪费，有利于防止水质恶化，减少养殖病害和用药，改善养殖水体环境，保障了农村水域的生态环境安全。

（三）社会效益突出

能有效促进农民增收；能促进组织化生产。系统能有利于扩大养殖规模，加强养殖大户、合作经济组织、龙头企业等联合协用，提升组织化水平；能改善农民生活。系统应用能大幅降低养殖者劳动强度，使传统辛苦养殖变为幸福养殖，提升了养殖农民生活幸福指数；能促进农村新业态的形成。系统推广应用能带动智能监控设备、增氧投饲设备及运维服务发展，促进农村电商等新的业态形成，吸引青年农民回乡从事养殖生产经营。

水产养殖节能减排技术集成模式示范与推广

一、项目概述

水产养殖节能减排技术针对传统养殖方式水资源消耗量大、排放多、能耗高等不可持续问题，通过立体种养、水质调控、饲料精准投喂、高效增氧、工厂化循环水养殖等技术的应用，提高投入品的利用率，减少污染物的排放，促进水产养殖单位效益和产品质量的提升，实现促渔、增效、提质、生态、节约等目的。全国水产技术推广总站联合有关科研、教学单位和 14 个省（直辖市）水产技术推广站对各地研发的多项技术进行集成创新，实施了水产养殖节能减排技术集成与示范推广项目，通过示范和推广应用，取得了显著成效。

全国水产技术推广总站作为牵头单位，联合黄海水产研究所、华中农业大学、珠江水产研究所、通威股份等作为技术支持单位，北京、天津、河北、辽宁、黑龙江、浙江、福建、山东、河南、湖北、湖南、广东、四川、重庆等 14 个省（直辖市）推广站作为实施单位共同开展了"水产养殖节能减排技术集成与示范推广项目"。为扎实推进集成示范推广工作，统一行动，全国水产技术推广总站印发了《关于开展水产养殖节能减排技术集成的指导意见》和《水产养殖节能减排技术集成示范推广项目联合实施方案》，成立了专家指导小组及工作联络小组。该项目的实施，促进了我国的水产健康养殖水平实现了质的飞跃，为我国水产养殖业绿色健康发展做出了突出贡献。

二、项目进展与成效

项目的实施，实现了养殖投入品的节约和循环利用，减少了污染和病害发生，节约了成本，取得了显著的经济效益、社会效益和生态效益。

（一）完善集成模式

集成、创新了"池塘鱼菜共生与微孔增氧技术模式""池塘'两微'水质底质调控技术模式""池塘养殖底排污综合节能减排技术模式""池塘多营养层次生态养殖与微孔增氧技术模式""池塘养殖'四合一'综合节能减排技术模式""网箱养殖废弃物收集及生物净化技术模式"等 6 项技术集成模式，对 6 种模式采取的关键技术进行了优化。

（二）扩大示范规模

通过项目实施，在北京等 14 省（直辖市）共建立水产养殖节能减排技术核心示范区 359 个、面积 42 万亩，培育核心示范户 1 493 户，举办技术培训班 3 506 班次、353 415 人次，辐射示范带动 486.78 万亩。

（三）提升综合效益

通过实施水产养殖节能减排技术集成项目，亩增效益 3 443 元、减少用药 60%、节水

30％～70％、节电 30％以上、发病率降低 20％。项目新增总经济效益 121.98 亿元。

（四）创新推广机制

项目采用了集成创新、典型示范和辐射带动相结合的方式，依托科研教学单位的技术力量，发挥水产技术推广的体系优势，采用"技术专家＋核心示范户＋辐射户"的推广模式，鼓励、引导良种繁育场、养殖大户、涉渔企业、渔民专业合作组织等积极参与试验示范，加快了先进技术的应用速度。

（五）制定标准规范

项目单位共制订技术规范、标准和获得专利 40 多项，其中河南省 12 项、河北省 3 项、广东省 2 项、北京市 1 项、山东省 4 项、重庆市 2 项、福建省 1 项、黑龙江省 2 项、浙江省 1 项、通威股份 2 项。

（六）提高技术理论

项目初步摸清了水产养殖节能减排技术模式下整个养殖系统物质和能量的流动规律，阐述了水产养殖节能减排技术下降低水体富营养化和改善水质的有关原理；分析了水产养殖节能减排技术的发展潜力，确立了技术模式的适用区域和发展前景，改善了养殖水体环境，提高了水体和饲料利用率，增加了养殖收入。

三、经验做法

（一）积极引导，组织联合推广

2011—2016 年，全国水产技术推广总站连续组织遴选主导品种和主推技术，先后将 6 项水产节能减排技术入选农业部"农业主导品种和主推技术"向社会发布。积极引导全国各地的水产养殖节能减排推广工作。为了各种力量更加紧密的合作，充分发挥推广体系优势，全国水产技术推广总站联合有一定基础的单位，组织实施水产养殖节能减排技术集成与示范项目，制定了项目联合实施方案，明确了节约、循环、生态、环境友好和高效的发展方向，以水产养殖节能减排技术的集成示范为目标，推动水产养殖节能减排技术在全国的推广应用。

（二）整合资源，争取经费投入

全国水产技术推广总站，通过制定、印发联合实施方案、签订合作协议等方式，加强项目资源的整合，引导各地积极争取经费投入，与各省推广站承担的地方农技推广专项等项目相结合，有效地推动了项目的开展，示范规模和技术辐射面不断扩大，形成了一批有影响力的典型模式。

（三）巡回指导，开展研讨交流

全国水产技术推广总站邀请渔业行政管理、技术推广、科研院所、大专院校等单位有关专家学者开展水产养殖节能减排技术交流研讨，共同宣传推广先进技术模式。组织专家组赴项目区开展交叉巡回技术指导和交流，对调研过程中发现的问题进行分析研究，提出有针对性的解决方案，指导项目高效实施，取得了良好效果。

（四）加大培训，促进技术普及

项目组高度重视基层技术骨干队伍的建设，加大对技术指导员、示范户、企业和专业合作社技术人员的培训力度。14 个示范省（直辖市）通过举办各类专题讲座、技术模式观摩推介会等形式，累计培训技术骨干 353 415 人次，并开展各种形式的现场技术指导和咨询活动。同时，全国水产技术推广总站组织专家编写发行了《水产健康养殖节能减排技术手册》《水产养殖节能减排实用技术》等有关技术书籍，促进水产养殖节能减排技术的普及应用。各项目单位也结合各地实际情况，积极组织编写适合当地情况的实用性教材、技术规范等发放给项目实施地区的技术指导员和养殖户，提高技术普及率。

（五）创新机制，健全推广体系

项目采用集成创新、典型示范和辐射带动相结合的联合推广方式，依托科研教学单位的技术优势，发挥水产技术推广的体系优势，构建"技术专家＋核心示范户＋辐射户"的推广模式，鼓励、引导良种繁育场、龙头企业、养殖大户、涉渔企业、渔民专业合作组织等积极参与试验示范，带动广大养殖户使用项目集成的水产养殖节能减排新技术和新模式。在示范区中，各项目单位积极依托科技入户公共服务平台，采取"技术专家＋核心示范户＋辐射户"推广方式，培育一批水产养殖节能减排技术示范户、家庭渔场、龙头企业、专业合作社等经营主体，促进了当地水产养殖节能减排的规模化、标准化发展。

（六）科学评估，做好总结验收

全国水产技术推广总站要求各地对当地实施的水产养殖节能减排技术模式开展对照试验和测查验收，对项目实施的经济、生态和社会综合效益进行分析，包括水产品产量、节水量、节电量、节药量、效益等指标，对各地创新实施的水产养殖节能减排技术性能进行评估，为技术优化提供依据。另外，全国水产技术推广总站通过签订协议，要求各项目单位作好示范过程中的数据收集、整理工作，年终撰写项目技术总结报告，对当年的工作进行分析研究，提出改进意见。

（七）扩大宣传，营造良好氛围

为大力普及和推广水产养殖节能减排新技术、新模式，进一步提高渔民技术水平，全国水产技术推广总站委托中国水产杂志社在《中国水产》开辟"节能减排"专栏，全年对水产养殖节能减排技术进行宣传报道。同时，各地也通过电视台、杂志、报纸、网络等媒体作了大量的宣传工作，积极宣传当地推广的水产养殖节能减排技术模式，介绍相关养殖户的具体做法、成功经验及取得的成效。各地还广泛利用中国农业推广网、中国水产养殖网、中国水产信息网、环渤海新闻网等网络媒体发表相关信息，扩大宣传项目技术、成果，提高了社会认知度，为水产养殖节能减排技术集成与示范项目实施营造了良好的社会氛围。

第四篇

各地农业技术推广工作创新典型材料

建设村级全科农技队伍

——北京市全力打通科技入户"最后一公里"

为贯彻落实市农村工作会精神，2010 年起，北京市农委、市农业局、市财政局开始组织实施村级全科农技员试点建设工程。村级全科农技员是北京市政府为解决农业科技入户"最后一公里"问题、加强基层农业推广服务力量，在远郊区县从事一产的农业行政村设置的专门农业技术服务人员。作为北京市农业科技推广服务的一项重要制度创新，"十二五"期间，村级全科农技员在促进当地农业产业发展、增加农民收入、解决农民身边的技术问题中发挥了重要作用，有力地助推了都市型现代农业的发展。

一、发展村级全科农技员队伍，解决科技入户"最后一公里"

2010 年起，市农委、市农业局、市财政局联合选取密云、大兴、房山、延庆、通州 5 个试点区（县），开展了村级全科农技员试点建设。到 2013 年，全市共有 6 批村级全科农技员相继上岗，累计 2 831 名，基本实现了"全覆盖"（一产农户达到 50 户以上的行政村，基本实现村村都有 1 名全科农技员）。经过 6 年的实践探索，村级全科农技员队伍基本熟悉和适应了岗位工作，队伍总体上保持了稳定。配合近两年北京市农业产业结构调整，全科农技员岗位数量也做了相应调整，目前全市在岗村级全科农技员 2 498 名，分布在 10 个区 143 个乡镇，每年开展入户技术指导 25 万次以上，解决农民生产难题近 3 万个，村级全科农技员队伍建设逐步规范。

（一）出台实施意见和办法，实现制度管人用人

市农委、市农业局、市财政局联合推动，连续多次出台实施方案和指导意见，明确每年的建设目标、进度安排、保障措施等，细化村级设岗条件、推荐聘用程序、人员选聘条件、选聘工作流程，规定四级管理职责。逐年建立并规范了人员台账、绩效考核、补贴发放、退出补岗等配套管理办法。各区落实主体责任，督促乡镇进一步创新创建了定期例会、月度考勤、工作日志、观摩交流、专家对接、信息上报等日常工作制度。

（二）强化技能培训，提高业务能力

组织市"三院"、市区农技推广部门、创新团队专家等，实施定向指导与联合培养，示范推广农民田间学校、创新团队建设、例会交流、跨区观摩等培训方式。围绕学员需求，对骨干人员实施职业技能鉴定，市农广校开办中专、大专学历教育试点等。组织编纂 14 本专业教材丛书，对所有在职人员开展公共知识、农业综合基础知识、参与式推广方法、专业技术提升等培训。密云、大兴、通州等区级财政，近年来每年都安排专项经费，组织开展地区特色性技术培训。

（三）搭建服务平台，提高条件手段和工作待遇

市级重点推进"四个一"资源统配，即：保证每人至少有 1 名上级岗位指导员、1 名对接联系专家、1 套专业服务工具箱、1 个"农业科技网络书屋"账号。区级加强与市级"12316""12396 农科咨询服务热线"等的对接，利用移动短信、移动飞信、微信群、QQ 群等平台手段，大力开展农业政策、技术、气象、产销、市场信息服务。在基础设施建设方面，大兴、密云 2 个示范区建立了 100 个村级农业综合服务站，房山在一些重点乡镇，基本实现村村都有 1 个农民培训室、1 个农残检测室和 1 部工作电脑。不少区为全科农技员投保了人身意外伤害保险，一些经济条件比较好的乡镇，由镇政府出资增加补贴额度。

（四）创新服务模式，加强动态监管

根据管理与服务特点，各区在实践中创造创新了同村服务、异村服务、整镇服务等服务模式，不少区通过成立联合服务小组，以产业为单元开展跨村跨镇联合服务，帮助内部成员相互学习、相互促进。通过积极落实主体责任，逐步完善了相关规章制度或办法细则，组织各乡镇每周召开例会、农业局电话抽查、一年两次绩效考核，对技术水平、工作能力、服务效果等进行动态管理。通州区还根据农业调整情况，研究制定了全科农技员动态管理工作指导意见，经农业局党委会讨论通过下发各乡镇执行。

（五）服务农民，解决生产问题有实效

根据各区汇总统计，全科农技员上岗以来，围绕蔬菜、粮食、果树、西甜瓜、畜禽、籽种、水产、花卉、设施等产业，每年开展入户技术指导 25 万人次以上，解决农民生产难题近 3 万个。涌现出郑凤全、王瑞霞（密云），杨殿富、张景桥（大兴），张春英、刘福良（房山），韩永茂、宋广起（延庆）等先进典型，此外，大兴区安定镇前辛房村的齐立秋 2013 年获得了北京农村经济发展"十佳"科技工作者荣誉称号。中国农业大学对 125 个村的 1 271 名农民抽样调查，58.5％农户得到过全科农技员提供的技术或信息帮助，有72.1％的农户认为以上服务对自己有帮助，有 96.5％的农民对提供服务表示满意。

二、加强队伍建设调研，发现新情况和新问题

近年来，全科农技员队伍建设逐渐出现了一些新情况、新动态，出现的一些问题急需得到解决。

（一）培训服务跟不上，考核激励机制不健全

个别区因缺少经费，培训工作开展存在困难。市级的高端骨干培训，需要进一步整合项目资源，创新方式方法，持续推进人才培养。区级监管体系逐渐下移，存在监管漏洞。现有考核激励制度不健全，年度考核结果与本人绩效补贴基本不挂钩。此外，在补贴标准上，个别区也未按照市里文件要求，给足区级单位应承担的基础补贴。

（二）乡镇、村干部在队伍管理和人员使用上出现定位偏移

在岗位管理上，个别区将全科农技员的专业技术岗位性质与其他农村一般性就业岗位性质混淆，纳入农村协管员等进行统筹管理。在一些地区，全科农技员普遍被要求承担疫病防控、农产品质量安全监管、农田火点巡回检查、农机安全监管、粮食直补

调查统计、农用车登记等工作。还有一些地区的全科农技员承担了核发农资、开展各类普查、防火防汛、值班保卫、检查乱收费、旅游景点治安维护等工作，任务量和工作压力不断加重。

三、规范村级全科农技员队伍管理，不断提升服务能力

为进一步规范村级全科农技员队伍管理，适应北京城市功能战略定位和农业结构调整的需要，根据目前存在的问题，下一步将全面提升村级全科农业员的科学素质和技术服务水平，从以下方面入手。

（一）强化村级全科农技员的工作职责定位

村级全科农技员主要职责是农业技术推广和科技信息服务，要求各区要进一步明确村级全科农技员的工作定位，稳定村级全科农技员队伍，优化人员结构，为村级全科农技员履职提供必要条件和优良服务，确保村级全科农技员正确履行岗位职责。

（二）强化村级全科农技员的聘用、考核和退出机制

严格执行村级全科农技员聘用时的逐级推荐、岗前测试、公开公示、上岗培训、签约聘用等工作程序，提高透明度，接受社会监督。建立健全考核管理制度，完善绩效考核与绩效补贴挂钩办法，建立激励机制，避免绩效补贴平均化。切实执行退出制度，对服务用户不满意、年度绩效考核不达标、基层反映问题比较突出的村级全科农技员，及时进行更换。建立村级全科农技员动态管理信息化平台，实时动态监管。

（三）强化对村级全科农技员的技术培训和指导

加强村级全科农技员技能培训，充分利用信息化手段并结合多种培训方式，重点加强专业技术、实践操作和沟通协作技能方面的培训。加强村级全科农技员的技术支持，确保市、区两级专家与村级全科农技员建立紧密联系，力争实现每名村级全科农技员至少对接1名专家。

（四）创新村级全科农技员的技术服务模式

创新服务模式，探索以专业小组为单位开展本村或跨村服务，以提升服务效率和水平。探索建立市、区农业技术部门对村级全科农技员进行监管的工作机制。积极引导村级全科农技员开展农产品电子商务、试验示范等创新创业。

（五）加大村级全科农技员队伍支持力度

进一步强化组织领导，健全工作制度，明确管理工作流程和内容。完善工作条件营造良好环境，各区、乡镇和村为每一位全科农技员配置1间农民培训教室、1个农残检测室、1部工作电脑，提供试验场地，鼓励为村级全科农技员投保人身意外伤害险。

（六）认真贯彻落实管理意见，加强规范管理

全面贯彻落实市农委、市农业局、市财政局联合出台《关于加强村级全科农技员队伍建设提高技术服务水平的若干意见》，加强宣传，典型引路，及时交流和总结工作经验，推动村级全科农技员队伍建设和管理工作更加规范化。

科学定位 创新方法 加快农业发展方式转变

——北京市农业技术推广工作典型做法与经验

2016 年，在全国农业技术推广服务中心的指导和支持下，按照市农业局工作部署，北京市农业技术推广站积极推进农业结构调整，加快转变农业发展方式，创新农业技术推广方式方法，农技推广工作取得了新的成绩，现将农业技术推广方面的主要做法及经验总结如下：

一、以市场需求和供给侧改革为导向，推动结构调整

1. 推动普通小麦向籽种小麦调整。 建立籽种小麦节水喷灌施肥、保纯等技术示范田 9.4 万亩，较普通小麦亩增收 6.0%～49.5%；组织京津冀小麦品种观摩、籽种推介等活动，促进籽种销售 208 万千克，增收 133 万元。

2. 推动普通玉米向鲜食玉米和青贮玉米调整。 建立了 5 种鲜食玉米产销一体化模式，示范了 6 个鲜食玉米新品种及精量播种等 4 项关键技术。鲜食玉米亩效益达 3 428 元，比 2015 年增收 37.2%。初步形成《北京市青贮玉米生产技术规范》地方标准修订草案。

3. 推动常规品种向优新品种调整。 全年引进新品种 317 个，筛选出超小型拇指黄瓜"金童"和"玉女"等优新品种 99 个；开展特色耐旱耐瘠作物藜麦、珍稀菌种羊肚菌的引种与示范；主导品种在示范点的平均覆盖率达 87.2%。

二、以轻简高效和工厂化为重点，推动方式转变

1. 优化栽培与调控方式，提高设施生产水平。 示范推广整枝打杈等栽培技术 15 项、省力化技术 4 项，高效节水及环境调控技术 19 项；开展番茄、黄瓜等规模化生产综合配套技术示范 30 个棚，示范点平均亩产 7 803.1 千克，增产 3.4%。集成小型西瓜高密度抢早栽培等 3 项技术，小型西瓜长季节栽培技术示范亩产达 6 280 千克，中心糖含量 13.6%，供应时间 155 天，延长了 82 天。引进轨道车、香菇刺孔增氧机等省力化设备 4 套，最高处理菌棒 1 500 棒/小时，亩节省人工 5.5 个。

2. 突破装备和管理瓶颈，提高工厂化生产水平。 引进建设新型荷兰连栋温室 30 亩，建立连栋温室、日光温室和塑料大棚 3 种类型工厂化生产试验示范点 11 个，连栋温室番茄水肥利用率提高 5.5%，工厂化专业工人提高工效 2～3 倍；春大棚小型西瓜无土栽培提前 10 天上市，节水 30%，头茬瓜亩产量 5 456 千克，较常规生产提高 5.3%。

三、以融合发展和全链条服务为抓手，推动产业升级

1. 加强品种选育鉴定，促进成果转化。 2016 年有 3 个自育品种通过北京市鉴定。自

育西瓜品种传祺 2 号和玉米新组合顺玉 1 号进行了转让开发。

2. 加强集约化育苗，推动产业延伸。 打造专业化育苗场示范点，全市蔬菜集约化育苗 2.23 亿株，较 2015 年增加 13.8％，占全市需求比例的 15.3％。生产甘薯脱毒良种 50 万千克。示范红颜、章姬等草莓脱毒种苗 8 000 株。

3. 加强农产品贮藏加工，提升商品附加值。 完成农产品贮藏加工试验 20 项，制订了 17 个蔬菜的分级、包装标准，40 个示范点的产品损耗率减少 9.6％，附加值增加 11.2％。带动全市蔬菜商品化包装率提升到 32.7％，较全国平均水平高 3 个百分点。

4. 加强现代化营销服务，推动优质优价。 举办的"北京草莓之星评选推介"等活动，促成生产者与 6 家电商签订了合作意向书。策划的"密云农业品牌生活节"，参展合作社 41 家实现现场销售 21 万元、线上销售 30 万元、订单 40 万元。协助西甜瓜生产园区入驻了京东、阿里等销售平台，网络销售最好的老宋瓜园线上销售额占比由 15％提高到 65％，价格较传统销售方式提高 45.2％。协助鲜食甘薯等特色粮经农产品实现互联网销售，为合作社增收 495 万元。

四、以资源节约和环境友好为目标，推动绿色发展

1. 深入集成创新和示范带动，推动节水农业全覆盖。 建设高标准节水示范区 120 个，示范粮食喷灌施肥、蔬菜微灌施肥、覆膜沟灌施肥、果树环绕滴灌施肥等技术模式 6.5 万亩，总节水 382.4 万立方米。据不完全统计，种植业（不含果树）用水 2.9 亿立方米，应用节水技术 140.8 万亩次，总节水 4 340.5 万立方米。

2. 加强技术贮备与基地建设，推动景观农业新发展。 开展油菜机播等 4 项轻简技术试验，初步形成农田生态景观评价体系和建设规范。建立大田生态景观和园区生态景观示范点 2.3 万亩，集成 6 类工程 15 项技术，示范了花海景观等 4 种模式。开展农业进校园、进社区活动 4 次，水稻插秧节、亲子割麦、农田观光季等推广活动，促进了景观品牌和休闲农业发展。

3. 探索生态技术和循环模式，促进资源利用高效率。 初步建立残膜"回收—撕碎—打包"流程。建立青贮玉米-奶牛种养结合示范点 7 个，废弃物利用率超过 90％。开发草莓废弃物发酵技术，研究利用枯枝落叶栽培食用菌技术，建立废弃菌糠循环利用示范点。废弃物肥料化示范厂实现了玉米、甘薯等秸秆的转化。

4. 开展风险调查和源头控制，确保质量安全强基础。 开展芹菜、草莓等生产风险调查，做好源头控制。启动《露地蔬菜节水灌溉施肥技术规程》等 6 项相关技术地方标准的制定修订工作，为标准化生产奠定基础。

五、以科技创新和主体培育为突破，推动能力建设

1. 开展集成创新，增强科技支撑能力。 2016 年实施科技项目 36 个，开展试验 187 项。发表论文 70 篇，出版专著 12 部，获专利 10 个，获丰收奖、推广奖 9 项。4 个产业体系创新团队开展核心技术联合攻关 110 项，集成技术示范 27 项，技术应用率达 73％。

2. 培育新型主体，增强生产经营能力。 组织大户、家庭农场、专业合作社、技术工人等新型主体现场培训 66 场 3 546 人次，专题培训 52 期 3 709 人次，参训学员满意度达 93.8％。

3. 改造展示基地，增强辐射带动能力。加强展示基地改造，开展蔬菜、西甜瓜、食用菌、草莓等四类作物 30 个品种示范 16 项，接待品种、技术观摩及科普展示 18 471 人次。

六、以科技宣传和突出效果为方向，发挥宣传推动作用

1. 拓展宣传渠道，提升宣传数量和质量。通过报纸、电视、广播、网络等渠道宣传农业新品种、新技术、新产品、新装备共计 357 篇，《人民日报》刊发新闻稿件 6 篇；中央电视台播发新闻稿件 6 篇；《农民日报》刊发新闻稿件 30 篇，头版 5 篇；《北京日报》刊发新闻稿件 5 篇，头版 1 篇；北京电视台播发新闻稿件 22 篇，其中北京新闻 4 篇；《京郊日报》刊发新闻稿件 92 篇，其中头版 15 篇。

2. 加大宣传力度，提升农技推广部门影响力。围绕蔬菜、粮经、籽种 3 个产业和加工、节水、景观 3 种农业，以贴近实际、贴近生活、贴近群众为导向进行重点宣传，门户网站"北京市农业技术推广网"发布信息 4 976 条，点击量 160 多万次。京津冀蔬菜合作平台搭建、鲜食玉米新品种、老口味蔬菜、南果北种、第六届农田观光季启动、西瓜电商平台搭建等热点宣传受到领导关注和市民欢迎。

"智慧土肥"支撑都市型现代农业发展

——北京市土肥新技术推广的实践与探索

2016 年，北京市土肥工作站实施了耕地质量提升、测土配方施肥、肥料面源污染防控、水肥一体化等系列工程，从技术推广创新到技术理念创新，从"测土配方"起步，到"智慧土肥"升级，在京郊大地推广了一批土肥新技术，创制了一套配方新方案，形成了北京特色的"配方果品"，为北京农产品"优质优价"提供了技术支撑，展示了京郊农业的高端性、多样性和引领性。

一、技术创新，服务现代农业

注重理念创新与科技创新，研究开发出一大批利于农业增产增效的先进、实用、高效、绿色土肥技术与产品，如有机培肥、测土配方施肥、水肥一体化、土壤修复、农业废弃物资源化利用、优质特色农产品生产等土肥技术。大力推动和发展移动互联网、大数据、云计算和物联网等智能技术应用，开发了各种配方肥、智能配肥机、测土配方施肥专家推荐系统、施肥宝 APP、随身听等土肥智能技术产品。在技术推广中形成了点面结合、上下联动、左右融合、协同推进、宣传推动、政策带动、技术落地、重在实效的长效化、常态化推广方法与机制，形成了土肥技术＋互联网、配肥站、农企对接、园区推进、站社合作、整村推进等多种推广模式。

二、数字土肥，迈入精准时代

数字土肥是指运用信息技术实现土肥生产环境的智能感知、预警、分析和专家指导，即"智慧土肥"。"智慧土肥"科技创新活动迅速兴起，一大批高效、生态、安全型技术和技术产品在京津冀地区迅速推广应用。农户登录"北京市土肥信息网"3 分钟，就能打出一份测土配方的"电子处方"，其背后依托的"北京市土肥数据库"，是土肥站与中国农大于 2003 年合作攻关，2009 年建成使用，到 2013 年广泛普及。该数据库主要包括北京市土壤空间分布的规律、类型和面积等海量信息，涵盖土壤有机质、pH、全氮、全磷、全钾等各种土壤属性数据。同时，数据库还储存了北京郊区土壤边界、土壤类型、地形地貌、排灌水系统、30 多年的土壤测试结果、化肥使用情况以及历年产量结果。

这个数据模型能将土壤养分含量及供应能力、不同作物需肥规律、目标产量所需氮、磷、钾及中微量元素等养分数量等数据进行分析，从而筛选出某一地块或地区某一作物的施肥技术，实现土壤缺什么就补什么，作物需要多少就补多少，将肥料投入控制在科学合理的范围内，保证各种养分平衡供应，满足作物生长需要，实现科学精准施肥。

三、配方果品，实现优质优价

积极推动农业供给侧结构性改革、推动优质优价，通过土肥专家把脉问诊、土肥技术定制服务、"智慧土肥"建设，形成了种养结合、循环利用、高效发展、生态种植等多种土肥科技创新模式，严格控制资源投入，提高资源利用效率，成功打造了延庆金栗优质葡萄园、昌平鑫城缘草莓高效园、通州潮县金硕黄桃特品园、通州西集高端樱桃园、昌平真顺品牌苹果园等一批生态园和高端特色产业园，实现"节肥、生态、安全、高效"发展，节水、节肥分别达30％、20％以上，生产效益提高15％以上。同时还实现了优质优价，樱桃一个6元，黄桃一个10余元，草莓全生产季80元/千克，苹果平均12元/千克以上，葡萄周年供应100元/千克……鼓了农民的钱包，饱了市民的口福。

1. "配方樱桃"一个6元多。通州区西集镇沙古堆村12亩红樱桃园，6年前还是一片沙荒地，别说是种樱桃，就连草也很难正常生长。在市土肥站专家的指导下，在增施有机肥的基础上，根据樱桃生长发育对不同养分元素需求，量身定制了氮、磷、钾、铁、钙、锌、硫、硼等多元素配方肥料，肥料的各种营养元素比例与樱桃生长发育规律相一致，樱桃甜度比"常规樱桃"高出2度左右，口味也更加纯正，被形象地称为"配方樱桃"。再加上反季节栽培技术，4月初就能采摘上市，比常规栽培提前了1个多月。另外，在樱桃树长势旺盛时避开了常见的病虫害的发生，果实成熟前不用喷施农药，樱桃吃起来更加放心，一个樱桃的市场售价超过6元。

2. 配方肥料育"金桃"。黄桃是水蜜桃中的珍贵品种，对土壤中不同养分元素含量比例要求较为严格，栽培时所提供的养分与黄桃生长发育规律所需要养分元素比例不一致时，就会使其果实颜色不正、糖度降低、口感变差。为能向市民提供高品质的黄桃，北京澳香园种植基地的200多亩黄桃，施用了市土肥站为其量身定做的专用配方肥料及与之相适应的栽培技术后，产出的果实外表好似涂上一层淡淡的黄金，含糖量达到14％左右，甜而不腻，清脆可口，1千克可卖20多元，每亩收入20 000多元。

3. "配方草莓"酸甜能调控。昌平鑫城缘草莓高效园的"配方草莓"，可以根据顾客的口味偏好调整草莓的酸甜度，该社的草莓零售价80元/千克，高出同期市场价格1/3，亩纯收益在6万元以上，带动周边1 000多名农户发展了7 000亩配方草莓。草莓口感调控栽培技术主要是对作物元素含量比例进行调控，比如提高氮元素含量比例，会增加草莓有机酸的含量，吃起来就觉得有些酸；提高钾元素含量比例，就会使草莓含糖量增加，吃起来就觉得甜；两个元素比例适当，草莓吃起来就觉得酸甜适口。在草莓口感调控栽培技术的应用过程中，还根据不同土壤所含不同营养成分和比例、草莓品种等因素，调整不同养分参数，从而使调控达到了最好的效果。

立足服务产业发展　创新渔业推广模式

——河北省基于现代农业产业技术体系创新团队开展推广的典型做法

改革开放以来，我国渔业得到了高速发展，在保障供给和增加渔民收入等方面做出了积极的贡献。随着社会经济形势的发展，传统的渔业发展方式面临着结构性、季节性产品过剩、成本上升、疫病多发等诸多问题，产业增效、渔民增收难度增大，调结构、转方式已成为今后渔业发展的方向。在新形势下，水产技术推广工作如何为渔业发展提供强有力的技术支撑，近几年来，河北省水产技术推广站做了一些探索，现将有关做法总结如下：

一、创新团队建设概况

（一）做好方案设计，充分发挥推广体系作用

2012年，河北省农业厅筹划建立省级现代农业产业技术体系创新团队，河北省水产技术推广站积极参与筹备工作。组织业内专家在多次调研产业发展需求的基础上，编制出了淡水养殖和特色海产品两个创新团队建设方案。方案立足发挥技术推广体系健全、了解渔民需求、有丰富的推广经验等特长，将2团队的11个综合试验站全部选在市县两级技术推广站，站长由市县技术推广站站长兼任。首席及岗位专家也尽可能地选择有丰富理论知识和实践经验的推广技术人员担任。方案经多次专家论证通过，并于2013年实施。河北省水产技术推广站成为淡水创新团队首席专家和5个岗位专家的建设依托单位。两个团队成员共计120多人，其中推广人员占80%以上，推广体系技术人员成为了水产创新团队的骨干力量。

（二）搭建平台，整合资源，形成合力，提高效率

借助创新团队的组织结构，搭建起科研院所、高校和企业合作的平台。团队的岗位专家由高校、研究单位以及推广系统的专家构成。高校和研究单位科技研发能力很强，但其联系基层较少，对产业发展和渔民的需求了解相对少一些。省水产站主动组织专家下基层调研、召开会议对接产业发展需求等，与专家共同研究确立研发重点技术，并为其提供试验示范企业等。团队研发的新技术、新品种通过综合试验站示范验证后再推广，提高了技术的可靠性。同时，试验站发现问题能及时反馈给专家，也使专家研发的技术更接地气，解决了科技成果转化"最后一公里"的问题。河北省推广体系所做的工作得到了社会广泛认可，示范带动作用凸显。

几年来，河北省水产技术推广站初步探索出与创新团队相结合的技术推广新模式。变单一的推广体系做推广，为推广与产、学、研企业相结合的多部门的合作推广。变以培训和塘边指导为主的推广方式，为组成专家团队深入基层的做给渔民看、带着渔民干的新方

式，使多项新技术成功落地，并取得了显著的成效。

4年来，与团队建立试验示范点40多个，引进新品种20多个，共研发集成示范新技术50多项，试验示范面积上万亩，推广面积30多万亩，带动农户上万户，增收2亿多元，有力地促进了产业发展和渔民增收。编写培训教材40多期。制定标准20多项，发表论文50多篇，获专利10多项。获省农业技术推广一等奖1项，鉴定和验收成果10项。

二、主要做法

（一）抓关键技术攻关

青虾、泥鳅和细鳞鱼是河北省的特色品种，养殖的效益和市场都很好，但因为苗种供应问题得不到解决，限制了其养殖规模。淡水养殖创新团队组织3名岗位专家和4个综合试验站组成研发团队，对其关键技术和制约环节进行攻关，经过四年的工作，研发出青虾工厂化繁育技术，年繁育青虾达到2亿尾以上，单方水体出苗量达到10万尾，推广生态养殖面积5 000多亩，亩增效益300元以上。研发出泥鳅规模化繁育技术，2016年繁育泥鳅水花近3亿尾，特别是泥鳅开口饲料的研制成功提高了苗种成活率，当年培育夏花6 000多万尾，推广泥鳅高产养殖面积3 000多亩，亩均效益1.4万元。2016年，细鳞鱼繁育技术，在总结前两年经验教训的基础上，改进了孵化设备、摸清了催产、孵化条件等，亲鱼300多尾，产卵率90％以上，平均怀卵量达到5 700粒/尾，受精率95％以上，开口仔鱼成活率达到85％以上，共获得开口仔鱼60多万尾。这些特色养殖种类苗种规模化生产技术的突破，为调整养殖结构奠定了基础。

（二）抓关键技术落地

做好服务，将推广的新技术新模式中的关键环节落实到使用者。淡水养殖南美白对虾是调整养殖结构的一种新途径。决定其成败的关键技术和环节是对虾苗种质量、养殖模式和水质调节等。唐山综合试验站采取以点带面的做法，采取了技术人员驻点指导。引进南美白对虾新品种养殖试验，试验面积15亩，放养密度4万尾/亩，产虾333千克/亩，产值1.8万元/亩，效益9 003元/亩。建立温棚南美白对虾双茬养殖示范场3家，面积122亩，43座日光棚，两茬产虾1 100千克/亩，效益2.9万元/亩，是大宗淡水鱼养殖效益4～8倍。岗位专家和衡水站技术人员指导武邑、饶阳南美白对虾温棚养殖获得成功，达到750千克/亩，利润达2万元/亩以上。辐射带动衡水市温棚养虾面积超过1万平方米。大宗淡水鱼池塘套养南美白对虾技术，采用了为示范者统一测水、分类制定调水方案、统一购苗等措施，2016年推广面积达到2.2万亩，亩增效益650～1 000元。

大宗淡水鱼岗位专家，与国家大宗淡水鱼创新团队联系，先后组织调运"中科3号"、长丰鲢等苗种5 000多万尾，分发到6个市12个示范点。在养殖期间多次深入基层指导，新品种示范养殖成功率达到80％以上。

（三）抓前瞻性技术研究

依托河北大学、河北师范大学等院校或外聘专家，加强了前瞻性研究工作。研究了青虾性腺抑制激素和蜕皮抑制激素、泥鳅全雌化技术、锦鲤疱疹病毒ORF27原核表达载体的构建和ORF126基因克隆及生物信息学分析、黄金鳖体色基因分析等。前瞻性技术研究，提高了新技术的研发水平。

三、两点体会

（一）创新团队组织架构稳定，有明确的工作目标和有稳定资金支持

节约了每年争取项目花费的大量时间，使团队成员坚定了长期攻关的思想，并有充足的时间全力投入到技术研发和推广上，促进产业发展、农民增收的效果突出。

（二）与创新团队结合，拓宽了合作途径

与创新团队结合不仅搭建产、学、研企业合作的平台，还密切了与国家团队的交流，使更多新技术、新品种及时落户河北。同时，也加了与北京市、天津市水产创新体系的合作。几年来，共引进国家体系研发的新技术6项，新品种5个；国家体系专家来河北省讲课指导20多次，与北京、天津团队对接交流10多次，合作项目2项。

扶持新型主体创新运营模式
加快完善农技推广服务体系

——内蒙古科左中旗实施粮食高产创建和基层
农技推广体系改革建设的创新经验

近两年的中央一号文件，都提到了要加强对新型农业经营主体的培养扶持，积极发展适度规模经营。科左中旗是全国粮食生产先进单位，是粮食高产创建及绿色增产模式攻关试点旗县，也是全国基层农技推广体系改革与建设示范旗县，在多年的工作中积累了许多工作经验。就如何鼓励新型经营主体参与农技推广和社会化服务，进一步培育壮大适应现代农牧业发展要求的经营主体，充分发挥他们在农村经济发展中的重要作用，总结出一套"政府引导、技术扶持、项目推动"的方法，对加快新型农业经营主体培育进程，促进农业新科技的推广普及应用，推动当地农业规模化、集约化发展起到了很好的效果。

一、加强体系建设，深化农企对接合作，引进先进科技成果

该旗通过招商引资，引入了沈阳远大智能高科农业有限公司、鸿达兴业股份有限公司、瀚泓农业科技开发有限公司等农业企业，引进了AA智能化深埋滴灌、盐碱地改良等先进技术。自2015年起，沈阳远大智能高科农业有限公司与该旗农业技术推广中心合作，在该旗花胡硕苏木建了一处万亩玉米高产创建示范片，该地田块地势起伏不平，落差最高有2米多，全是沙土地，此前一直是"靠天吃饭"的雨养旱作模式。作为全旗14个万亩片中8个中低产田改造提升示范片之一，通过示范从以色列引进的自动化智能控制滴灌系统和深埋滴灌带种植模式，该示范片当年测产结果在全旗14个万亩片中位列前三，产量翻了一番还要多，增产了近400千克，将全旗示范片整体增产幅度提升到了39.5％，增产效果明显。2016年该旗继续深化与沈阳远大公司等企业的合作，计划在旗内西部的粮食主产区开展农业信息化管理试点，结合本地区主推的浅埋滴灌带种植技术模式，实时收集田间土壤水分、养分等数据信息，通过设备系统分析并自动智能化调控水肥供给，实现精准灌溉和施肥。

二、加强技术指导，培育新型主体，发展适度规模经营

家庭农场和种植大户一直是该旗农业科技服务的重点对象。由技术部门提供专业技术指导服务，给予项目支持，扶持家庭农场和种植大户扩大经营规模。李显光是该旗敖包苏木的一个种植大户，从80年代末开始从事农业生产，当时就经营了400亩耕地。2004年之后开始购买农机具，组建专业合作社带动村民发展农业机械化生产。2015年他注册成立了李显光家庭农场，参与玉米高产创建活动，在农技部门的指导下开展新品种新技术的

试验示范工作。2016 年，他的家庭农场和专业合作社生产经营面积达到 1 万多亩，年产优质玉米 7 000 吨、红干椒 4 000 吨、白瓜籽 75 吨，实现销售收入 1 780 万元，参与生产经营的农户人均增收 2 万元。2017 年，李显光家庭农场继续扩大经营规模，利用滴灌设备和水肥一体化技术扩大玉米、糯高粱、红干椒、甜菜的种植规模。

三、加强技术攻关，开展机械化合作，提升耕地质量建设水平

该旗在实施高产创建过程中，积极引导农民专业合作组织与黑龙江省等地的大农场开展农业机械化方面的交流合作，引进国内外先进的大型农用机械。科左中旗图腾农机服务专业合作社成立于 2012 年，从 2014 年开始在农技部门的指导下承担玉米高产创建和玉米双增二百科技行动核心示范田建设任务。科左中旗图腾农机服务专业合作社从黑龙江省北大荒农垦集团长水河分公司引进了大型农场使用的大型联合整地机和卫星定位播种机等先进农业机械设备，集中流转了 11 200 亩耕地并重新启用了闲置的农田原有大型喷灌基础设施，采用了深松大小垄大型指针喷灌技术等新型种植模式，以全程机械化操作、高效节水灌溉、统一现代化管理和土地集约化经营来实现中低产田改造，取得了较好的经营效益和较大的示范带动效果，吸引了周边许多农民前来观摩学习。

四、科学规划项目，发挥企业优势，加快新技术的推广应用

该旗在开展绿色高产高效创建过程中，充分整合各类项目资源，科学规划重点项目实施范围和内容，以项目建设吸引农业企业参与，发挥企业的研发推广和主体运营作用，促进农业新技术的推广普及应用，让项目资金发挥出 $1+1>2$ 的效果。敖包苏木是该旗 40 万亩集中连片玉米膜下滴灌项目区最为重要的核心示范区域，农民对滴灌技术认知程度较高，整地、播种、防虫、收获都有统一的技术标准，但对后期追肥的肥料使用上却难以达成共识，常见的选择是尿素，还有选择使用如复混肥料、复合肥料、掺混肥料、冲施肥等其他类型的肥料做追肥。该旗在敖包苏木建有一处万亩示范片，开展水溶性肥料的对比试验、不同用量试验、不同时期施用试验等，指导农民根据自身需要正确选择肥料；同时，在实地考察的基础上，引进施可丰公司在当地建设液体肥料供给站，配备流动加肥车，进一步促进了水肥一体化滴灌技术的普及应用，让庄稼吃上营养配餐，真正实现节本、减肥、提质、增效。

五、引导土地流转，提供技术扶持，促进新型主体规模化生产

该旗每个苏木乡镇场都建有土地流转中心，为流转双方提供供求信息，指导农牧民群众合法流转耕地和草牧场，指导种养大户、农民专业合作组织、农业企业等发展规模经营。通辽广联农机公司、山东农大肥业、惠民农机合作社、众旺兴农种植专业合作社等一大批新型经营主体在该旗的高产创建示范片等重点产业基地内大面积流转土地发展规模化生产，在技术部门的指导下采取全程机械化作业实现种植模式的统一，辐射带动周边农民学习使用农业新品种、新技术，促进了绿色增产技术模式的推广应用。在今年，这些新型经营主体还把经营范围扩大到了甜菜、糯高粱、饲草料等作物上，对当地供给侧结构性改革起到了较大的推进作用。

六、引导农资经销商，拓展服务领域，发展社会化服务

该旗结合测土配方施肥项目成果，指导肥料生产企业按照测土结果和施肥指导意见生产符合地区生产需求的配方肥料。科左中旗昌盛肥业是内蒙古自治区测土配方企业，公司生产的草原丰系列肥料一直深受农民欢迎。当地农业技术部门与昌盛肥业合作，按照高产创建示范片作物特点、技术要求和产量需求设计生产了多种配方肥料供项目区使用，全部达到了预期要求，获得了较好的产量效果。此外还引导农资经销商创新销售模式，通过代耕代管等方式促进新品种、新技术推广应用。该旗农业技术部门指导农资经销商购置全自动测土配方智能配肥机，可以结合科左中旗测土配方专家系统数据分析结果，按配方有针对性地生产出适合全旗不同地区耕地土壤养分状况、不同作物类型和产量水平的配方肥，全旗任何一个地区的农民都可以通过配肥机购买到"私人订制"的称心肥料。同时，还指导农资经销商延伸服务链条，在为农民提供农资代买的基础上，还提供代耕、代种、代管、代防、代收等"一条龙"的社会化服务，签订服务协议保证服务质量和作物产量，既加快了新品种新技术的推广应用，还促进了劳动力转移。

以上是该旗在实施粮食高产创建及绿色增产模式攻关活动中针对鼓励和引导新型农业经营主体参与创建，扶持其发展壮大的一些创新经验。今后将继续加强农技推广服务体系建设、丰富服务内容、提高服务质量，同时不断总结经验，优化完善现有工作模式，加快推进现代农业发展。

强化管理机制发挥职能作用
推动农技推广体系可持续发展

——辽宁省建平县实施农技推广补助项目经验做法

辽宁省建平县抓住基层农技推广补助项目实施的契机，通过在机制上搞创新，在管理中求效益，在推广中建平台，在服务中拓空间等一系列行之有效的措施，较好地破解了农技推广部门在发展中遇到的人员难调动、经费难保障、工作难开展的"三难"问题。极大地调动了全体农技人员的积极性、主动性、创造性。已初步走出了一条自我完善、自我发展、自我振兴的农技推广之路。现将主要做法介绍如下：

一、以制度建设为保障，强化农技推广服务效果

为更好地实现科技人员与农技推广的最佳结合，全县在建立农技人员工作考评、推广责任、人员聘用等各项制度的基础上，实行绩效考核制，把农技推广的整体工作、主要任务以及日常管理融于一体，分解成各项指标，落实到每个站、每个人、每项具体工作中，年终由县、乡、农民三方根据各项指标完成情况，对每个站、每个人进行量化评定，综合打分，根据综合评定结果，分档兑现农技员入户补贴和重大推广任务绩效奖励。

二、以基地建设为平台，发挥农技推广辐射功能

多年的实践证明，搞农技推广，没有基地不行。特别是基层农技推广部门，要有自己的农业科技试验示范基地。建平县分别建立了黑水农业综合试验示范基地、杨树岭马铃薯种薯繁育基地、万寿农业科技试验基地，农业科技试验示范基地总面积1 250亩。先后被农业部授予国家农业科技创新与集成示范基地，农业部、团中央授予全国青少年农业科普示范基地，中国科协、国家经贸委授予全国"千厂千会"协作示范基地及辽宁省引进国外智力成果示范推广基地、沈阳农业大学实习实训基地、辽宁省玉米产业重大农技推广服务试点基地。建平县农业技术推广中心试验示范基地已初步实现了融试验、示范、品种贮备、良种繁育于一体，已经成为农技人员的试验研究基地；对农民实施科学普及的观摩培训基地；新品种、新技术的展示基地；农情信息采集传播基地；优良种苗繁育基地；新品种、新农药、新肥料评估基地；大学生生产实践基地。基地已经成为集农业自主创新、集成示范、推广应用、教育培训、生态保护于一体的综合性基地，使农业科技试验示范基地真正成为科学技术展示的平台和技术人员发挥才智的舞台，起到点上示范引导，片上观摩展示，面上宣传培训的作用。

三、以推广项目为抓手，加大实用技术推广力度

为更好地开展农技推广工作，建平县坚持依靠项目促推广，搞好推广促项目，全面促

进全县粮食生产提质增效，完成了国家粮食高产创建项目、马铃薯高效复种技术集成与推广项目、玉米螟绿色防控项目、玉米"双增二百"项目、国家粮食丰产科技工程等项目，全县总增产粮食 11.45 亿千克，总增经济效益 28.37 亿元。在粮食高产创建的带动下，全县粮食总产翻了将近一番，由几年前的 6 亿千克发展到现在的 10 亿千克左右，多次得到农业部和省农委的表彰和认可。2012—2014 年连续三年获得农业部开展的东北半干旱区"玉米王"挑战赛冠军，最高单产达 1 254.81 千克，单产水平获得历史性突破。通过推广项目实施，使农民掌握和应用测土配方施肥、土壤有机质提升、秸秆还田、栽培技术改进、品种改良引进、病虫害综合防治、机播机收等集成配套技术，辐射带动优质粮食生产，确保粮食单产提高、总产稳定、效益提升。

四、以创新技术为重点，加快集成技术示范应用

建平县地处山区，地利条件较差，要想大幅度提高粮食单产，必须破除传统农业的羁绊。为此，县农技推广中心先后与法国、荷兰、日本、西班牙和辽宁省农业科学院、沈阳农业大学、吉林农业科学院等国内外专家合作，总结出了适合建平地域特点的一整套粮食高产栽培新技术。如以"九改"为核心的马铃薯高垄双行整薯栽培技术、玉米一埯双株紧靠一炮轰技术、玉米二比空缩距增株栽培技术、全膜垄作沟播集雨技术、地膜谷子机械穴播简化间苗技术、膜下滴灌节水技术、降解膜应用技术等。充分发挥科技示范辐射带动作用，加大了集成技术模式推广。通过技术的创新与推广，使全县耐密型玉米种植面积达到 150 万亩、使全县玉米种植密度由原来的 2 700 株提高到了 4 000 株，脱毒种薯应用面积达到 10 万亩、杂粮品种更新 70 万亩。建立展示园 276 个，示范展示面积 4.36 万亩。完成国家、省、市试验、示范、推广、开发项目 76 项。自主研发并推广玉米、马铃薯、小杂粮等农作物组装配套综合高产栽培技术 18 项，尤其马铃薯组培脱毒、茎尖剥离技术一次成功，填补了辽西地区组培脱毒技术上的空白。近年来，粮食产量由 22.8 万吨提高到 102 万吨，增长近 5 倍。粮食人均占有量由 400 千克/人增长到 1 744 千克/人。全县粮食总产量最高达到 11.2 亿千克，创历史最高纪录。

五、以网络建设为媒介 带动农技推广服务效果

搭建农情监测预警平台，科技联合协作平台，农技员、大户交流平台，农资评价评估平台。县里成立补助项目科技示范基地信息网络小组，主要由信息员、病虫测报员、墒情监测员等组成。建立县、乡、村三级信息服务网络，每个基地都有技术信息员，负责"墒情、病情、虫情"三情监测、信息上报、发布等。形成了"专家组＋试验示范基地＋技术指导员＋科技示范户＋辐射带动户"的技术服务模式。同时每个村都由种植大户或种地能手担当村级技术指导员。

六、以科技示范户为核心，辐射科学技术普及推广

在原有 1 040 个科技示范户中，重点抓好 50～100 个典型科技示范户。充分利用补助项目，给予资金、物资方面的重点支持，使其充分发挥示范引领作用。本着遴选科技示范户每个行政村全覆盖的原则，每村遴选科技示范户 4 户，今年围绕全县玉米、马铃薯、小

杂粮主导产业，抓 1 040 个科技示范户，辐射带动 16 165 户。种植玉米、马铃薯、谷子的科技示范户分别随机抽查 10 户进行测产，比普通农户分别增产 31.7％、28.6％、31.1％。把先进的集成技术通过示范户辐射带动，农民在生产上得到了大面积推广应用，达到"一户带四邻，四邻带周边"的良好效果。如奎德素镇奎德素村许刚，被选为科技示范户，并被评为"玉米高产状元"，是远近闻名的玉米技术指导员，他采用的"一埯双株"紧靠栽培模式种植玉米亩产达 1 173.4 千克。

七、以项目宣传为窗口，提升农技人员职业形象

建平县充分利用会议、培训班及广播、电视、网络、报刊等全方位、多角度、长时间的宣传报道开展农技推广体系改革与建设的重大意义、政策。在建平县报创办了"农技推广在行动"专栏、电视台开办了"科技进村入户、助力增产增收""垄上行"栏目，对主推技术、工作动态、工作业绩、先进典型进行宣传。目前已在电视报道 27 次，朝阳日报报道 15 次、县报 32 次，中国农业推广网的各地连线栏目发表文章 330 期，不但对主导产业发展起到了强有力的推动作用，也树立了基层农技人员的良好形象，进一步营造了全社会参与、多元化推广的科技氛围。

发展稻田综合种养　一水多用促农增收

——黑龙江省桦川县稻田综合技术推广典型材料

桦川县地处三江平原腹地，耕地面积 210 万亩，其中水稻面积 130 万亩，是"全国商品粮生产基地县"、第三批国家级现代农业示范区、全国有机水稻示范县，素有"鱼米之乡"的美誉。近年来，该县以"稻田综合技术集成示范推广"项目为引领，开展稻鱼共作、稻蟹共作、稻鱼鸭共作、稻蛙共作等多种技术模式示范推广，实现了"三减两增一提高"目标。全县共有 26 个农民专业合作社、1 855 户稻农开展稻田综合种养，面积达98 960亩，鱼蟹稻大米、鱼鸭稻大米、鱼蛙稻大米通过互联网销售，比普通稻田每亩增收400 元，累计为稻农增收 3 958 万元。

一、打造核心示范区，创建知名品牌，发挥引领作用

将项目核心示范区落实在经济有实力、网络销售有阵地、示范有基地的桦川县五良纯生态农业专业合作社，核心示范区面积 2 150 亩。在核心示范区建设方面重点做好 3 项工作：一是强化示范区基础设施建设，田间道路及进场道路维修维护，水渠维修维护；田间工程修缮建设，鱼沟、蟹沟等基础设施建设。二是做好标志牌与展示板建设，设立 6m×8m 的各类标牌 60 个，包括农业科技创新与集成示范基地标志牌、稻田养鱼基地标志牌、五良纯生态农业专业合作社展示板等。标志牌上详细标明项目名称、示范地点、有机米品牌等相关内容，示范宣传效果非常显著。三是做好试验示范，重点示范稻鱼共作、稻蟹共作等两个综合种养模式。2016 年开展的水培稻（在排水渠水体上层设置竹排，种植水稻，水下养黑鱼，生产有机水稻）和缸稻试验（在水缸中种植有机水稻，水中同时养珍珠蚌），收效显著。

在大米品牌建设上，引导合作社走品牌之路，培育出"寒地明珠""寒地五谷""鱼蟹稻"大米等知名品牌，同时注重扩大销售渠道，瞄准大米中档、高档市场，生产有机大米、优质大米。随着"互联网＋农业"的兴起，五良纯生态农业专业合作社顺势搭乘互联网快车，当地品牌大米的网上销量显著增加。

在推广模式创新上，建立"专家＋农技人员＋合作社＋辐射带动区"机制，实现稻田综合种养技术大面积推广和持久发展。五良纯生态农业专业合作社的成长壮大，也带动了周边十几家合作社共同致富，平均每公顷增加收入 5 000 元以上。该县在 6 个乡镇 12 个合作社的辐射区发展鱼鸭稻共作、鱼蟹稻共作、鱼蛙稻共作、稻鳅共作等多种推广模式，扩大了示范面，让群众看得见、摸得着，取得了示范有基地、学习有样板、典型在身边的良好效果。

二、加强培训指导，破解生产问题，提高技术水平

为使项目示范区在生产的全过程中，能够严格地按照项目的实施方案和技术规程进行

操作，围绕生产难点和技术关键点，采取针对性措施：一是请进来、走出去，学习好经验。聘请省知名水产专家研究员邹民、孔令杰、杨秀，市水产高级工程师谢刚、冯国君等同志集中办班授课，到示范核心区及辐射区进行技术指导。适时组织技术人员、生产者到省内外稻田综合种养的先进地区进行学习交流，包括山东、江苏、浙江等，取得良好效果，稻鳅共作就是"走出去、引进来"的成功典型。二是集中培训与针对性指导相结合。结合项目的建设内容，开展集中办班培训 3 期、在示范基地举办田间课堂 10 次，基地现场观摩会 3 次。技术人员一对一在田间地头多次进行讲解，讲解"稻鱼共作"和"稻蟹共作"等技术，培训技术骨干 16 人、农民 240 人次，发放技术资料 500 余份。

三、加大宣传力度，扩大受众面，增强影响力

采取多种方式宣传稻田综合种养。一是开展"面对面"宣传。每年 2～3 月召开全县渔业生产者、捕捞者和辐射区合作社骨干成员培训班，讲解稻田综合种养的益处和成功范例，用生动的实例引导生产者走向调结构、转方式、增效益的创新之路，起到了良好的效果，使稻田综合种养面积和效益实现双增长。二是发放"明白纸"宣传。每年发放典型实例宣传手册 1 000 余份。三是现场"直通车"宣传。结合基地和其他辐射区技术指导，技术人员在田间地头给稻农讲解技术，同时进行宣传推广。四是通过现代平台"网、电、刊"宣传。为扩大稻田综合种养技术集成示范推广项目的影响力，激发稻农、渔民学科技、用科技的热情，充分利用电视、网络、报刊、杂志等媒体适时宣传党的强农惠农政策、水产技术推广信息和各项实用技术，在黑龙江农业信息网上发表相关信息 7 条、佳木斯农业网发表相关信息 10 条，桦川政府信息公众网发表相关信息 1 条，电话咨询解答稻田综合种养技术问题 200 多人次，市、县电视台播放专题新闻 3 次。

今后，该县将不断总结经验，继续做好技术示范推广，提高工作效率和服务水平，为渔业转方式、调结构、促增收做贡献，努力开创渔业工作新局面。

从"技术为本"到"以人为本"

——上海市嘉定区都市型农民田间学校创新推广模式

上海市嘉定区创办的都市型农民田间学校以农民为中心，围绕作物的全生长季，从播种到收获，全面跟踪作物的整个生育期的系统变化，把课堂开到田间地头，改变传统的农技推广模式，是针对上海市郊广大农民的农技推广服务新模式。田间学校从"技术为本"的单一技术推广方式向"以人为本"的技术推广与农业科普相结合的创新推广方式转变，从推广单项技术向"整套技术集成"的方式转变，将农业技术人员思路与农民想法紧密结合，将现代农业科技与农民需求紧密结合，将田间试验与农民问题紧密结合。把单一培训改为参与式培训和科普学习，将农民由被动的"听"转变为主动的"学"，切切实实地把农业科技成果推广到田间地头。目前，嘉定区农民田间学校已在哈密瓜、葡萄、草莓等作物上广泛应用，被上海市农业技术推广服务中心确定为上海市农民田间学校唯一的示范点，并荣获市科协"推进公民科学素质示范项目"称号。

一、主要做法与特色创新

（一）注重聆听农民需求

需求调研是农民田间学校的重要环节，是全面了解学员能力水平及真正需求的有效手段。嘉定区农民田间学校正式开班前和每次田间学校上课前，辅导员和班主任提前制订调研计划，明确调研内容和调研方式，设计调查问卷，并采取召开座谈会、田间走访等形式听取农民实际需求，搜集农民生产环节中存在的问题。根据各类调研结果，认真总结分析，科学安排培训内容，把学员需求和产业发展的需求结合起来，制订合理适用的培训计划和课程教学内容安排。

（二）精心设计教学环节

嘉定区农民田间学校教学设计一般按照课前准备、课堂教学、小组研讨、田间教学4个环节。课前准备主要包括调研需求、场地安排、服装准备、学员分组、教学器材、教案准备等内容。课堂教学分为导入和集中授课两个环节，"导入"让学员明确本堂课的教学目标、教学安排、教学内容和教学重点，"集中授课"老师采用多媒体PPT教学形式，根据调研需求，着重讲授当前生产技术难点。小组研讨分为集中讨论、技术难点、解决方案等阶段。每个小组结合老师授课内容，围绕当前生产开展集中讨论，学员介绍自己在生产中的做法与经验，然后针对"技术难点"展开讨论，最终形成解决技术难点的方案。每组选派一名学员代表上讲台，讲解本小组的"解决方案"，其他小组进行点评。为了巩固并实践课堂讨论成果，田间学校还带领学员们开展田间教学，参观考察观摩种植户的生产大棚，组织学员对种植户技术措施和田间管理的优缺点展开讨论。再由老师总结回顾本堂课程的教学内容，指出种植户生产环节中存在的问题，进行现场操作示范。

（三）着力鼓励农民参与

嘉定区农民田间学校始终秉持农民是教、学主体，"让农民听变成农民讲，让农民学变成农民教"，辅导员以引导和启发式教学方式为主，充分发挥学员具有丰富实践经验这一优势，促进学员相互交流，提升种植户生产水平。田间学校坚持以"农民"为本，小班化教学，一般每个班级 25～30 人，6～7 人一个小组，每组推选出小组长。田间学校讲究"讲、看、学、比"："请农民讲"，在教学过程中，请种植户在小组交流中介绍自己的经验和做法；"领农民看"，带领种植户看学员们的种植情况、观摩好的合作社的生产示范情况；"带农民学"，辅导员带着种植户学习新技术、示范种植新品种，课堂教理论，田间手把手地教会种植户；"让农民比"，通过观摩种植户的生产大棚，让他们之间生产管理技术进行比较，举办草莓种苗比赛、哈密瓜整枝绑蔓比赛、葡萄扎丝比赛、产品擂台大赛等活动，激励学员之间的学习比拼精神。

二、实施成效

（一）新品种新技术推广效率大幅提高

哈密瓜田间学校大力推广自主选育品种华蜜 0526、华蜜 1001 等新品种。草莓田间学校推广红颜、嘉宝、章姬等品种替代了丰香，全区红颜种植面积为 680 亩、嘉宝 350 亩、章姬 150 亩。葡萄田间学校推广主栽品种，巨峰、醉金香、巨玫瑰、夏黑 4 大葡萄主栽品种面积分别为 9 493.3 亩、2 577.9 亩、2 720.5 亩、936.0 亩，占葡萄总面积的 94.99%，经济效益明显优于藤稔、京亚等老品种。草莓套种哈密瓜华蜜 0526、华蜜 1001 栽培模式以及连作障碍综合防治技术等得到了大力示范推广，工厂化育苗新技术也在灯塔得到了广泛的应用，108 户农户采用了工厂化育苗技术，早衰和连作障碍综合防控技术得到大力示范应用。草莓水肥一体化技术、夏季太阳能闷棚处理技术、繁育壮苗技术、基肥早施技术得到了大力推广应用。葡萄田间学校积极推广设施栽培技术、控产技术、病虫害绿色防控技术、轻简化栽培技术，高杆 V 形整形修剪模式；推广葡萄根域限制、低密度种植、短梢修剪、水肥一体化等新技术，葡萄扎丝、黑地膜、反光膜等实用技术，微耕机等小型农机都得到进一步推广。

（二）农民经济效益增长显著

嘉定区农民田间学校开办以来，重点推广哈密瓜、葡萄、草莓新品种 11 个，主推技术 12 项，取得了良好的经济效益。哈密瓜培训班学员在种植原有品种的基础上，带头试种了哈密瓜新品种"华蜜 0526"，平均亩产量在 2 000 千克左右，每户农户增收 9 000 元左右。灯塔村家家种草莓，已经成为远近闻名的草莓村，旅游观光采摘逐步形成气候，种植草莓以已成为当地农户的主要收入来源，农民田间学校学员种植户亩产值超过 3 万元。农户蒋天华种植草莓面积 6 亩，产值 3.1 万元/亩。农户费雪英种植 11.2 亩，产值 3 万元/亩。农户毛根龙种植面积 13 亩，产值 3.3 万元/亩；有 2%～3% 的农户亩产值达到 4 万～5 万元。葡萄种植户积极采用新技术和更新新品种，种植水平显著提升，在 2015 年上海市葡萄评比活动中，葡萄田间学校学员取得了 4 个金奖、5 个银奖的好成绩，经济效益增收明显。2014—2015

年，农民田间学校累计推广葡萄、哈密瓜、草莓总面积 4 602.5 亩，总产值 10 009.37 万元，总经济效益 5 009.42 万元，新增总产值 664.87 万元，新增总利润 634.62 万元。

（三）辐射带动功能显现

从 2013 年第一所农民田间学校哈密瓜培训班至今，嘉定农民田间学校共举办了农民田间学校哈密瓜班 4 个、葡萄班 5 个、草莓班 3 个；农民田间学校学员种植水平全面提升，新品种与新技术得到了广泛的应用示范，增产增收效果显著。一批基层农技人员和农民学校也通过田间学校成长为农技推广的中坚力量。农民田间学校培训老师顾海峰在"2015 年上海市新型职业农民培训教师说课比赛"中荣获一等奖和上海市"十大最美农技员"称号；班主任王晓燕同志被评为"2015 年上海科普惠农兴村带头人"；哈密瓜班学员费雪英评为"上海市三八红旗手"和"上海市劳动模范"。嘉定区农民田间学校有力推动了嘉定特色农业产业发展，真正起到了"培训 1 户、辐射 1 方、带动 1 片"的成效，让广大农户在培训中学到真才实干，品尝到了学习科技的甜头，让更多的人走上致富之路。

勇于创新大胆实践 探索农技推广新路子
——江苏省开展科研院校农技推广试点工作

2015—2016 年，江苏省承担农业部农业科研院校开展重大农技推广服务试点项目，组织南京农业大学和江苏省农业科学院两家实施单位，以项目为抓手，在协调统筹、充实提升现有产业创新链科技平台基础上，以服务新型农业生产经营主体为主线、以科研示范基地为载体、以新型主体创新联盟为窗口、以基层农技推广服务体系为衔接、以新型信息化智慧服务为手段，探索农技推广服务新机制。试点工作取得明显成效，具体情况如下。

一、主要做法

（一）加强组织领导，形成试点工作齐抓共管合力

成立试点工作推进领导小组，江苏省农委、省财政厅分管领导任组长，南京农业大学、江苏省农业科学院有关领导为副组长，江苏省农委、省财政厅、南京农业大学、省农业科学院责任部门负责人、试点项目首席专家、基地负责人、试点县农业部门领导等为成员，形成政府、高校、地方推广部门"三位一体"的协同管理机制，形成齐抓共管合力。

（二）加强资源整合，构建大联合大协作大推广格局

选择稻麦、果蔬两大产业，以"科研试验基地＋区域示范基地＋基层推广体系＋示范户"模式为引领，建立科教单位、政府部门、推广单位、生产主体共同参与的协作推广新格局。一是依托试点单位现有的科研基地，开展两大产业的科研试验、技术引进和集成；二是整合试点县现有示范基地，从苏南、苏中、苏北三大区域选择 13 个县（市、区），充分利用现有示范基地，并扩建一批高水平示范基地，提升示范和辐射能力；三是衔接地方基层推广服务体系，在试点县选择 3 个乡镇，结合试点单位的专家工作站或专家服务点资源与人才队伍建设，每个乡镇建立 1 个基层农业科技专家服务站；四是推进重大农技服务线上线下联动机制，针对新型农业经营主体科技需求，建立手机服务 APP，形成线下建联盟、线上做服务的"双线共推"的科技服务新模式。

（三）加强绩效管理，激发科技人员推广积极性

鼓励试点单位根据实际情况建立科学合理的绩效考核机制，对参与试点工作的产业教授、专家在成果转化绩效分配、弹性工作时间等方面给予一定的优惠政策，加强对专家队伍的考核与激励。南京农业大学研究制定了"重大农技推广服务试点工作岗位专家职能职责"，并与产业首席、基地对接专家签订了责任书与月度计划书，将专家参与试点工作纳入学校社会服务量统一认定与管理。江苏省农业科学院出台了"关于推进科技服务体制机制创新的实施意见"，对推广团队进行目标管理和绩效考核，对完成目标任务较好的团队，在院职称评审、干部选拔等方面给予倾斜。

二、实施成效

（一）基地建设水平进一步提升

通过科技集成创新，带动基地基础设施建设与技术体系实现优化与升级。南京农业大学白马科研试验基地完成 625 亩科研试验基地土地平整、改良与基建，筛选稻麦、果蔬产业新品种 37 个，示范生产全程关键技术 54 项，集成全产业链关键技术体系 22 套。江苏省农业科学院完成溧水、六合科研试验基地基础设施的升级改造，培育稻麦、果蔬产业新品种（品系）21 个，集成展示全产业链关键技术 8 套，制定并实施生产技术规程 15 套。

（二）推进主导产业发展能力进一步提升

突出供需成果导向，从成果供给侧着手，遴选优势品种、技术和产业模式，有效转移转化；同时，以地方农业产业关键技术难题为抓手，从需求侧倒推，增强成果应用针对性。南京农业大学金坛示范基地将水稻微喷灌育秧等规模化高效技术先行示范，通过在关键期组织观摩活动来推广应用技术，2016 年水稻微喷灌育供面积突破 30 万亩，占实际水稻种植面积的近 50％。江苏省农业科学院淮阴示范基地在项目正式启动前对实施点进行产业调查，针对嫁接育苗技术不过关等技术难题重点发力，通过打造示范样板，做给农民看，黄瓜嫁接苗的出苗量由 2015 年小规模示范达到 2016 年 85 万株。

（三）农技推广服务能力进一步提升

南京农业大学实行推广专家对接、地方基层推广部门负责技术推广、积极吸纳优质新型农业经营主体的"团队制度"，建立起农业科技专家服务站和基层技术推广服务站 18 个，每个服务站点委任 3 位教授对接服务，并吸引基层栽培站、植保站、土肥站等专家进入，同时遴选新型经营主体代表 60 户，为其量身配置 1 整套栽培技术。江苏省农业科学院选派技术拥有者专家、专职科技服务资深专家作为技术团队固定人员与地方农技推广专家联合，在 7 个示范基地建立"五有：有人员、有项目、有基地、有影响、有台账"农技专家服务站，直接对接 21 个乡镇，建设和指导 21 个农技推广服务站。

（四）新型农业经营主体发展能力进一步提升

南京农业大学探索推动地方建立新型农业经营主体联盟，试点期间，通过联盟服务新型农业经营主体 1 475 家，开展各类观摩培训 55 场次，累计培训、指导超过 4 820 人次，服务面积超过了 15 万亩，新技术推广率 100％，农户满意率 95％。江苏省农业科学院试点期间直接服务 850 个新型农业经营主体，通过科技培训、田间指导等方式间接服务 1 200多个新型农业经营主体，开展各类观摩培训 71 场次，累计培训、指导 7 840 人次，累计推广面积 9.42 万亩，新技术推广率 97％，农户满意率 84％。

（五）信息化服务水平进一步提升

南京农业大学自主开发了"南农易农"手机 APP，把学校丰富的农技推广数据、教育培训资源、科技成果信息等直接推送给对接服务的新型农业经营主体。截至 2016 年年底，APP 注册人数达 2 915 人、推送科技信息 1 847 条、累计浏览量 31 635 次。江苏省农业科学院依托江苏省农业信息网和江苏农村科技服务超市网，与东邦科技有限公司建立科技合作搭建云平台，实现对2个科研试验基地、7个区域示范基地的互联互通，平台已初步建立。

（六）农科教结合运行机制进一步提升

南京农业大学以服务新型农业经营主体全方位需求为目标，创新"移动互联＋农技推广"的理念，提出"线上做服务、线下建联盟"的"双线共推"推广服务新模式。线下陆续在金坛、常熟、句容、兴化、东海、铜山等地，同地方政府及其农业推广主管部门合作，拟定了《新型农业经营主体联盟章程》《联盟创建工作流程参考建议》《联盟倡议书》等，推进共建新型农业经营主体联盟。线上自主研发了"南农易农"APP，将APP的运行与重大农推试点工作、挂县强农富民工程项目、新农村服务基地建设等紧密结合，并积极引入基层农技推广服务体系，通过信息化服务手段，为新型农业经营主体提供全方位、快速及时的服务。江苏省农业科学院提出"两大产业主题、供需成果导向、双职人才推进、平台系统协作"的成果转化应用、技术推广模式，围绕稻麦、果蔬两大主导产业链，推广院优势品种和技术，解决区域主导农业发展重大问题，突出供需成果导向，从成果供给侧和产业技术需求侧同步导向，依靠双职人才推进，立足院专职的科技服务人员和团队、组织部门选派的挂职干部，与成果研发推广团队整合，全面推进科技与人才的同步落地。

（七）试点工作社会影响力进一步提升

采取多种形式在《农民日报》《新华日报》《农业科技报》、中央电视台《朝闻天下》栏目、CCTV-7军事农业频道《科技苑》栏目等多个平台上扩大试点工作的影响力，获得张桃林副部长的高度肯定，同时也获得了众多新型农业经营主体的认可。

出政策、搭平台，农技人员创新创业添活力

——浙江省台州市黄岩区开展体系改革创新试点

近年来，浙江省台州市黄岩区以机制创新为突破点，积极鼓励农技人员创新创业，探索激发农技人员主动性和创造性、增强农技推广服务的有效路径。

一、出台政策，解除农技人员创新创业后顾之忧

黄岩区按照《台州市鼓励支持事业单位科研人员离岗创业创新实施细则（试行）》等有关政策规定，鼓励在编在岗农技人员携带科研项目、成果或技术到新型经营主体入股创业，离岗创办农业企业或到省内农业主体从事技术服务工作，最长可保留6年人事编制关系，工资和职级正常升调，养老保险等正常缴纳。其创新创业业绩作为参加技术职务评聘、岗位等级晋升和年度考核评优的重要依据。一系列举措为消除农技人员顾虑、激发创新创业热情，提供了有力的保障。

二、成立联盟，搭建农技人员创新创业工作平台

黄岩区把构建农技推广联盟列入区委"科技新长征行动计划"百项任务之中，加强与中国柑橘研究所、华中农业大学、浙江省农业科学院、浙江大学等涉农院（校）合作，构建水果、粮油、蔬菜、畜牧、林业、渔业6个农科教结合、产学研一体的"1+1+N"农技推广联盟。联盟以科研项目、成果或技术入股到新型经营主体，并从中取得相关收益。农技人员可以通过加入联盟，开展规划编制、科技攻关、科技服务等活动，进行创新创业。为支持农技推广联盟发展，黄岩区将农技推广联盟运行经费列入区财政预算安排。

三、创新机制，明确农技人员创新创业利益分配

以农技推广联盟专家为技术成果持有人，实施技术成果的新型农业经营主体为入股对象，形成利益联结新机制。专家技术入股所得收益由农技推广联盟收取后进行分配，70%发放给联盟专家（技术入股实际参与专家），30%作为该技术入股联盟活动经费。鼓励农业科研人员、农技人员经所在单位同意，以领办创办现代农业经营主体、合作共同研发、技术成果转化应用、承接农业经营主体服务外包等不同技术入股形式开展增值服务。

四、设立基金，激励农技人员创新创业

黄岩区设立200万农技推广基金，按资助项目金额的10%～15%用于奖励服务主体、开展农业科技成果创新和实用技术试验示范推广的农技人员，表彰奖励年度农技推广服务工作作出突出贡献的单位和个人。按贡献大小进行奖金分配，激励农技人员"把论文写在大地上"。目前，全区已有19名农技人员参与16个农技推广项目。

积极探索先行先试，着力提升农技推广服务效能

——安徽省宿州市埇桥区公益性农技推广与经营性服务融合发展

2016 年，安徽省宿州市埇桥区先行试点公益性农技推广体系与经营性服务体系融合发展工作。一年来，埇桥区积极实践，在融合路径、内容和管理上进行了一些探索，取得了一些成果，积累了一定经验。

一、埇桥区试点基本情况

（一）探索"两个体系"融合路径

1. 创办社会化服务组织。 在大店镇政府积极支持下，区农委报请区政府同意，由大店农技站 3 名农技人员个人出资组建一个集试验示范、技术推广、生产经营、技术物化服务、信息提供等多要素于一体的法人实体（宿州市农旺现代农业服务有限公司），开展社会化服务。

2. 选派人员入驻经营性服务组织。 埇桥区农委在全区挑选 7 名优秀农技骨干，入驻埇桥区淮河农机专业合作社、化东农业公司、春雨农机合作社等 7 家经营性服务组织，为其提供全程技术指导、信息供给和培训服务。派驻期间，农技人员在经营性服务组织一年服务不少于 120 天，企业提供办公室，不拿企业报酬，按照双方商定的实施方案和服务协议开展工作。

3. 选派人员到企业挂职。 选派 3 名农技人员到苏宁集团、隆平高科宿州分公司、淮河种业公司挂职工作。他们按照服务协议工作，拿企业报酬，接受主管部门管理和考核。

（二）探索"两个体系"融合内容

1. 开展试验示范。 农旺现代农业服务公司流转土地 100 亩作为试验示范田，同时吸收引进种子、农药、肥料、农机等优质企业共同参与展示和研发集成技术，展示和推广秸秆还田技术、土壤深松、宽行宽幅播种、飞防等多项先进技术的应用。先后召开 4 次生产现场观摩会，组织村组干部、新型农业经营主体和广大群众现场观摩学习。

2. 开展全程化农技服务。 对产前、产中、产后统一进行技术指导，实现农机、农艺技术高度融合。农旺公司对该镇 17 个村的 1 700 亩绿色增效示范田开展全程化、菜单式技术指导服务，每亩节约种子 10 千克，肥料节本增效 10 元。特别是推广应用玉米贴茬直播和大豆免耕覆秸秸秆还田技术，实现了全镇 30 万亩土地零火点。

3. 为经营性组织提供全程服务。 一年来，参与融合的经营性服务组织的耕种管收社会化服务面积达 43 万亩，较融合前服务规模扩大 22％以上，经营收入增加 15％以上，同时服务田块亩节本增效 130 元以上；推广应用水肥一体化等新技术近 20 项，主推技术推

广应用 5 万余亩，小麦覆秸免耕直播玉米、大豆 30 万余亩；农技人员为经营性服务组织解决技术难题 1 270 件次，有效提升了经营性服务组织的技术水平和服务能力，助推经营性服务组织的发展。

（三）探索"两个体系"融合管理机制

1. 建立多部门的工作协调机制。 埇桥区成立了由区长任组长，分管区长任副组长，区政府办、农委、财政、国土等 17 个相关部门负责人，以及试点乡（镇）政府主要负责人为成员的试点工作领导小组。下设办公室，负责试点具体事项实施。同时，成立了技术专家组，制定了责权利统一的激励机制和"主管部门＋乡镇政府＋服务对象"三方共同参与评价的联动考核机制。

2. 整合多方涉农资源。 整合各项农业项目资源，从资金、项目、政策等方面支持两个体系融合的实施主体。该区在深耕深松、统防统治、农技推广等方面投入 1 300 多万用于扶持两个体系融合试点工作；对 10 余家服务组织优先安排项目、优先享受购机补贴政策。

3. 制定试点工作规范。 该区制定了"四立足、四坚持、四禁忌"的工作规范。四立足：立足农业增效、农民增收；立足农业技术成果转化应用；立足农产品质量提升；立足经营性服务组织提档升级。四坚持：坚持质量第一，不片面追求融合率；坚持社会效益、生态效益为主；坚持双向选择，自主自觉；坚持先行先试，逐步发展。四禁忌：禁忌单一性的门店个体式经营；禁忌单纯性的为企业产品或品牌代言；禁忌农业执法单位和人员参与试点；禁忌未经主管部门同意擅自行动。

二、主要成效

（一）探索了公益性服务与经营性服务的初步结合形式

通过创办、派驻、挂职等 3 种形式，让农技人员融入经营性服务组织，是对农技推广工作机制创新、农技推广模式创新、农技人员管理方式创新等方面进行的有益探索，并取得了初步成效，提供了一定的借鉴和参考。

（二）发挥了公益性服务与经营性服务的初步组合优势

一方面，农技推广人员工作主动性、积极性进一步增强，公益性农技推广服务的针对性、普惠性、示范性进一步提高，公益性农技推广服务体系的创新活力、内生动力进一步显现；另一方面，经营性服务组织规范化、专业化服务水平和能力明显增强，可以说是既在市场上获了"利"，又在群众中有了"名"。总的来说，实现了两个体系资源优势叠加，取得了较好的社会效益、生态效益和经济效益，"1＋1＞2"的融合效应初步显现。

（三）建立了公益性服务与经营性服务的初步融合机制

探索建立了试点工作运行机制、考核机制和激励机制。在公益性农技推广服务方面，进一步放大乡镇对推广机构和农技人员的年度考评、调整、晋级、晋升等管理权，对参与试点的农技推广机构和农技人员，在评先评优等方面予以倾斜；对经营性服务组织，通过帮扶，在确保规范运行的同时，也加大了对服务成效明显的组织在资金、项目、政策等方面支持力度。

虽然试点工作取得了一些成果，但也存在一些问题：一是试点的范围不广、领域不宽、形式不多。从调研情况来看，试点地区只在大店镇，试点范围不广，一些做法、经验仍待进一步检验和完善。二是市场化服务机制运行不充分。试点工作在运行管理、工作机制、激励机制等方面仍是按照行政管理方式，从长远看，无法适应市场化运行的需求。三是服务资源"供给侧"集成化程度低。试点参与方主要是农技推广部门，还不能满足现代农业发展需求。需要协调整合农业、林业、水利、气象等各类服务资源，提供服务资源的集成化"供给"。四是试点工作的配套政策支持不完善。由于体制和机制上的制约，各种老问题、新矛盾不断凸显，造成参与试点单位和相关人员顾虑重重。

三、下一步打算

1. 注重统筹"摸着石头过河"和"加强顶层设计"，增强推进试点工作的系统性、协调性和联动性。 针对试点中出现的问题，按照国家、安徽省有关改革文件要求，从顶层设计上出台实施意见，确保试点工作"摸到石头""走对路"，形成上下协调联动、体系融合互动、信息双向流动的工作格局。

2. 深入推动农技服务"五化"，增强推进试点工作的方向性、目的性和时代性。 两个体系融合涉及的领域、内容、群体等都非常广泛，今后将按照农技服务主体多元化、运行市场化、服务专业化、手段现代化和资源集成化的方向不断完善。

3. 围绕"强公益、活经营"，增强推进试点工作的普惠性、共享性和包容性。 注重发挥两个体系、两种资源的组合优势，形成整体合力。注重突出公益性推广服务这个"重点"，确保公益性农技推广的方向不偏、职能不减、行为不乱。

4. 积极营造良好的舆论环境，增强推进试点工作的认可度、支持度和参与度。 继续发扬敢为人先的创新精神，努力营造试错容错和纠错的舆论氛围，为试点主体松绑加力提供良好环境和实施条件。

"永春模式"助推芦柑产业复兴发展

——福建省永春县芦柑安全生产技术造福一方

近年来，福建省永春县以复兴发展永春芦柑产业为目标，以栽培技术和发展模式创新为抓手，以精干高效的农技推广队伍为依托，大力实施芦柑产业转型升级工程，创建全国、全省园艺作物标准园，总结出一套在全国推广的黄龙病疫区柑橘种植"永春模式"，有效遏制了柑橘黄龙病蔓延态势，加速了芦柑产业复兴发展步伐。全县柑橘种植面积12.46万亩，其中2016年新种1 200亩，年产量19.38万吨。永春县荣获"全国农业标准化（芦柑）示范县"称号，永春芦柑荣获"2016年全国名优果品区域公用品牌"，品牌价值29.98亿元，成为我国宽皮橘类的知名品牌和中国芦柑第一品牌。

一、创新良种繁推，推产业持续健康发展

（一）强化政产学研合作

抓住实施全国基层农技推广体系补助项目以及农业部、财政部在永春县设立国家现代柑橘产业技术体系芦柑综合试验站的契机，加强与国家现代柑橘产业技术产业体系、高等科研院校等单位合作，与华中农业大学签订关于研发芦柑黄龙病防控技术合作协议，积极研发柑橘黄龙病防控与栽培新技术、省力化栽培技术等，实施农业部竞争力提升科技行动"黄龙病疫区柑橘绿色安全生产"与泉州市燎原计划"永春芦柑黄龙病综合防控关键技术的研究与示范"项目。

（二）大力推广无病苗木

投资1 000多万元创建永春绿源柑橘苗木繁育场，严格按照农业部"柑橘无病毒苗木繁育规程"，培育提供无病、良种、健壮的柑橘苗木超过50万株。新建了福建省柑橘品种最齐全的柑橘种质资源储存库（品种70多个），建成了华东南规模最大、最规范的无病柑橘苗木繁育基地。指导帮助绿源、建林、华兴等芦柑专业合作社集中流转若干个感染柑橘黄龙病较严重的柑园，建成无病柑橘种植示范基地3 000多亩，为全县柑橘黄龙病危害后重新发展永春芦柑产业起到示范带动作用。

（三）健全安全生产标准体系

及时修订国家标准《地理标志产品永春芦柑》、地方标准《永春芦柑综合标准》、企业标准《芦柑（A级绿色食品）栽培技术规范》等相关标准，并将标准体系严格贯彻落实到芦柑生产全过程，取得显著成效。永春县获批"国家级出口柑橘质量安全示范区""全国绿色食品原料（柑橘）标准化生产基地县"，天马柑橘场、猛虎柑橘场通过GAP认证，"日绿"牌永春芦柑通过绿色食品标志认证，县柑橘同业公会"永春芦柑"通过无公害标志认证，47家永春芦柑种植基地（面积4.56万亩）、47家生产企业通过国家质检总局的注册备案。

二、创新技术模式，促产业技术转型升级

（一）建立完善配套技术

把握永春芦柑产业第二轮重新发展的有利时机，组织农技推广人员、专业合作社带头人、种植大户等，积极开展柑橘黄龙病疫区永春芦柑发展模式与创新栽培技术的研究，摸索出防护林隔离、无病大苗定植、动态更新病树、全园快速灭杀木虱、矮密早丰栽培等五措并举的"黄龙病疫区（山地）柑橘种植新技术"，柑橘黄龙病得到了有效控制。

（二）推广先进机械设施

认真落实农机补贴政策，深入开展科技进村入户活动，推广先进农机具和机械化技术，示范推广遥控恒压喷雾管道系统、芦柑果园电动遥控运输单轨道与无轨道运输系统、山地果园钢丝绳牵引货运机系统等省力化设施，有力提高芦柑产业的机械化水平。

（三）加快实用技术转化

立足永春县芦柑产业的特点，推广应用疏伐郁闭柑园、自然草生栽培、水肥一体化、测土配方施肥、简易喷雾系统、"四挂"（挂杀虫灯、性诱剂、粘虫板和捕食螨）综合防治病虫害等先进实用技术，增施有机肥，减少化肥、农药施用量，起到了既防止水土流失、改善柑园生态环境又降低生产成本的多重效果。

三、创新经营组织，增产业服务支撑功能

（一）突出龙头引领带动

制定出台《关于促进农民专业合作社建设与发展的意见》，引导资金充足的种植大户，组建柑橘专业合作社。目前全县已登记成立农民专业合作社736家，其中湖洋德昭柑橘专业合作社等28家被列入市级以上合作社示范社；全县家庭农场达到108家，其中省级示范场3家。完善以聚富果品有限公司等龙头企业为骨干，农民专业合作社及种植大户为基础的芦柑产业社会化经营服务体系；探索建立芦柑专业首席专家、岗位专家、农技员、农民技术员等4个层次的芦柑专业技术公共服务人员管理模式。

（二）培养技术推广人才

制定《永春县现代农业产业人才聚集高地建设实施意见》，积极培育现代柑橘产业基地、科技领军人才、经管管理人才、专业技术人才、新型职业柑农，培养懂技术、会管理、善经管的新型职业柑农5 000多人，提高芦柑从业人员的专业技能，为永春芦柑产业可持续发展提供强有力保障。张生才被评为永春县第六批优秀人才、永春县高层次人才。

（三）加强产业发展服务

农业部门出台《关于柑橘黄龙病危害后种植结构调整的意见》《关于建立"一师一项目、一员一大户"工作机制的通知》《关于建立创新农业服务机制的通知》等文件，免费为柑橘种植大户与企业提供技术指导与咨询等服务，开展柑橘生态栽培等技能培训50多场次，促进永春芦柑产业做大、做强、做优，为永春芦柑产业第二轮重新发展奠定了坚实的技术基础。

融合发展助力新型农业社会化服务体系建设

——江西省永新县促进公益性农技推广体系和经营性服务体系融合发展经验做法

永新县位于江西省的西部边境，地处罗霄山脉中段，全县耕地面积49万余亩，是一个典型的山区农业大县。近年来，永新县按照江西省农业厅提出的"强公益、活经营、促融合"的思路，把基层农技推广体系改革创新作为推进"三农"工作的重要抓手，充分发挥公益性推广网络完善和服务面广的优势，经营性服务灵活性强和市场敏感度高的特点，大力推动公益性农技推广体系和经营性服务组织融合发展，积极构建政府和市场高度契合的新型农业综合服务体系，取得了较好的效果。

一、融合路径多样化

随着农村土地确权登记颁证的完成，永新县农村土地逐渐流向新型农业经营主体，农业适度规模经营不断发展。据统计，2016年，永新县有种养大户近千户，农民合作社623个，家庭农场343家，市级以上龙头企业15家。为顺应现代农业发展需求，一些经营性服务组织顺势而为，采取多种形式促进公益性农技推广体系与经营性服务组织融合发展，充分享用公益性农技推广的技术网络，克服经营性服务主体技术单一的短板，为农业生产经营主体提供更宽范围的服务。

（一）结对服务

遴选经验丰富、技术水平高的优秀农技人员与经营性服务组织结成对子，为经营性服务组织提供技术指导、信息和培训服务，发挥生产经营参谋作用，提高经营性服务组织发展水平和服务能力。如文竹镇农业综合站畜牧技术人员文宜德结对服务的文竹镇夏岭村养鸡专业合作社，为周边乡镇近40户养鸡专业户提供提供饲兽药、鸡苗及周边市县价格信息，指导养鸡专业户采用温室育雏，使幼雏的成活率以及肉鸡出笼率显著提升。

（二）合署办公

公益性农技推广机构遴选部分讲诚信、实力强、服务优的经营性服务组织与之合署办公，共同为广大农民提供技术服务。如永新县里田农业综合站通过与永新县利群、为民蚕桑专业联合社进行合署办公，为双江村、江南村等村360余户农民提供小蚕共育技术服务，每户蚕农比往年多饲养3摊小蚕，平均每户多创收3 000元。

（三）共建基地

永新县在中乡农业综合站充分发挥新世纪现代农业发展有限公司蔬菜产业基地设施先进、技术力量雄厚的优势，与该公司共建技术培训基地。通过基地教学，共同开展大棚香瓜、西瓜种植新技术培训 5 000 余人次，在为公司培育技术工人的同时，还帮助 182 户农户学习和掌握种植新技术，其中包括贫困户 28 户。

（四）共建平台

永新县依托手机终端、移动互联网等，建立公益性农技推广体系与经营性服务组织互联互通的信息服务平台，为各类农业生产经营主体提供生资、技术、农产品加工、仓储、销售、金融等全程化服务，实现信息互享、服务互补、合作共赢。江西贝加尔河农业产业发展有限公司在农业部门的引导下建立"农特微商"的销售模式，依托平台开始对接本地的水果种植户，打造了柚子系列的"井冈蜜柚—金兰柚"、翠冠梨系列的"翠冠公主"、红心猕猴桃系列的"红心宝贝"等品牌。2016 年单井冈蜜柚发货量达到 11 339 件，共计 45 吨，企业不仅将自己的蜜柚卖出去了、卖个好价格，也将其他贫困户种植的井冈蜜柚销往全国各地。贝加尔河农业发展公司共吸纳当地贫困户 78 户参与企业经营当中，引领贫困户发展农业生产，预计每年将为每户贫困增收约 1 200 元。充分利用"互联网＋农业"的资源平台，紧紧抱团发展，为全县农业特色产业发展创新模式和渠道。

二、服务流程模式化

农业技术推广服务采取"红黄绿"颜色落地的可视化推广模式。用红、黄、绿 3 种小旗分别标识农技推广、农技示范、农技试验等环节，并在每块小旗下面悬挂一张小卡片，卡片上写清楚试验、示范、推广的新品种、新技术等内容要点，便于广大农户容易找到试验田、示范田，了解新品种，学习新技术，看到推广成效。

三、目标考核定量化

永新县对公益性农技推广体系与经营性服务组织融合发展实行定量考核，明确和量化融合过程中具体技术服务内容、服务农户数、服务规模、服务区域范围、服务对象满意度等目标任务。由县农业主管部门、乡镇政府、服务对象三方共同评价融合试点绩效，从经营性服务组织服务的种植面积（或养殖规模）、服务农户数量、技术难度（技术瓶颈）及推广价值、效益提升幅度来评价经营性服务组织；从乡镇农业综合站农技人员承担的工作量、与经营性服务组织之间的协调与配合、工作积极性等情况来评价农技人员工作绩效。

四、激励机制导向化

永新县强化对公益性农技推广体系与经营性服务组织融合发展的激励导向，通过奖金发放、工作经费倾斜、荣誉奖励、职称晋升等激励基层公益性农技推广机构和农技人员参与农技推广融合发展的积极性。通过资金补贴、金融支持、项目扶持、技术支持等方式，撬动合作社、龙头企业等新型农业经营主体参与多层次的农业生产服务，扶持壮大一批服务能力强、市场应对水平高、管理规范的经营性服务组织，拓展了基层农技推广体系的服务宽度。

通过推动公益性农技推广体系和经营性服务组织融合发展，解决了基层农技推广体系推广的技术农民不看好、农民需要的技术和服务难以有效提供的难题，做到农技推广与产业发展"两条腿"协同迈进，撬动了合作社、龙头企业等新型农业经营主体参与多层次的农业生产技术服务，扶持壮大一批服务能力强、市场应对水平高、管理规范的经营性服务组织，延伸了基层农技推广体系的服务宽度，新型农业综合服务体系得到较快发展。据统计，全县经营规模较大的经营性服务主体增加到60余家，其中开展农机服务的达28家，服务机插服务面积0.3万亩，机耕服务面积50余万亩，机收服务面积48万亩，机烘稻谷10万余吨；开展植保服务的达11家，开展机防服务面积20万亩；开展农技服务的达20余家，接受新品种新技术推广、生产托管等服务的农户达3万余户。

以"星级创建"工作带动服务能力提升

——江西省铅山县星级服务创建工作的典型经验

江西省铅山县以科学发展观为指导，全面贯彻落实党的"十八大"精神和《中华人民共和国农业技术推广法》，以国家加强基层农技推广体系建设、队伍建设、机制建设和条件建设为契机，以提升基层农技推广机构形象和人员服务能力为重点，推进农技推广星级服务创建工作，通过规范乡镇站管理，提升基层农技推广服务能力，为农民增收和全县现代农业健康快速发展提供了有力保障。现将主要做法总结如下。

一、主要做法

（一）广泛动员，加强宣传，完善服务

铅山县农业局多次召开了局领导班子会和中层干部及乡镇综合站相关人员会议，传达部署乡镇农技推广综合站星级服务创建工作。同时，充分利用电视、网络、报纸等媒介，大力宣传星级服务创建工作的典型经验和成果。铅山县采取"多方筹措、资金打捆、分步实施、整体推进"的办法，按照统一规划、统一设计、统一标准、统一外观、统一标志的要求先后完成全县 18 个乡镇（服务中心）中的 16 个乡镇站房建设，并配置了办公、培训及化验检测设备，按照"四有五化"的要求，实现了基层农技推广体系条件建设全覆盖。

（二）健全工作制度并督查落实

加强乡镇农技推广机构的内部管理，建立健全学习制度、工作责任制度、责任追究制、廉政制度、财务管理制度、三方考评制度、结对服务制度、服务承诺制、首问负责制、工作责任追究制等十项工作制度。铅山县农业局督查室根据各项制度要求每年不定期地对全县各乡镇农业技术推广综合服务站工作进行跟踪督查，督查采取听汇报、查资料、上户核查、电话联系服务对象等形式，督查结果作为年终考评乡镇农业技术推广综合服务站、农技员的依据之一。

（三）制定星级评定标准

星级乡镇农技推广综合服务站评定标准包括自身建设、农技服务、农技推广、业务工作、体系建设、动物防疫检疫和综合考评七个大项，每个大项再分若干小项，并且设置基础分值进行评定。成立评审委员会，负责乡镇农技推广综合服务站的星级评定，聘请综合服务站所在乡镇领导和服务对象为特邀评审嘉宾，共同参与评审。星级评定分为 5 个等级，按评定分值，96 分以上为五星级站，90～95 分为四星级站，89～94 分为三星级站，80～88 分为二星级站，70～79 为一星级站。评审前由乡镇农技推广综合服务站进行自评、评委会考核提出星级评定意见、局领导班子会研究确定。星级综合服务站实行动态管理，每两年考核一次，依据考核情况，确定是否晋级、保留、降级或撤销。

二、工作成效

通过开展星级服务创建工作取得了以下成效：一是延伸了服务链条、拓宽服务渠道、创新服务形式，提升服务水平，强化服务手段，增强了农民素质，促进农业增产增效；二是加强了农技推广队伍的能力建设，营造"比学赶超"的浓厚氛围，全面提高农技人员的综合素质。同时提升广大农技人员的"精、气、神"，激发他们的工作积极性，让其以饱满的热情投入工作之中；三是依托"基层农技推广体系改革与建设项目"和"基层农技推广机构星级服务创建"，实现了基层农技站现代物质技术装备和服务能力双发展，目前，全县绝大多数乡镇农技推广站是当地公共部门中硬件最强、服务最好的部门，极大提升了农业部门的形象；四是通过"基层农技推广机构星级服务创建"，进一步拓宽了服务渠道，创新了服务模式，优化了服务质量，实现了与农户、农业企业、农民专业合作社、科技示范户的零距离服务，使服务对象满意率达到100%；五是乡镇农技推广站围绕"一村一品""一乡一业"开展农技推广工作，结合本地实际，协助乡镇政府科学制定农业产业发展规划，为乡镇党委、政府当好参谋助手，在促进当地农村经济的快速发展中发挥了积极的作用，深受乡镇政府欢迎，每年农技人员测评，乡镇领导的满意率均达100%；六是通过开展"基层农技推广机构星级服务创建"工作，进一步强化了基层农技人员的责任意识，做到"年初有目标、年中有督查、年末有考核"，促使农技人员齐心协力完成各项工作任务，从而促进全局工作目标的完成；七是带有奖罚措施的"铅山县乡镇农技推广综合站星级评定方案"大大激发了农技人员的积极性。同时，县农业部门支持鼓励农技人员参加学历教育，促进知识更新，从而提高了服务水平和综合素质，实现了单位和个人共成长的良好局面。

政府支持　市场运作　整县制推进病虫害统防统治

——山东省济南市商河县推进小麦病虫害
专业化统防统治做法经验

近年来，山东省将加快推进农业病虫害专业化统防统治作为贯彻落实"预防为主、综合防治"植保方针和践行"公共植保、绿色植保、科学植保"理念的重大举措，作为实现"保障粮食生产安全、农产品质量安全和农业生态安全"三大目标的重要抓手。2016年，济南市商河县按照"政府支持、市场运作、分类实施、专业服务、规模推进"原则，成功实施了小麦病虫害整建制统防统治工作，在全国范围内首次实现了统防统治整县推进、全域覆盖，有力推动了统防统治工作的开展。

一、工作背景

山东省专业化统防统治经过多年发展，基础良好，后劲十足。一是专业化统防统治服务组织持续扩大，管理不断规范。目前全省规范性植保专业化服务组织达到3 198个。二是植保机械装备水平显著提高。目前全省专业化服务组织拥有大中型施药机械15 655台，日作业能力达到406.52万亩。三是专业化统防统治服务规模不断扩大。2016年全省统防统治面积达到7 900多万亩次。但发展过程中也面临新的挑战，一是市场培育力度不够，农民参与积极性存在差异，造成不能成方连片整建制的开展统防统治，影响作业效率和防治效果。二是农机农艺不配套，尤其是在作物生长后期，大型地面植保机械难以进地作业，影响了病虫害的防治。商河县为破解这些问题，在整县制开展统防统治方面做了大胆探索和积极推进。

二、主要做法

（一）着力抓好组织发动

济南市农业局和商河县政府分别成立了以分管领导为组长的领导小组，负责现场督导和县域协调；县农业局成立技术指导小组，全力抓好创建工作，盯紧跟上技术服务。各级加大宣传力度，创造良好舆论氛围。

（二）着力抓好要素供给

将政府作用与市场机制有机结合，加大资源调配和要素供给力度。推行政府购买社会服务，发挥社会化服务组织的主导作用。政府共整合财政项目资金1 070万元，实现"一个池子蓄水，一个出口放水"。公开招标择优确定7家服务组织承担统防统治任务。

（三）着力抓好技术支持

建立事前会商决策机制，邀请专家进行多方论证，制定实施方案、技术方案、作业质量控制办法，防效评价验收办法等，科学划定 4 个飞机防治区及地面组织防治区。

（四）着力抓好质量控制

成立了 4 个工作协调及技术指导小组，分片进行全程跟踪监测，对防治覆盖度及药液喷洒密度进行实时监测，对不符合要求的及时进行整改或补喷。

（五）着力抓好生态保护

始终以绿色生态为导向，注重防治区域科学布局，注重高新技术集成，注重高效农药施用，注重废弃物回收处理，促进农业生态环保建设，促进高效生态农业建设。标记水源、鱼塘、虾池、养蜂点、养蚕点等敏感区域，科学划定飞防隔离区。杜绝高毒农药使用，调高农药利用率，减低农药使用量。

三、取得的成效

（一）科学划分作业区域，提高作业效率

对全县 84.5 万亩小麦划分 4 个飞防区，3 个地面防治区，经过 8 天努力完成防治任务，小麦病害防治效果达到 86.3%，虫害防治效果达到 91.2%，农药使用量减少 20%以上，有效地保障了小麦的产量、质量和生态环境安全。

（二）强化统防统治宣传教育，提高农民参与积极性

共发放技术明白纸 15 万份，飞防通告 1 000 余份，举办培训班 20 余次，将统防统治政策要义、技术要领和防治要点宣传到全县每个农户，最大程度上争取农民的支持、参与和配合。通过工作开展，提高了各级工作能力，为今后统防统治顺利推进打下了良好的群众基础。

（三）实现了经济、生态、社会效益的有机统一

与传统的农民自防相比，每亩平均可挽回粮食损失 50 千克左右；由于用药科学、用工集约、作业高效，每亩成本仅为 12.5 元。在统防统治过程中，绿色防控技术应用率、环境友好型农药覆盖率、农药包装物统一回收率均达到了 100%，生态农业的特色鲜明。

村村有了农技员　户户搭上致富车

——湖北省宜都市选聘"村级农技推广员"成效突出

近年来，按照农业部和湖北省农业厅关于加强农技推广工作的各项决策部署，宜都市率先在全省聘任村级农技推广员，健全市、乡、村、组四级农技推广体系，实现良种良法直接到田、实用技术直接到户、关键要领直接到人，增加了农民收入，推动了当地农业农村发展。

一、培养村级农技员，优化服务供给侧

（一）优化人才培养环境

一是健全组织机构。先后下发《关于加强农村乡土人才工作的意见》等5个规范性文件，编制中长期人才工作规划，成立农村实用人才培养工作领导小组，定期召开联席办公会、座谈会，听取工作汇报、解决实际问题，研究推进措施。

二是保障工作经费。全市设立"村级农技推广员"专项补助资金72万元，实行专账管理。每名"村级农技推广员"一次补助最高标准为5 000元，每年1 500元/人的标准对"村级农技推广员"进行专项培训。对创建农业"三园"达标的，每村奖励5万元。对参与农业品牌建设、示范专业合作社、示范家庭农场和农产品销售成绩突出的，分别按5万～30万元的标准予以奖励。

三是严格选聘程序。全市严格对照《宜都市"村级农技推广员"考核管理办法》，完成"村级农技推广员"的初选、上报、审核、评审工作。根据业务情况、工作表现、学历年龄要求，并针对任职资格进行严格评审，由市政府发文予以确定。

四是建立三项制度。建立各级领导联系农村实用人才工作制度、综合考评制度与政策激励制度，加强与实用人才的对口联系，年均开展走访慰问活动四次以上，广泛征求意见，帮助排忧解难，开展考核测评，落实奖励政策，为农村实用人才的培育和成长营造了良好环境。

（二）整体提升人才素质

一是加快推进"科技入户"工程。全市共选聘"村级农技推广员"121人，培育科技示范户1 180户。同时建立了农村能源服务网点50处，柑橘、茶叶等专业技术服务队80支。在每个村固定派遣1名农技指导员，兼顾覆盖村民小组，每人联系10个科技示范户，辐射周边20个农户。全市农业实用技术到户到田率达到95％。

二是开展"新型农民科技培育"。全市将"村级农技推广员"纳入新型职业农民培育、农业实用技术培训范畴，每年组织1～2次相关专业技术培训。按照"一村一品"的发展思路，围绕主导产业开办村级培训班80多个，累计培训"村级农技推广员"及其他农村

实用人才 1 000 多场次 3 万多人。

三是拓展"自主学习"服务渠道。整合现有资源，形成农村实用人才教育培训合力。通过"农技 110"、12316 热线、农技宝、手机导航种地系统等平台的影响力，使"村级农技推广员"养成良好的自主学习习惯。每年发送农业科技短信息 150 万条次，编发《宜都农业》24 期 24 万份，受理涉农投诉 170 余件，接受农业技术咨询 2 000 余人次。

（三）保障人才选聘质量

一是打造培训阵地。以宜都市农民科技教育培训中心被省委组织部确定为全省农村实用人才培养示范基地为契机，进行软硬件全面升级。投资 100 多万元新建教室 560 平方米，新增教学及实习设备 80 台套，开通农业远程教育网，图书室、学员宿舍等培训用房面积达到 5 000 多平方米，共配备专兼职教师 148 名。近年来，农民科技教育培训中心共培育新型职业农民学员 2 998 人，发证人数 1 638 人，为全市打造了一支现代农业领军人才队伍。

二是完善考核机制。按照"市聘、乡管、村用"的原则，加强对"村级农技推广员"的考核管理工作。采取日常考核与年度考核相结合，主管部门与服务对象评议相结合的办法，完善了"村级农技推广员"考核评议机制，依照考核结果决定"去""留"，确保人才选聘质量。通过实施严格的年度考核，四年来共淘汰 12 名服务效果差强人意的"村级农技推广员"。当然也有像红花套镇渔洋溪村的刘启林等 94 名"村级农技推广员"因为工作扎实、服务效果明显而被连续四年聘任，充分体现了"村级农技推广员"考核管理工作的公开、公平、公正。

三是加强科技示范。每名"村级农技推广员"服务本村的主导产业农户 30 户以上，全年服务指导次数 10 次以上，办好 10 亩以上的示范样板田。通过对"村级农技推广员"的指导服务情况、示范辐射情况进行量化评估，实现了有效管理，拓宽了农业实用科技的辐射面。姚家店镇张家冲村椪柑和温州蜜柑近年来产量低、品质差、效益不理想，"村级农技推广员"程小荣号召村民积极进行调改，换种爱媛 38 号、纽荷尔脐橙等优质品种，以优质大苗进行置换 30 亩，目前柑橘长势喜人，有望实现丰产。

二、创新创业走在前，助农增收效果显著

（一）产业提质增效

全市农业发展方式发生明显转变。特色主导产业在农业总产值的份额逐步增加。2016 年柑橘、茶叶产值合计 24.6 亿元，全市举办了"橘子红了富乡亲""在希望的田野上—斗茶活动"，广泛地推介了柑橘、茶叶两大主导产业。全市农业科技贡献率年达到 78％。

（二）农民创业兴起

近年来，"村级农技推广员"在产业发挥了领军作用，带动了周边农民共同创业致富。据统计，目前全市农村实用人才参与农业创业年产值 50 万元以上业主 430 余人，创办农业加工企业 54 个。全市登记注册农村实用人才领办的农民专业合作经济组织 627 家，吸纳 5 000 名农村种养能手，网络农户 8 万户。高坝洲镇陈家岗村的"村级农技推广员"吴辉青积极创办了辉青柑橘专业合作社，由于专业扎实，嫁接技术过硬，他带领 20 多个合

作社社员，远赴枝江、荆门等地嫁接，3 年多，社员人均增收 5 万元。

（三）增收效果明显

全市农业农村经济得到了快速发展，宜都市先后荣获了中国柑橘之乡、全国产茶重点县、全国茶叶加工转型示范县、全国农产品加工示范基地等多项荣誉。2017 年，农村常住居民人均可支配收入达到 17 789 元。

三、不忘初心担重任，继续前进谋发展

通过选聘村级"乡土农技推广员"，推进了全市农村实用人才队伍的蓬勃发展，为宜都市农村经济增长、农民收入倍增提供了源源不断的动力。2014 年 11 月 12 日，湖北省农业厅在宜都市召开了全省农业科教工作现场会，总结推广宜都市健全农技推广体系、加强村级"乡土农技推广员"培育的先进经验。2014 年 12 月 13 日，《农民日报》头版头条以"湖北省宜都市：农业科技的富民强市之路"为题，对宜都模式进行了深入报道。

下一步，宜都市将进一步做好村级"乡土农技推广员"选拔聘任工作，培育和造就一支规模宏大、结构合理的农村实用人才队伍，为推动宜都新农村建设和农业经济持续健康发展做出新的贡献。

创新合作组织　创办特色产业

——湖北省随县以合作社带动马铃薯产业发展

　　随县位于祖国南北气候过渡带，是传说中华夏始祖炎帝神农的诞生地，有着悠久的农耕历史和深厚的文化底蕴。该县冬春季低温时间偏短、光照充足、雨量偏少、无霜期长，有利于马铃薯早春生产。加之丘陵岗地大小河流众多，沿河两岸土地肥沃，土质沙壤可耕作性强，生产的马铃薯商品性极佳，深受市场欢迎。为做大做强马铃薯产业，随县农技推广部门进行了不断探索。

一、创新合作经济组织

　　为更好地服务于马铃薯产业，随县首先成立了随州市汉东玥马铃薯专业合作社，下设随县马铃薯专业技术协会、随州市汉东玥农业科技公司，并创办马铃薯科普惠农服务站、随县农业科技示范园、随州市马铃薯保鲜贮藏加工厂等机构，开展马铃薯生产技术指导、机械服务、脱毒薯种、专用肥料等生产资料的供应，以及产品包装、销售、保鲜贮藏、加工等工作。合作社从无到有，人员队伍不断发展壮大，服务范围越来越广。目前，合作社占地面积 33 600 平方米、建筑面积 6 880 平方米，购置机械设备 2 110 余台套，拥有固定资产 966 万元；辐射带动全镇 5 000 多户薯农，服务全县百万农民；同时成立了党支部，创建并发展了"支部＋合作社＋生产标准"的党建工作模式，有效地把党支部的政治优势与合作社的技术优势有机结合起来，形成了"支部引领、协会服务、党员带动、能人运作、产业支撑、群众致富"的良好格局，取得了引领农业产业化发展，促进农民增收增效的社会经济效益。几年来，合作社先后获得了"随州市星级农民专业合作社""中国优秀农民专业合作社""全国农民专业合作社示范社""全国科普惠农兴村先进单位""全省农业技术推广先进单位""全市先进基层党组织"等荣誉称号。

二、创新生产技术

　　为进一步提高马铃薯单产水平，该县围绕马铃薯的"栽培方式、品种筛选、肥料配方、化学调控、病虫防治"等方面，开展了 10 余项 40 余次试验工作，成功总结并推广了"深沟、高垄、全覆膜"综合配套高产高效栽培技术，能防寒、节水、增温、防渍、早熟，显著增产效果，解决了鄂北丘陵平原地区春马铃薯种植"冬季低温干旱、春季阴雨渍害"的关键技术问题，促进了马铃薯由山区向丘陵平原地区延伸，扩大了湖北省春马铃薯种植区域。这项技术获得随州市科技进步一等奖，同时被中央农业广播电视学校制作成科教片，在全国南方春马铃薯生产区全面推广。该技术还一度获得湖北省科技成果认证，并被省政府颁布为湖北省早熟马铃薯生产地方标准。

三、创办特色产业

随县的马铃薯生产在 20 世纪末由 100 亩地不断发展壮大而来，产业发展初期，农技推广部门自筹资金从东北调回 2 万千克土豆种，选择鲁城村三组作示范种植，从种到收，由农技人员手把手教农民整地、切块、播种、盖膜以及病虫害防治等，第二年马铃薯丰收上市，创造了亩纯收入 1 500 元的好成绩，农民尝到了甜头，看到了希望，马铃薯产业迅速发展壮大。为把马铃薯产业做大做强，该县农技推广部门联合协会，全方位开展技术培训、依靠合作社组织农民开展标准化生产、依靠公司发展订单生产，团结大家，搞好产前、产中、产后一条龙服务，走"公司＋基地＋农户"的生产模式。先后成功申报无公害产地证书，获得农业部无公害产品认证，该县的汉东玥牌马铃薯也被评为"湖北省名牌产品"，创办的基地被农业部确定为国家级"马铃薯高产创建核心示范区"，被省政府确定为全省"特色农业板块建设示范基地"，农业部在此七次成功召开了全国马铃薯现场会。多年来，农业部、省农业厅组织马铃薯专家，对合作社基地进行了测产验收，单产水平不断提高，最高单产达到 4 451.9 千克，连续多次刷新全省马铃薯规模生产单产新纪录。2012年央视新闻频道来到合作社基地进行了现场直播，使随州马铃薯闻名海内外。

四、创新服务模式

在技术推广上，合作社建立了拥有 30 多个技术人员的科普惠农服务站，每名技术人员负责 10 个科技示范户，一个科技示范户带动 20 个辐射户，每年对每个科技示范户补贴300～500 元的科技物资，建立一块高标准示范田，引导农民科学种植，做到村村湾湾有科技带头人、户户有明白人，形成一张自上而下的科技示范网络，有力推进了"深沟高垄全覆膜"技术的普及推广工作。在标准化生产上，合作社实行统一规划布局、统一栽培技术、统一投入品配送、统一产品标准、统一销售秩序。在产品销售上，建立了一支近 300人的销售队伍，在全国各地建立了固定的销售网络，同时组织外地经销商来基地收购。在产品包装上，根据客户要求生产出不同类型、不同重量的包装品，并注册了"汉东玥"商标。在产品加工上，合作社创办了自己的加工厂，专门收购生产中的青皮、虫蛀、破损等劣质商品薯进行深加工，生产出淀粉、粉丝、粉皮等产品，从而更进一步提高社员的经济效益。在产品贮藏上，合作社建立了一批保鲜贮藏库，秋冬季主要用于种薯贮藏，夏季出租给社员进行产品保鲜贮藏，由社员自己决定贮藏数量、贮藏时间、销售价格。合作社专人管理，只收取相关成本费用，让社员获得更大生产利润。

合作社充分利用国家的农业产业化政策，不断加快当地农业产业化进程，全面推动产业结构的调整，大力发展特色产业，从而达到农业增效、社员增收，促进地方经济的多重发展。当地农技推广部门表示，在各级领导的正确指导和大力支持下，在这块充满生机的土地积极探索新形势下特色产业合作经济组织运行机制和管理模式，促进湖北省合作社向规模化、规范化方向发展，为农业和农村的经济发展探索新的路子，创造新的辉煌！

让农业科技之光闪耀在富饶的荆楚大地

——湖北省农业科学院科技成果转化与科技创新典型经验

把创新成果变成实实在在的产业活动，是每个科技工作者面临的难题。湖北省农业科学院以农业部种业人才培养和种业科技成果权益改革试点为契机，贯彻落实国家科技创新大会精神，立足产业搞创新、放活政策促转化，强化科技同经济对接、创新成果同产业对接、创新项目同现实生产力对接、研发人员创新劳动同其收益对接，将论文普写在荆楚大地上，让成果飞入千万百姓家，促进知识向价值转化，实现科技成果转化和科技创新双赢。

一、创新机制，注入活力

在全社会尊重知识、尊重人才，大抓特抓科技成果转化的大背景下，湖北省及武汉市先后出台促进科技成果转化的"科技十条"和"黄金十条"，最大限度的利用相关激励政策，始终将科技成果转化与科技创新一道作为实现科技支撑作用两个重要支点，二者相互促进，取得了较好的成效。同时，结合自身实际出台了《进一步加强与企业协同创新管理办法》《关于进一步促进科技成果转移转化的实施意见》和《种业科研成果权属确定实施细则》等系列激励政策，对科技成果所有权的确认、收益分配、转化方式以及科技人员持股、兼职兼薪等敏感问题做了明确规定，消除了广大科研人员在科技成果转化政策层面的种种顾虑，为科技成果快速转化提供了有力的制度保障。

二、政策落地，确保受益

为确保国家、省各级政策落地开花，在政策上提高个人的成果权益分配比例，让利于科研团队和成果完成人。本院粮食作物研究所将个人、团队和单位在成果收益中的分配比例由 3∶2∶5 调整为 5∶2∶3，成果完成人和团队收益占比大幅提升，达到 70%。团队的成果转化收益还可以进行二次分配，用作发放团队成员的奖励性绩效和人才激励。

三、科学评价，激发热情

将科技成果转化工作与科技创新工作一起，同部署，同考核。将成果转化工作纳入岗位绩效考核目标，同科技创新工作一起进行考评，根据完成情况可获得相应的奖励性绩效，在成果转化工作中做出重大成绩的科技人员在年终职工考核中可以直接定为优秀等次；在岗位绩效考核评分中，成果转化获得的横向经费权重高于来自国家、部省等纵向经费的权重。结合湖北省农业科技"五个一"行动，要求每个科研团队至少联系一家新型经营主体（企业、合作社、家庭农场）开展技术示范推广和成果转化工作。为了使科技成果符合产业需求，提高成果转化率，要求科技人员转变思维方式，从产业需求中凝练科学命题开展科技创新。根据湖北省当前水稻产业发展状况，本院粮食作物研究所组织专班科研人员进行专题研讨，凝练出了"稻虾复合种养关键技术研究与示范"、"优质高效专用水稻种质创新与良种培育"等重大命题，组织创新团队进行协作攻关。用考核方式倒逼科技人员转变观念，科技创新必须面向产业、面向市场、面向社会。全体科技人员创新激情空前高涨，成果转化收入大幅提升。

四、积极探索，创新模式

过去湖北省农业科学院以成果拍卖和协议转让作为成果转化的主要方式，新形势下本院粮食作物研究所又积极探索开展商业化合作育种、技术服务和技术总承包等新模式。一是商业化合作育种模式。如粮食作物研究所与中垦锦绣华农武汉科技有限公司自 2013 年起开展商业化合作育种。公司给团队提供科研经费，团队根据公司的育种目标为公司培育水稻品种，品种权由双方按协议比例共享。合作培育的品种由公司开发，团队根据协议收益比例从品种的开发收入中获取收益。5 年为公司培育 2 个杂交水稻新品种，公司为团队提供科研经费 180 万元。二是科技有偿服务模式。如 2016 年湖北省农业科学院与湖北楚垣集团签订技术服务协议，为楚垣集团粮食作物生产、特色水果种植、生猪健康养殖提供全程科技服务和技术咨询，全面提升了楚垣集团粮食、特色水果和生猪的产量、品质，为集团带来了可观的经济效益，技术服务费 100 万元已全额到账。三是技术服务总承包模式。如 2017 年潜江市政府与湖北省农业科学院签订技术总承包协议，协议金额 300 万元。根据协议，本院 4 年内为潜江"虾-稻复合种养"提供从水稻品种到种养技术的全程技术服务，并研发出国标二级以上，外观好、口感好的"潜江虾稻"系列专用品种 2 个，形成虾稻共作基地水稻品种优质化、生产技术标准化、稻米销售品牌化、资源利用循环化、农业功能多样化的现代农业产业格局。这些新型合作模式，企业获得了最新科技成果，科研机构找到了科研方向，并得到项目资助，科研人员得到了应有的报酬，实现了企业、单位和个人多赢。

为了贯彻落实党的十九大精神，满足人民日益增长的美好生活需要，湖北省农业科学院已与 300 多家农业企业开展了深度合作，开展种业科技创新、成果转化和技术服务，为湖北省乡村振兴和现代农业建设提供强有力的科技支撑。

依托地域优势　促进富农增收
——湖南省南县大力发展稻虾生态种养模式

湖南省南县地处湘北边陲，洞庭湖区腹地，土地总面积 1 065 平方千米，耕地面积 87.6 万亩；总人口 68.7 万，其中农业人口 54.7 万，属于典型的农业大县。全县水稻、油菜、蔬菜、小龙虾、生猪、淡水鱼等主要农产品产量位居湖南省前列，享有"洞庭鱼米之乡"的美誉。2011 年、2013 年和 2014 年被评为"全国粮食生产先进单位"。近年来，该县依据县域湖乡优势条件，创新推广稻虾生态种养高产高效模式，积极探索产业"接二连三"，稻虾产业发展取得了较好成效。2016 年，全县发展稻虾生态种养面积 24 万亩，全年稻虾产值达到 13.8 亿元，养虾稻田亩平纯收 3 500 元以上，带动发展二、三产业产值 17 亿元，综合产值规模突破 30 亿元。稻虾产业已成为南县农村经济发展中最具活力、最为成功的富农增收特色产业。主要采取七个发展举措：

一、坚持政府引导，强化政策扶持

南县县委、县政府高度重视稻虾产业发展，成立了由县委书记、县长为顾问，县委副书记为组长的南县稻虾产业发展工作领导小组，并初步拟定了《南县稻虾产业发展规划》，明确了"一带三园三区"产业发展定位，出台了扶持政策。一是安排奖补扶持。稻虾种养规模超 50 亩的种养大户或经营主体，每亩一次性奖补 200 元，支持基础设施建设或虾苗购买，对流转土地集中连片面积达 300 亩以上从事稻虾种养的经营大户，每年按 30 元/亩的标准给予奖励；二是开展小龙虾养殖保险试点。南县是全省首个小龙虾养殖保险试点县，政府承担 50% 的保费，稻虾种养投保面积已达 10 万亩。三是统筹扶贫贴息资金对发展稻虾产业主体实行贷款贴息支持，县财政按每亩 1 000 元贷款额度安排 50% 的贴息支持。

二、推进土地流转，加快基地建设

积极推进落实《南县农村土地经营权流转奖励办法》，引导农民以土地承包经营权入股稻虾种养合作社，推进土地有序流转。截至目前，全县养虾稻田流转面积达 17.4 万亩，占该县稻虾种养面积的 72.5%。通过整合涉农项目资金，并统一按照"路相连、渠相通、旱能灌、涝能排"的建设标准，对流转土地进行水、土、路、电及相关设施设备进行综合配套建设。2016 年，全县已整合涉农资金集中投入 3 000 多万元，建设了一批万亩稻虾种养示范基地和千亩小龙虾种苗繁育基地，现已初具规模。

三、聚焦主体培育，激发经营活力

按照"政府引导、民间组织、市场运作"的发展思路，以项目扶持为抓手，切实加大了对稻虾种养新型经营主体的培育力度。截至目前，全县共发展以小龙虾加工为主的国家产业化龙头企业 1 家，小龙虾养殖企业 7 家，小龙虾养殖专业合作社 32 家；全县稻虾综合种养户达到 25 100 余户，其中加入合作社的种养户有 22 100 多户，占种养户总数的 88％，200 亩以上的种养大户达到 58 户，1 000 亩以上的 5 户。

四、突出龙头带动，引领产业开发

经过多年的探索实践和创新发展，南县小龙虾产业"种养加、农工贸"一体化，一、二、三产业融合发展的大格局逐步成形。2015 年 10 月，顺祥食品公司被授予"全国小龙虾养殖加工研发中心"称号，年加工能力达到 5 万吨，小龙虾产品远销欧美、日、韩等 30 多个国家和地区，年出口创汇 3 000 多万美元。2016 年 4 月南县泽水居农业发展公司挂牌成立，目前已发展养殖基地 5 000 多亩。同时，以溢香园、金之香为主的大米加工龙头企业正着力加大对虾稻米品牌打造与推广力度。在龙头企业的推动下，优质小龙虾及虾稻米产业链条进一步延伸，预计今年小龙虾加工 1.5 万吨、优质虾稻米加工 10 万吨，实现加工产值 10.8 亿元。顺祥食品、金之香米业等龙头企业已成为引领稻虾产业发展和带动农民增收致富的典范。

五、强化市场拓展，助推产业发展

坚持以市场为导向，以效益为中心，通过政府引导，强化营销宣传，鼓励行业协会及经营主体拓展销售渠道，助推产业发展。2016 年来，苗种和成虾需求者络绎不绝，4～6 月，南县及周边地区通过南县龙虾市场日均发往上海、武汉、长沙、广州等地小龙虾数量达 200 吨以上。随着稻虾生态种养面积的进一步扩展，南县优质虾稻米产品知名度和市场需求量不断提升。同时，积极引导润丰供销电子商务、顺祥食品、金之香米业为主的龙头企业积极开拓网络市场，在电商平台开通专柜销售，预计 2017 年南县小龙虾电子商务平台销售额达到 3 000 多万元，优质大米销售额 1 000 多万元。

六、倾力打造品牌，提升产业内涵

强力推进稻虾生态种养区域"三品一标"产品认证，切实加强品牌培育和打造，不断提升稻虾产品品牌内涵和美誉度，培育了一批省内外市场叫得响、过得硬、占有率高的精品名牌。顺祥食品有限公司淡水小龙虾品牌"渔家姑娘"被认定为中国驰名商标，其天星洲生态基地出产的淡水小龙虾被认定为有机产品。"渔家姑娘"牌整肢虾、小龙虾仁、小龙虾尾被认定为绿色食品 A 级产品。同时，当地部门积极依托 30 万亩国家绿色食品原料（水稻）标准化生产基地创建，着力打造"绿态健""今知香"等南县优质大米品牌，还形成了"麻河口油焖龙虾""宁婆婆龙虾""虾先生"等知名餐饮品牌。

七、创新种养技术，提高综合效益

经过近几年的探索研究、试验示范、外出学习，逐步总结出了南县"稻虾共生"模式并在南县广泛推广。同时，为推进标准化生产，提升农户种养技术，南县畜牧水产、农业部门研究制定了《南县虾稻轮作技术规程》《南县虾稻种养技术规范》《南县克氏原螯虾池塘养殖技术规程》。实践证明，不断完善的种养技术带来的经济效益十分明显，预计 2017 年稻虾种养田亩平效益较去年增长 15％以上。

用"互联网＋"助推现代畜牧业发展

——重庆市强化互联网技术在畜牧业应用典型经验

近年来，重庆市着力强化互联网技术在畜牧业中的应用，为助推现代畜牧业发展取得了一定成效。由重庆市畜牧技术推广总站指导建设的荣昌区"在村头"益农信息服务平台、璧山区的"互联网＋"基层畜牧兽医网格化监管服务平台，2016 年被农业部评为全国"互联网＋现代农业"百佳实践案例。

一、主要成效

（一）推进"互联网＋生产"，提升生产管理能力

充分发挥互联网在畜牧生产要素配置中的优化和集成作用，用信息化改造传统畜牧业，推进互联网与畜牧产业的深度融合。在重庆市畜牧总站的具体指导下，重庆市西阳、合川、长寿、黔江等区（县）分别试点建设了山羊、蛋鸡、生猪 ERP 系统，已在西阳润兴牧业、长寿标杆蛋鸡养殖合作社等 10 多家畜牧企业投入使用。实现了基础数据、品种选育、配种繁育、疾病防控、投入品管理，二维码追溯、全程计划与自动提醒和员工绩效管理全过程的精准管理，为缔造数字化牧业奠定了基础。在荣昌区建成 RFID 生猪及其产品质量安全溯源系统，将物联网技术运用于肉类准入市场监管体系。

（二）推进"互联网＋营销"，经营水平和效益显著提升

通过"互联网＋营销"拓展畜产品消费市场。以"重庆畜牧网"为依托，提供农产品电子交易工具，实现畜产品购销对接。荣昌区"在村头"益农信息服务平台发布土鸡、蜂蜜等 30 多种农产品信息；全市 400 多个村实现了农畜产品电子商务全覆盖。重庆恒都、合川荣豪等 70 多家企业都开通了网上商城，生意红火。促成了重庆农信生猪交易有限公司与大北农合作，开展的生猪线上交易，今年交易额已突破 100 亿元。

（三）推进"互联网＋管理"，管理和服务水平显著提高

探索以互联网为依托的畜牧行业管理新途径，实现畜牧兽医行业工作的信息化管理，涵盖体系建设、技术服务、生产监测、防疫检疫、产品流通等，通过"互联网＋监管"强化畜牧体系建设。在璧山区试点"互联网＋"畜牧兽医网格化监管服务平台，实现了网格化、标准化、痕迹化管理，探索出了畜牧体系管理与服务的新模式。目前，重庆市又有 3 个区（县）开始使用该平台；由市畜牧总站主办的"重庆牧业"微信公共服务号，为社会提供政策、科技、市场等实时行情，成为养殖业主和消费大众关注的热点。

二、主要经验

（一）明确重点，以"互联网＋"为主攻方向

推进现代畜牧业的发展，必须以信息化为引领。因此，重庆市将信息化作为畜牧技术推广机构的重要职责，作为体系建设和工作创新的重要抓手，实施畜牧业信息化示范工程，最终形成全市的畜牧业信息化平台和数据中心。重点是在体系内大力推进"重庆畜牧云"建设，夯实畜牧业信息化基础，完善信息化推进机制，全面提升畜牧行业管理与服务水平。同时，面向畜禽标准化规模养殖企业，推进 ERP 系统的应用示范，提升畜禽养殖的标准化、智能化水平和与市场对接的能力。

（二）搭建平台，推进行业管理现代化

2015 年 10 月，重庆市畜牧总站搭建了基于移动互联网络的"重庆畜牧云"。2016 年首先在璧山区试点"互联网＋"畜牧兽医网格化监管服务平台，构建起了覆盖"区-街镇-兽医员-服务对象"四级网格化管理体系。实现了全区 15 个畜牧兽医站和 220 名畜牧兽医职工的移动办公，通过实时工作记录、GPS 定位、动态跟踪、可视化分析，自动汇总生成图表，彻底替代了传统的工作沟通、纸笔记录、数据手工汇总工作模式，实现了畜牧体系管理与服务工作的"互联网＋"转型。该平台"向下输出服务，向上采集数据"，达到了"人在干、数在转、云在算"的设计理念和实际应用效果。

（三）提供服务，推进特色效益畜牧业发展

建设草食牲畜等"七大重点产业链"，是重庆市做出的重大战略部署。为此，市畜牧总站在酉阳县试点建设"山羊服务与监管平台（酉阳）"，利用移动互联网技术，通过 ERP 系统满足业主的生产管理需求，全县已有 1 127 个各类经营主体注册使用，养殖户通过利用 ERP 改善生产经营状况，形成了山羊产业大数据，对数据分析整理，实现对全县山羊产业"监管到只、服务到户"的在线监管与服务。

三、下一步打算

"十三五"时期，重庆市畜牧技术推广部门还将不断总结经验，继续开拓创新，把"互联网＋"作为现代畜牧业新技术和新内容大力推广，全面推进畜牧体系建设，提升畜牧业发展水平，率先在重庆市农业各产业中实现畜牧业的现代化。一是加大科技创新力度。认真贯彻《国务院关于积极推进"互联网＋"行动的指导意见》（国发〔2015〕40号）和重庆市《关于深化改革扩大开放加快实施创新驱动发展战略的意见》，加快形成畜牧产业与互联网良性互动、共生发展的新格局。二是全面推广试点成果。鉴于"重庆畜牧云（璧山）"和"山羊服务与监管平台（酉阳）"的显著效果，重庆市农委决定将两个平台升级为市级平台，免费提供给全市各区（县）使用，并建设覆盖主要畜种的 ERP 系统和畜产品质量安全追溯体系，提升行业管理和服务水平。三是促进现代畜牧业发展。鼓励畜牧业推进物联网运用，借助"在村头"、生猪线上交易等电子商务平台开展特色畜产品网上营销。同时支持商贸企业和金融、保险机构通过平台与养殖业主对接，促进畜牧业转型升级，促进现代畜牧业发展。

构建新型农业服务体系　着力提升农技服务效能

——四川省崇州市农业公益性与经营性
服务结合服务模式的探索

近年来，崇州市积极推进农村土地"三权分置"，创新农业经营体制机制，引导农民以土地经营权入股组建土地股份合作社，发展粮食适度规模经营，破解土地"谁来经营"问题；大力开展以农业职业经理人为重点的新型职业农民培育行动，破解"谁来种地"问题；整合公益性服务资源和社会化服务资源，充分发挥农业公共服务机构作用，构建新型农业科技、专业化服务、农村金融等服务体系，破解"谁来服务"问题；形成"土地股份合作社＋农业职业经理人＋农业综合服务组织"三位一体的"农业共营制"，逐步构建起适应市场经济体制和现代农业多样需求、高效运转的新型农业服务体系。

一、主要做法

（一）建立农业标准化片区服务站

按照统一规划、统一标准、统一风貌、统一标识、统一设备配置"五统一"要求，投资 3 461 万建设 16 个农业标准化片区站，实行"条块结合、以块为主"的管理体制，即以乡（镇、街道）管理为主，主管部门协助；确立基层农业公共服务 21 项职能和 62 项任务，采取一岗一职、一岗多职或交叉设岗等方式，科学设置公共服务岗位；建立和完善人员聘用制度、推广责任制度、人员考评制度、人员培训制度和多元推广制度。通过改革创新，推进构建职能明确、机构健全、管理科学、队伍精干、保障有力、运转高效的基层农业公共服务体系，全面提升基层农业技术推广服务能力。

（二）搭建"一站式"服务平台

一是围绕主体多元化、服务专业化、运行市场化的方向，依托基层农业标准化片区站，推行农村产权交易流转服务、农村金融综合服务、农业农村电商服务、农业监测服务"四站合一"，积极构建公益性服务和经营性服务相结合、综合服务与专项服务相协调的新型农业服务体系。二是按照"政府引导、市场运作、技物配套"的工作思路，建立综合性农业服务超市，引导经营性服务组织开展技物结合、技术承包、全程托管等服务，搭建公益性服务与经营性服务结合的"一站式"全产业链服务平台，满足土地适度规模经营对耕、种、管、收、卖等环节多样化服务需求。目前，已建农业服务超市平台 10 个，服务全市 25 个乡（镇、街道）、231 个行政村（涉农社区）。

（三）提升农技推广服务效能

一是强化试验示范基地引领。依托市农业专家大院，组建涉农科研院所专家为首席专家、基层农技推广骨干为成员的科技队伍，合作共建科技试验示范基地 3 个，探索实践"三大"服务机制，以首席专家为基地主要负责人的业务指导机制、科技需求征集和研发成果反馈机制、专家＋试验示范基地＋农技人员科技成果转化机制，解决科研与生产脱节、技术有效供给不足、成果转化率低等问题。2016 年，基地推广主导品种 16 个，主推技术 11 项，主推品种和技术覆盖率达 90％以上。二是培育新型职业农民。主动适应农业规模经营所形成的专业化需求，开展以农业职业经理人为重点的新型职业农民培训，依托四川农业大学等高校院所，遴选专家学者、基层农技人员 30 人，建立职业农民培训师资库。选择有志于农业的大中专毕业生、返乡农民工等作为培育对象，在分类开展生产经营性、专业技能型、社会服务型培训的基础上，选拔一批高素质职业农民培育为农业职业经理人。以基层农技服务体系为载体，对在合作社中长期务工的职业农民开展"双培训"，形成为现代农业服务的"农业职业经理人＋职业农民"的专业生产经营管理团队，破解"不会种地""低效种地"等问题。目前，全市培养新型职业农民 7 329 人，其中农业职业经理人 1 887 人。三是创新服务方式。利用基于移动互联网络传播海量信息，通过"农技宝""新农通"、农业科技网络书屋等现代信息服务手段，实现技术服务全覆盖、全天候服务，为农业专家、农技人员、农民提供在线实时互动交流，全方位满足农业生产经营者对技术推广服务的多元化需求。目前，应用"农技宝"157 台，上传发布农技信息 1 000 余条；建立农技员网络书屋 165 个，建立新型职业农民网络书屋 481 个。

二、主要成效

（一）强化了农业公益性服务体系主导作用

基本实现了中央"一个衔接，两个覆盖"目标，初步建立起机构设置合理、管理体制顺畅、人员岗位落实、经费保障到位、推广服务有力的基层农技服务体系，在推进农业适度规模经营中，与时俱进强化了公益性农技服务的主导作用。

（二）促进了公益性和社会化服务有机结合

通过建立农业服务超市，搭建农业社会化"一站式"服务平台，有效整合农业公益性服务和社会化服务资源，各有侧重，分层开展技术培训、试验示范、新型经营主体培养，推动农业生产实现机械化作业、专业化生产，大大提高了农业生产效率。

（三）创新服务方式提高了农技服务效能

通过建立"农业标准化片区站＋农业科研院校＋农业服务超市＋农业职业经理人"上下相通的农业社会化服务体系，促进农业科技"产学研用"融合，实现农业科技成果到田间地头的无缝对接。

三、几点启示

（一）必须强化基层公益性农技服务

在推进农业适度规模经营中，应当更加重视强化农业公益性服务体系主导作用，防止把政府应该承担的公共服务简单地推向市场。要在完善机构设置、理顺管理体制、落实经费保障、健全工作条件、建立精干队伍上下工夫，全面提升基层农业公共服务能力。

（二）必须加快发展农业社会化服务

公益性职能与经营性服务分离后，政府农业公共服务机构要加强对社会多元化农业服务组织的扶持和引导，通过农业专业化服务组织、涉农企业等提供良种统供、病虫统防、农资统配、农机作业和农产品销售统一服务，解决农民一家一户干不了、办不好的事情。

（三）必须着力构建农技服务新机制

要适应农业适度规模经营发展新形势，创新服务机制、激发农技服务工作活力。要创新农技服务方式，构建农业公益性与经营性服务互为补充、协调发展的新型农业服务体系。

健全体系 创新手段 规范管理

——贵州省福泉市全面提升农技推广能力水平

福泉市隶属贵州省黔南州，辖8个乡镇、60个行政村。2016年末总人口数为32.6万人（其中农业人口25.6万人，6.2万户）。2016年农业生产总值为13.82亿元，农民年人均纯收入9 139元。全市有农业技术推广站15个，在编在岗农业技术推广人员190名。目前，该市实现了农业科技服务全覆盖，呈现"技术水平高、辐射范围广、支撑能力强、服务效果好"的农技推广工作格局。主要采取以下几条途径进行农业技术推广工作。

一、以机构改革建设为保障，农技推广职责职能不断增强

（一）机构设置及体制理顺到位

根据福泉市人民政府印发的《福泉市加快基层农业技术推广机构改革与建设的实施方案》（福府办发〔2007〕160号），福泉市编委先后于2011年、2015年下发的《福泉市人民政府各乡镇编制机构设置方案的通知》和《福泉市农村工作局主要职责内设机构和人员编制规定》等文件精神，组建福泉市农村工作局，为市人民政府工作部门。开展农技推广机构"三定"工作，理顺了管理体制，科学合理设置了机构。建立市农业技术推广站，在全市设立了8个乡镇、办事处农技推广服务站。对乡镇、办事处农技推广机构实行双重管理，市农业主管部门负责基层农业综合服务站相关业务管理，乡镇、办事处党委、政府负责当地农技推广工作的组织领导、协调监督，有效地解决一线农技推广人员工作缺位、错位的问题。

（二）编制核定落实到位

福泉市于2011年12月全面完成了乡镇基层农技推广体系改革。根据文件要求，市核定农技人员编制数201人（市局93人、乡镇108人），均由财政全额预算管理。在岗农技人员190人（市局92人、乡镇98人），在岗专业农业技术人员占总编制数的比例达94.5%，农业技术人员到位和在岗率达到100%。农业技术推广机构主要履行贯彻执行《农业技术推广法》及相关方针、政策、法律、法规，制定各种农作物的栽培、示范实验，推广新技术、新品种、新农药等公益性职能。

（三）农技推广机制逐步完善

为提高基层农技推广体系服务水平，市强化管理，努力创新。建立了《农技推广人员培训制度》《农技推广责任制度》《工作绩效考评制度》等7个制度、《福泉市农业技术指导员管理办法》《福泉市农业科技试验示范基地管理办法》等5个办法。实行工资报酬、职务晋升与业务考评挂钩，增强了农技人员责任感和为农服务的能力和水平，充分激发了农技人员的积极性、主动性和创造性，促进了农技服务工作的顺利开展。实现农技人员

精、队伍稳、技令通、管理好、效率高的目标。

（四）明确公益性职能，经费得到保障

明确基层农技推广机构公益性职能，市财政全额保障在编在岗农技人员工资、地方性津贴、工作经费等，待遇及时定额到位；落实了有关养老保险、医疗保险等各项社会保障，大大激励了基层农技人员服务"三农"信心。从 2013 年起，乡镇公益性岗位农技人员的绩效工资发放与公务员津补贴同等对待，工资及工作经费的落实，极大地调动了农技人员的工作积极性，稳定了农技推广队伍。

二、以项目建设为支撑，农技推广服务能力不断增强

（一）乡镇农技站条件建设有力有效

通过实施《2012 年度基层农技推广体系建设项目》，全市乡镇农业技术推广站全部进行了改建或新建办公用房、农技服务大厅、培训教室、检测与设备室等，并为各乡镇站配置检测仪器设备、办公设备等。项目的实施强力推进了全市乡镇农技站建设，农技推广服务条件明显改善。

（二）农技推广补助项目实施成效突出

2016 年是福泉市实施基层农技推广补助项目的第 5 年。福泉市在总结各年成功经验的基础上，认真组织，精心实施，全面提升了本市基层农技推广体系的公共服务能力，为促进农民持续增收，顺利完成全年农业生产目标提供了有效服务和技术支撑。

1. 主导产业不断发展壮大。2016 年，金谷福梨种植面积 10.4 万亩，比 2012 年增加 5.54 万亩，增长 113.9%，产量 6 万吨，比 2012 年增加 1.18 万吨，增长 24.5%；蔬菜种植面积 23.46 万亩，比 2012 年增加 7.66 万亩，增长 48.5%，产量 38 万吨，增长 79.79%；鸡出栏 399.98 万羽，比 2012 年增加 318 万羽，增长 388%，鸡肉产量达 0.66 万吨，比 2012 年增加 0.525 万吨，增长 389%。

2. 示范户及辐射户带动效益明显。通过培育科技示范户和示范基地，群众对科技兴农的认识进一步提高，示范带动作用明显，出现了"村看村，户看户，群众都看示范户"的新景象，示范户和示范基地产量和效益也十分明显。通过调查统计，2016 年金谷福梨已投产示范户有 285 户，示范种植金谷福梨 1 710 亩，平均亩产 1 502 千克，比全市平均亩产 1 287 千克增产 215 千克，增产 16.7%；辐射带动 869 户种植金谷福梨 3 141 亩，平均亩产 1 451 千克，比全市平均亩产增产 164 千克，增产 12.74%。2016 年蛋鸡养殖示范 15 万羽，产量达 1 800 吨，带动 65 户农户养殖鸡蛋 1.95 万羽，实现年产值 211 万元，户均增收 4 860 元，农户通过发展蛋鸡养殖增收致富，进一步凸显了项目的带动作用。

（三）新型职业农民培育项目实施效果显著

近年来，福泉市新型职业农民培育重点围绕"梨、茶、畜"三大主导特色产业开设课程进行培训，同时加大农业政策法规、农村电商、新农村建设、农产品市场营销等农民急需知识的培训。首先，认定福泉市中等职业学校为农民培训机构，利用学校的师资及管理

优势开展新型职业农民培训工作。其次，在培训方式上改变过去台上老师主动讲，台下学员被动听的局面，开展互动式培训，探索"农民点菜、专家下厨"的培训机制，提高培训质量和效益。培训过程中，除开展面对面的课堂培训外，加大基地实训时间，组织学员到湄潭、凤冈茶园，温氏集团养猪场等实地参观培训。近年来，对项目培训学员进行电话抽查，均获得培训学员一致好评。

（四）多种形式开展技术培训

坚持相对集中、重点先行、整体推进的原则，分层次、分专业、分批次开展各级科技培训活动。主要采取了 3 种形式。一是办科技培训班。采取"请进来、走出去"的办法集中培训，进一步提高了专业技术人员和广大农民的科技素质。2016 年组织 36 名农技人员到贵州省农业科学院培训，组织 42 名农技人员到西南大学学习。引进贵州省农业科学院专家在本地集中办班，对 152 名农技人员进行 2 期为期 7 天的培训。在 3 个农业科技试验示范基地开展基地观摩培训 8 期，现场培训科技示范户 451 人次。二是赶科技大集。以农村集会为依托，组织专业技术人员现场讲解、发放科技资料，向广大农民传授农业新政策、新技术、新品种。三是送科技下乡。一方面组织专家和专业技术骨干，深入村镇，围绕梨、茶、畜等主导产业，进行手把手、面对面培训，促进新技术、新品种的推广应用。期间还邀请贵州省农业科学院水果、茶叶专家进行现场授课。另一方面围绕基层农技推广体系改革与补助项目，深入到示范村对示范户进行重点培训，确保每户培训一个明白人。

三、以信息技术应用为突破口，农技推广服务手段不断创新

（一）加强信息化建设

农业技术推广面向千家万户，服务对象多、技术人员少是长期困扰我们的问题。唯有利用现代科技推广服务手段，提高工作效率。为此，福泉市建立福泉市农技推广补助项目农业技术人员 QQ 群 1 个，畜牧业、种植业微信群、新型职业农民培训学员微信群各 1 个；开通了农业科技网络书屋农技人员账户 143 个；智慧农民云平台农技人员账户 135 个，示范户账户 1 200 个。微信、QQ 群实时沟通交流农业生产技术难题，科技书屋帮助农技人员、种养大户更新技术知识，云平台改变农技人员学习培训和管理模式。

（二）创新推广方法

一是进一步巩固和充实完善"市有农村工作局，乡有农技站，村有技术指导员、科技示范户"的三级科技服务网络体系；积极组建了 286 个新型农业专业合作组织，开展产前、产中、产后社会化服务；培育发展了 54 个省、州、市级农业龙头企业。二是实行挂钩联系制。市农村工作局领导班子成员分别担任乡镇工作组包片负责人，技术指导员除搞好面上培训工作外，分别挂村包户指导，技术指导员不仅要服务到户，更要指导到田，每个技术指导员每户入户指导不少于 10 次，运用"技术专家组—技术指导员—科技示范户—辐射带动户"这一新体系，推广主导品种和主推技术，有效解决农技推广"最后一公里"的问题。三是实行汇报交流制。定期不定期组织召开科技培训指导工作交流汇报会，技术指导员汇报工作进展，交流工作经验，从而实现相互促进、共同提高。

突出重点　改革创新
全面提升基层农技推广服务效能

——云南省农业厅提升农技推广服务能力典型做法经验

近年来，云南省始终坚持把农技推广作为农业转型升级的重要支撑，作为强农富农的重要抓手，作为提升高原特色现代农业核心竞争力的重要依托，不忘初心，坚持本心，勠力同心，在完善体制机制、提高创新能力、增强服务效能等方面开展了新的探索与实践，取得了明显成就与实效，为推进全省农业农村经济发展做出了积极贡献。

一、强化体系建设，夯实农技推广基础

以贯彻新修订的《农业技术推广法》为契机，按照中央"一个衔接、两个覆盖"的要求，不断深化农技推广体系改革和建设。一是着力健全公益性的农技推广体系。截至2016年12月底，省、州、县、乡四级农业系统共有农业科研机构17个、农业技术推广机构3 236个、教学培训机构85个，100％的县和乡建立了农业技术推广中心，充分发挥了公益性农技推广机构上联政府、下联多元推广组织的桥梁纽带作用，为多元化、专业化、社会化服务组织奠定了坚实的工作基础。二是着力建设一支高素质的农技推广队伍。每年，依托基层农技推广补助项目，开展万名农技人员培训。2016年，争取省委组织部立项，依托云南农村干部学院，对县乡农技推广机构负责人，开展高原特色农业与农业科技示范培训；对省级龙头企业负责人，开展农业产业化龙头企业负责人示范培训，全力实现农技推广培训多元化、全覆盖。三是着力提升农技推广机构服务能力。中央投资2.95亿元，省内投资8 900万元，支持全省1 264个乡镇农技站建设办公用房、农技服务大厅、农民培训教室和添加仪器设备，切实增强了基层农技推广机构服务"三农"的能力。

二、突出改革创新，激发农技推广活力

求新，方可求变；求变，才能适应新常态对农业推广工作提出的新要求。云南始终坚持把农技推广补助项目作为改革创新农技推广工作的有效手段，创新项目管理机制，增强项目实施成效，不断推动农技推广工作再上新台阶。一是实行末位淘汰制。每年，根据年底基层农技推广补助项目的检查情况，通过绩效考评进行优胜劣汰，打分排名在全省最后的10名，次年不予安排补助项目资金，改变了吃大锅饭的现象，增强了县级实施项目的忧患意识，把危机变动力，提高项目实施的成效度。二是实行项目立项竞争制。全省每年通过竞争性谈判和各县2015年度项目实施的成效，遴选30个县作为项目实施的重点县重点扶持，树立先进典型，激励争先创优，实施动态管理，带动全省项目高水平实施。三是实行项目实施的事先审查制。每年年初，组织省内专家对各项目县项目实施方案进行集中

审查，现场修改完善，切实增强项目实施方案的科学性和可操作性。四是推动项目实施的转型升级。把项目实施的基地建设作为补助项目转型升级的突破口，要求每一个试验示范基地都要开展极量创新或极值创新或极点创新，把基地建设建成当地农业生产的技术高地、产业发展的技术标杆，引领产业发展。同时，选择科技基础好的村寨进行科技示范村建设，2016年，开展了111个村的试点工作，整村推进农业科技发展，全面推进农业科技进步由点到面的转变。五是拓展农业科技推广方式。要求每个技术指导员和科技示范户要充分利用QQ、微信等现代信息交流手段，实现资源的共建共享，传播农业科技知识，提高农业科技水平。

三、发挥政府主导，推动成果转化应用

新常态下，政府及其所属的农业技术推广机构仍然是农技推广的主力军，对农技推广起着决定性的主导作用。把争取政府重视作为提高农业科技成果转化效率的重要抓手，每年以省农业厅的名义发布100个以上的主导品种、主推技术和10套以上的农业生产技术指导意见，以行政力影响和引领广大农民群众使用新品种、新技术。特别是2016年，省委、省政府举行了4次农业科技成果转化的专项活动，重拳出击，强力推动农业科技成果的转化。2016年2月28日，省委、省政府成功举办了云南农业科技创新成果转化推介暨招商大会，共征集到具备转化条件的农业科技成果900余项，完成项目招商766个，促成现场签约24个，签约金额达9.03亿元，促进了农业科技成果与市场的对接。2016年3月21日，省委、省政府在玉溪市新平县嘎洒镇启动了向广大农民群众"送政策、送科技、送物资"的农业科技"三下乡"暨赶街活动，全省16个州（市）129个县也同步开展了16个专项和5个分项的农业科技"三下乡"活动，掀起了全省学科技、用科技的高潮。2016年4月15日，省委、省政府又在迪庆州香格里拉市开展了农业科技进藏区启动仪式，省级51家科研单位近千名科技工作者向广大藏族同胞提供了现场的技术咨询服务，并赠送物资50余万元。2016年12月14日，省委、省政府联合市县两级在临沧市沧源县开展了文化科技卫生"三下乡"集中示范活动，省农业厅组织厅属19家单位近百名干部职工组成多个农业科技小分队深入乡村，开展服务群众巡回活动，为当地的阿瓦人民送去了先进实用的农业科技生产技术。云南省委、省政府的高度重视，加快了云南农业科技创新成果的转化、推广和应用，提升了农业科技引领产业发展的能力和实际效果。

四、追求极量创新，树立农技推广标杆

创新是引领发展的第一动力。提高农业科技创新能力，是全面实施创新驱动发展战略的重要内容，也是农业发展转型升级的必然要求。自2014年，云南省整合省、州、市、县各级农业行政、科研、教学、推广和企业资源，聚集行业最优秀的人力资源，组织8个现代产业技术体系和6个新品种新技术协作攻关组协同合作，集成应用现代育种、水肥、耕作、种植、管理和信息化等新技术，构建农业产业技术体系与农技推广补助项目试验示范基地融合发展机制，把试验示范基地建设作为农技推广转型升级的突破口，要求每个试验示范基地都要开展极量创新或极值创新，把基地建设打造成当地农业生产的技术高地、产业发展的技术标杆。2014—2016年，会泽县玉米试验示范基地在海拔2 040米的者海

镇，创造了平均亩产 1 132.07 千克的全国高海拔（2 000 米以上）地区纪录；临翔区油菜试验示范基地在博尚镇连续三年创造了早熟油菜亩产 456.47 千克、百亩方单产 360.80 千克、千亩方单产 298.08 千克、万亩方单产 275 千克的四项全国纪录；省麦类协作组在玉龙县黎明乡创造了大麦单产 745.9 千克、青稞单产 608.2 千克的全国最高单产纪录；宁蒗县水稻试验示范基地，在海拔 2 670 米的永宁乡，创造高寒稻区亩产 607 千克的世界纪录，着力打造了农业科技的"云南印象"，开创了农技推广工作的新篇章。

加强科技创新　全面提升农牧业服务能力

——西藏自治区农牧厅加强农牧业科技成果
转化典型经验和成效

近年来，西藏自治区农牧系统严格按照"建平台、攻专项、促转化、广普及"的工作要求，以满足农牧民群众的科技需求为出发点，以服务农牧民的成效为检验标准，切实加强农业科技成果转化示范基地和农技推广服务信息化建设，努力将科技创新体系、基层农技推广体系和新型职业农民培育进行有效衔接，提高农技推广服务效能，全面提升农牧业科技创新能力、转化应用能力和推广服务能力。

一、主要做法

（一）发挥专家作用，促进科技成果转化

积极发挥国家有关部委在西藏设立的农牧业试验站在试验示范方面的积极带动作用，加快促进农牧业科技成果转化。充分依托现代农业产业体系大麦青稞专家研发青稞新品种，加快促进青稞品种更新换代；采取科研专家下乡蹲点的方式，开展蔬菜、马铃薯、牧草、绒山羊、肉牛牦牛、食用菌、燕麦荞麦、油菜等农作物新品种新技术试验示范，以生产实例引导广大农牧民参与科技成果转化，切实把新品种、新技术传播到千家万户、把科技成果落实到产量中。

（二）推进基层农技推广体系改革与建设，促进科技成果转化

根据农业部、财政部对基层农技推广体系改革与建设的要求，2016年在全区59个县实施了基层农技推广体系改革与建设补助项目，建立以"专家定点联系到县、农技人员包村联户"为主要形式的工作机制和"专家＋农技人员＋科技示范户＋辐射带动户"的技术服务模式，建立健全县、乡、村农业科技示范基地网络，推进农业科技入户，提高技术到位率。按照要求各项目县都把试验示范基地建设作为项目实施的一项重要任务。要求各县都要聘请具有高级职称人员作为专家指导当地农牧业生产，在基地建设上坚持综合打造，示范引领。按照以粮食生产基地为主导、特色产业基地为补充的原则，精选出一批基础设施过硬、技术力量较强、发展规模适度的农牧业生产基地，重点扶持、重点建设、规范管理、完善机制，努力形成一支标准化示范基地队伍，切实发挥示范带动作用，引领农牧业生产向品牌化转型，促进农牧业向一、二、三产业融合。

（三）培育农技推广服务能力，促进农牧业科技成果转化

一是提升农技人员服务能力，组织各县农技人员到拉萨等地集中培训，使学员更好地掌握政策和新技术、新成果，更好地服务当地农牧业生产；二是由各县农牧部门对本县的

科技特派员进行技术培训，提高服务水平；三是遴选和培训科技示范户，每个村遴选 3～5 名种养能手作为农牧业技术科技示范户，按技术指导员要求做好种植或养殖工作，带领周边农户开展科学种田养畜。

（四）依托项目推动，促进农牧业科技成果转化

近年来通过开展绿色高产高效创建、测土配方施肥、农作物病虫害专业化统防统治、日光温室高产栽培、人工种草、草原鼠虫毒草害治理、科学规模养殖等项目实施，组织项目区群众进行技术培训，掌握科学种养技术，加快农牧业科技成果转化。实用技术，有效发挥了科技在农牧业生产中的作用。

（五）动员社会参与，促进农牧业科技成果转化

按照"一主多元"的原则，在发挥公益性农技推广机构主导作用的基础上，充分发挥农牧民专业合作社、涉农企业、农业专业服务组织、农业科研教学单位和农业产业示范园区等在农牧业技术推广中的作用，促进科技成果转化。

二、取得的成效

通过一系列科技成果转化措施的实施，基本形成了以科技创新为动力，以科技成果转化基地为抓手，以园区示范为平台，以加工销售为引领的高原特色农牧业科技成果转化通道。

一是大力推广良种。2016 年推广良种 227 万亩，其中藏青 2000、喜拉 22 号、山冬 7 号、冬青 18 号粮食作物优良新品种 177.41 万亩；引进试种蔬菜品种 120 多个；推进家畜改良，2016 年实施黄牛改良 26 万头，推广种公羊 2.79 万只、牦牛种公牛 0.74 万头，良种牲畜存栏 420 万头（只）；发展紫花苜蓿、青贮玉米、黑麦草、绿麦草、燕麦草等优质饲草料生产，完成人工种草 25.7 万亩。农作物良种覆盖率达到 85％，主要农区旺季蔬菜自给率达到 80％以上，良种牲畜覆盖率达到 22.7％。

二是大力推进先进适用技术集成应用。推广高产创建示范活动，累计创建面积 470 万亩，项目县平均每亩增产 10％以上。推广测土配方施肥技术，建立粮油高产施肥指标体系，测土配方施肥累计面积 296 万亩以上，亩均节约 50 元以上。开展粮草间作轮作，每年复种作物约 20 万亩。推进农作物病虫害专业化统防统治，示范县达到 25 个，农作物病虫危害损失控制在 3％以内。

三是大力发展设施农业。设施果蔬标准化生产技术示范 3.6 万亩，推广优质蔬菜瓜果种苗 270 万株。

四是农业机械化水平进一步提高。机械化耕、播、收总面积达到 588 万亩，完成农机深松整地作业面积 2.21 万亩，农田三项作业综合机械化水平达到 58％，农业机械总动力达到 635 万千瓦。进一步带动了农业增效、农牧民增收，粮食作物平均单产由 2010 年的 357 千克提高到 2016 年的 383 千克。预计，2016 年粮食产量达到 102.7 万吨，其中青稞产量达到 74.67 万吨；蔬菜产量达到 87.3 万吨；肉奶产量达到 68.3 万吨。

突出提质增效　推进粮食供给侧结构性改革

——陕西省农业技术推广总站典型做法经验

陕西省农技推广总站立足单位职责和行业特点，着力推进全省粮食供给侧结构性改革。

一、准确把握粮食供给侧存在问题

（一）规模经营发展速度慢，粮食产业聚集度不高

目前陕西省粮食新型经营主体总计 9 154 户（个），经营耕地面积共计 187.76 万亩，占全省粮食播种总面积的 4.17%；粮食产量合计 70 万吨，占全省粮食总产 6.08%，粮食新型经营主体的发展速度慢、经营规模小。当前陕西省粮食生产以分散经营为主，还未形成产业聚集、发展优质的生产格局，大宗农产品匀质度低、优质品少，难以满足加工企业对原料的要求，以及市场消费对品质的需求。

（二）粮食生产成本偏高，效益偏低

据农技部门调查统计，2015 年陕西省小麦、玉米、水稻、马铃薯亩均收入分别为 65.4 元、166 元、213 元和 246.3 元，投入产出比为 6.4%、20.3%、19.1% 和 18.3%，本省种粮效益偏低的局面仍未得到有效改观。

（三）特色优势农产品开发力度不够

目前关中小麦优质专用品种种植仅 100 万亩左右，优质订单农业发展及市场需求开发的力度不足。陕南水稻缺乏二级以上优质稻米、资源优势和生态优势挖掘不足，绿色大米开发不够、品牌不亮。马铃薯缺乏优质专用品种，机械化程度低，产品附加值不高，生产效益提升不够。陕北杂粮一、二、三产融合滞后，产业链还不完善，产品特色和优势未能充分发挥。

（四）粮食生产与市场需求结合不紧密

当前粮食生产模式单一，缺乏市场供求理念和产业链系统性思维的指导。具体表现为生产对加工企业和市场需求信息了解不及时、不深入，对市场需求的反应不够敏感，导致粮食优质专用产品少，粮食产品大路率高，与市场需求对接弱、有脱节，导致陕西粮食消费缺口超过 20 亿千克，25.1% 的小麦、44.8% 的大米、11% 的玉米和 63.2% 的食用油需要从国际国内市场调剂平衡。

二、理清推进结构性改革的思路

按照"增麦、稳稻、扩薯、优杂、调玉米"的产业布局要求，围绕小麦、水稻、马铃

薯、小杂粮等重点口粮作物，立足提高供给质量，扩大有效供给，突出提质增效，坚定不移推进全省四大粮食功能区建设，提升粮食综合产能，贯彻落实五大发展理念，在陕西省探索实行耕地轮作休耕制度

（一）发展关中灌区优质专用小麦生产

重点推广西农 979、陕农 33、郑麦 366 等强筋小麦品种和保优节本标准化生产技术，推行"龙头企业＋基地＋种植大户＋合作社"的运作模式，发展订单生产，实现规模、优质、效益"三提高"，增强产业聚集度。

（二）打造陕南地区优质绿色稻米名片

加强二级以上优质稻米品种的培育和引进，深化水稻全程机械化的技术集成研究，加快稻油机械化发展步伐，立足汉中盆地和安康月河川道的资源优势和生态优势，突出优质和绿色，推进陕南地区优质绿色稻米发展。

（三）扩大渭北地区正茬小麦种植面积

加大对应用旱作节水技术的项目支持力度，大力推广节水补灌、秸秆覆盖、土壤深松耕、镇压保墒等旱作节水集成技术，突出稳产和优质，提高小麦种植效益。

（四）创建陕北地区优质马铃薯和名优小杂粮

加大优良马铃薯品种的筛选引进和推广力度，实现品种更新换代，生产技术以脱毒种薯和晚疫病防治为重点，延伸马铃薯精深加工产业链和主食化开发研究，实现主推品种、关键技术、种植效益"三推进"。优化小杂粮品种结构，加快适宜配套农业机械研究和推广，立足优质和品牌，创建名优小杂粮，提高种植效益，稳定生产面积。

三、促进粮食供给侧改革的措施

（一）发展适度规模经营

在全省不断探索适宜于不同生态类型区的生产经营模式。研究完善扶持政策，采取以奖代补的方式，以富平科农、长安长丰、凤翔嘉农及汉台农友等模式为参考，激励新型主体开展适度规模经营，提升集约化水平和组织化程度，降低生产成本。

（二）推广轻简化技术

加强轻简、节本、增效技术创新与集成研究。大力推广玉米硬茬直播、小麦秸秆还田、油菜免耕直播、稻油机械化等技术，简化操作环节，减少劳动力、农药和肥料投入，提高种植效益。

（三）促进农机农艺融合

熟化玉米、水稻、马铃薯、油菜生产全程机械化生产综合配套技术。建立农机农艺联合攻关课题组，整合技术优势，开展关键技术试验研究和技术集成，共同做好当地主推技术适用农机具的选型配套，加强农机手的操作技能培训，提高农机作业水平，实现主要粮食作物机播机收基本全覆盖。

（四）拓展产业功能

立足当地主导产业，坚持"近城、靠景、依产"的思路，把发展汉中油菜花海、宜君

旱地地膜玉米梯田、汉阴古梯田等休闲农业、观光农业，作为全省农技部门发挥体系和技术络优势的重要抓手，做好品种筛选引进和技术指导服务。

（五）创新推广方式方法

以农技推广体系为依托，引导新型粮食主体参与高产创建、旱作农业等重大项目实施，积极开展病虫统防统治、肥料统配统施、代耕代种、联耕联种等社会化服务，构建"一主多元化"服务模式。加大现代化信息技术应用，建设"三情"（苗情、墒情、病虫情）智能化田间监测网点，提高监测预警的及时性和准确性，做好灾害防控和应急预案。加强粮油生产和市场信息收集整理，及时向社会发布主要粮油作物种植和农产品市场行情监测分析报告，降低盲目种植风险。

（六）建设试验示范基地

在全省不同生态类型区筛选粮食生产大县，建设 10 个省级粮油作物高产高效栽培技术集成试验示范基地，开展新品种、新机械、播期播量、种植密度等试验示范。着力把试验示范基地打造成为新品种新技术的示范窗口、基层农技干部工作技能的展示舞台和农民群众学用科技的观摩基地。

专家大院助推产业发展

——陕西省宝鸡市农业技术推广服务中心
辣椒专家大院典型案例

从 2011 年起，宝鸡市农业技术推广服务中心辣椒专家大院，在陕西省农业厅、科技厅、宝鸡市农业局、科技局等上级部门的大力支持下，通过与大学合作、外聘人才、引进国内外先进的育种技术，积极探索，大胆创新，攻克三系育种难关，到 2016 年底，育成了线辣椒常规种 1 个，三系线辣椒杂交种 4 个，线辣椒细胞质雄性不育系 4 个，全部通过陕西省农作物品种审定委员会办公室认证登记，获得国家专利一项。这一批批科技创新成果的诞生，使宝鸡市线辣椒育种水平处于国内领先水平。同时集成创新绿色高产高效栽培技术，积极与合作社、专业大户、加工企业等新型农业经营主体结合，建立示范基地，大力推广线辣椒新品种新技术，为秦椒的生产和发展及促进农民增收做出了积极贡献。

一、加强辣椒专家大院基础设施建设，为科研育种工作提供物质保障

一方面加强改善示范园基础设施建设。试验园接通了自来水管道，2016 年投资 8 万多元建设滴灌蓄水池一座，搭建加压泵房一座，铺设滴灌带 25 亩；2017 年新建了 13 座钢管大棚，目前辣椒专家大院有新旧 26 座钢管大棚，日益完善的硬件设施为科研育种工作奠定了坚实的基础。另一方面，加强完善办公设施建设。为辣椒专家大院平房上安装彩钢瓦，办公室安装空调，为专家大院的科研育种工作提供了良好的工作环境。

二、加强与大学和企业合作，提高科研育种水平

近年来，加强与西北农林科技大学园艺学院的合作，聘请赵尊练教授为专家大院首席专家，充分利用西农的科研力量、先进的检测设备，开展了辣椒病毒病、炭疽病等病害的发生机理及防止措施研究，提出了物理、化学和生物防治措施。

聘请辣椒育种专家刘永生，引进不育源和种质资源，开展辣椒杂交种选育研究，通过多年多代的选育和配组，终于攻克线辣椒"三系"配套育种难关，成功选育（437A、144A、12415A、304A）4 个不育系及宝椒 10 号、11 号、12 号、13 号 4 个三系杂交种。同时积极研究探索虫媒授粉制种技术，通过意蜂、壁蜂、熊蜂等多种虫媒开展辣椒杂交制种授粉试验，最终筛选出授粉效果好的熊蜂，并申请了国家专利，2014 年"辣椒细胞质雄性不育系熊蜂传粉制种方法"获得国家专利。

2016 年宝鸡市农业技术推广服务中心与新疆隆平高科红安天椒农业科技有限公司合作完成《线辣椒新品种的选育和推广》项目，开拓了辣椒科研育种的新天地。新疆隆平高科红安天椒农业科技有限公司投资一部分科研经费，依托辣椒专家大院的科研力量，共同

选育适合新疆种植加工的高色素、高辣度辣椒杂交新品种，以促进新疆加工辣椒产业的发展，为辣椒深加工提供了优质的原料。

三、加强与新型农业经营主体的合作，推广辣椒新品种和绿色高产高效集成技术

2014年与宝鸡市绿丰源蔬果专业合作社、陈仓区太公庙绿康蔬菜专业合作社、扶风县杏林镇东坡村种植大户开展合作，示范推广保护地栽培模式，延伸辣椒产业链，提高宝鸡辣椒市场占有份额。推广适宜温室、大棚栽植的早熟、鲜食线辣椒新品种及水肥一体化栽培技术，示范种植80余亩，市场批发价约4元/千克，亩收入8 000～10 000元，经济效益显著，深受农民欢迎。

2016年凤翔大秦生态农业专业合作社示范种植线辣椒110亩，全部种植宝鸡辣椒专家大院选育的宝椒12号、组合7号，在辣椒专家团队的全程技术跟踪服务下，实行无公害标准化生产管理，生产的无公害辣椒以高于市场价的3～4倍销售，实现了辣椒亩产收入过万元；陇县建峰辣椒专业合作社示范种植线辣椒320亩，最高亩产达到2 500千克，辣椒亩收入达5 000元；凤翔县昌宁调味品有限公司示范种植线辣椒40亩，利用自有加工设施全部进行初级加工和深加工，取得较好效益；陇县合赢粮食专业合作社，调减玉米面积，增加辣椒种植面积，2016年示范种植辣椒480亩，平均亩产2 200多千克，创当地较高水平。

通过建立示范园和基地，不仅有效推广了辣椒杂交新品种和新技术，而且充分发挥科技示范引领作用，辐射带动了周边群众种植辣椒的积极性，增加了辣椒种植面积，有力促进"宝鸡辣椒"产业的发展壮大。

四、加强与辣椒加工企业的联系，提高辣椒产品的市场竞争力

积极与宝鸡德有邻食品有限公司和陇县合赢粮食专业合作社联系，以"宝鸡辣椒"获得国家地理标志保护产品为契机，及时协助企业注册辣椒产品商标，积极培育和打造辣椒品牌，制定品牌产品的生产标准。现宝鸡德有邻食品有限公司已注册"德有邻"商标，陇县合赢粮食专业合作社已注册"陇州牌"商标，目前都在积极申请无公害和绿色产品认证。同时，根据企业的加工品质需求，选育合适辣椒新品种，与辣椒种植专业合作社、种植大户联系，按照品种配套栽培技术，建立原料基地，实行订单生产，以满足企业的生产需要。订单生产，既保证了企业原料按质保量供应，又解决了辣农辣椒销售的问题，促进了辣椒产业的良性循环，从而有效地保证了"宝鸡辣椒"这一传统名优特色产业的发展壮大，为农民增收做出新的贡献。

突出特色打造样板推广区域模式

——甘肃省农技推广体系建设快速发展

近年来，甘肃各级农技推广部门贯彻落实新发展理念，理清工作思路、突出创新驱动，紧贴服务对象，农业技术推广与服务工作取得了新突破，总结形成了适宜于甘肃省东部旱作区推广的"庄浪模式"和西部灌溉区推广的"山丹模式"。两个模式，特点突出、特色鲜明、针对性强、适应性好，得到全省农技推广系统的普遍认同，在全省适宜县（区）大面积推广应用，取得了显著的成效。

一、庄浪模式

庄浪县作为甘肃中东部的一个旱作农业大县，多年来，始终把农技推广工作放在突出位置，精心谋划、统筹推进，在抓硬件建设的同时抓软件建设，打造形成了"突出产业、区域建站、特色管理、创新运行、高效服务"独具特色的农技推广新型模式，不仅带动了本县农技推广工作的快速发展，同时，也引领带动东部相同区域区农技推广事业的快速发展。

1. 突出产业。按培育现代农业产业的需要，根据不同生态类型、气候特点、当地的生产条件和科技发展水平，形成了南部、川地果菜，北部、山区洋芋，中部、梯田粮食的产业格局，并且优化种植结构，建立了"果-畜-菜、畜-旱-薯、薯-药-苗"等多年轮作倒茬栽培模式。针对不同作物和产业，从种子种苗入手，在主推技术上配套，在方式方法上同步，打造了支撑产业发展的技术服务体系。

2. 区域建站。按打造产业区域服务网络的要求，建立了以县级农技推广中心为引领，9个乡镇区域站为支撑、64个村级服务站为补充的农技推广体系。核心是建立乡镇区域农技服务站。根据生态类型、气候特点、产业发展需要划定服务区域，按"人、财、物属县上管理，服务在乡"的管理方式，建立乡镇区域农技服务站。在区域内围绕产业，开展技术服务，打破了行政区域的约束。区站人员不参与乡镇行政工作，提高了专业性。区域站对上连接依托县级中心各业务站建立的区域服务团队，对下连接村级农技服务站所，形成了层次分明、构架科学、针对性强、服务便捷高效的农技服务网络。

3. 特色管理。本着调动人员能动性的目的，落实管理措施。重点是在"四个一"上下功夫。即：一岗多责，县级岗位不仅承担本级岗位职责，还要承担乡、村级岗位职责，不仅要承担本专业职责，还要承担相关专业职责，要求在一个职责上做出业绩。一职多能，一个职位履行技术推广、技术培训、技术咨询、技术指导等多项职能，要求在一项职能上收获成果。一员多点，一个技术员完成多项田间栽培试验，发挥技术样板、成果展示等多项作用，要求在一项试验上取得突破。一人多户，一个专业技术员培养多个科技示范户，培育典型、打造标杆，引领科技发展，要求在一个农户里总结出典型经验。

4. 创新运行。适应新常态下技术创新的规律，推广了针对性强的运行模式。一是抓源头，创新推广了马铃薯脱毒种薯"一分一亩十亩"运行模式。即：选择示范户每户提供1分地（0.1亩）的脱毒原原种，次年繁育1亩的脱毒原种，第三年繁育10亩地一级脱毒种薯，基本满足农户当年对脱毒种薯的需要。二是抓中间，创新推广了先进技术"一十百千万"运行模式。即：1项技术，建立10个基地，遴选100名技术员，培育1 000个示范户，带动2万农户。三是抓两头，将12316三农服务热线、农技通、农信通等资源整合起来，通过手机、网络、广播、电视和有线喇叭等媒介开展服务，拓宽了信息渠道，丰富了信息内容，加快了传递速度。四是抓创新，组织开展农业技术评价。一方面组织农民、农资生产者、经销商、专业技术人员等人员对农资进行综合评价，向农民推荐好产品。另一方面组织专业技术人员对农业技术，在田间进行校验试验，筛选出好的技术，向农民、专业合作社推荐。

5. 高效服务。农业技术服务涵盖生产的各个领域，贯穿于栽培的各个环节，发挥了大田生产的服务站、技术员作用，为农民种植选品种、教技术、讲收获；发挥了生产过程中病虫测报的前沿哨、侦察兵作用，为生产者测病情、报疫情、教防控；发挥了产品销售的情报站、信息箱作用，为农户传播信息、通报行情、预报趋势；发挥了落实政策的百事通、广播员作用，宣传政策、解答疑难、落实补贴。

二、山丹模式

山丹县是甘肃省西部灌溉区的一个农业县，是甘肃省土地流转速度快、规模大、专业合作组织发展较快的县。近几年，该县主动应对新型经营主体快速发展的新常态，总结形成了"立足主导产业、突出新型主体、紧扣关键节点、区域整体推进、全程全员服务"的全新农技服务模式。在甘肃省西部灌区同类型县区推广，取得较好的成效。

1. 立足主导产业。在高海拔区域培育形成了马铃薯、油菜制种产业，在高寒阴湿区培育形成了马铃薯、中药材生产基地，在低海拔区域培育形成了油料、啤酒生产原料产业。在整合相关项目加强基础设施建设的基础上，加快农民土地确权，引导按产业的需要适度规模化推进，以适应现代农业发展的需要。

2. 突出新型主体。根据支柱产业不同特点和所在的不同区域类型，培育新型经营主体。针对不同经营主体，探索种植、农机、销售等方面不同的技术服务模式以及技术承包、代耕、代防、代管等不同的服务方式。在产业基地，建立墒情、苗情、病虫及土壤养分情况监测点，开展动态监测，为制定技术措施提供技术数据。

3. 紧扣关键节点。一是紧扣农事操作关键节点，在最佳时期，依托专业合作组织，把推荐的主栽品种、主推技术和配套的生产资料，落实到农民的田间地块。二是紧扣病虫害发生的关键节点，在及时发布病虫疫情预测预报的基础上，协助或指导植保专业合作社选择最好的农药和最优的植保器械，在最佳的防效时期，利用最有效的方法进行防控，减少农药用量，提高防治效果。三是紧扣农机操作的关键节点，在协助农机专业合作社等新型主体购置农业机械的同时，强化农机农艺融合，指导开展农机操作，提高农业机械化水平。四是紧扣农产品购销的关键节点，为新型经营主体开展技术培训、发布信息、组织产品推介活动。

4. 区域整体推进。把生产基地划分为海拔 1 500～1 950 米气候温凉区、海拔 1 950～2 250 米气候温寒区和海拔 2 250～2 500 米气候冷凉区 3 个区域。围绕新型经营主体，建立技术团队落实技术措施。标准化生产、配方施肥和机械深松耕等通用性技术实行整县推进；啤酒大麦药剂浸、拌种，油菜地膜穴播栽培及病虫害防控，马铃薯早晚疫病防控，中药材种苗筛选及根腐病防控，以及农机专业化服务等重点技术措施实行整区域推进；农资供应、订单农业等措施实行整体推进。

5. 全程全员服务。全过程体现在 3 个方面，既把服务贯穿于生产的每个环节，面面俱到；又注重阶段性特征和规律的把握，点面结合；更注重单项技术的全过程，关注个体。全员也体现在 3 个方面，一是部门全，发挥农技推广主渠道作用，同时努力调动民间组织、社会团体的积极性，有主有次，协同指导。二是专业全，配置种子、栽培、植保、农机和信息等方面的人员，形成合力，开展服务。三是类型全，包括熟悉产中试验、示范和推广各个阶段的专家，又有涵盖产前信息和产后产品销售的人员，各有侧重，联合推进。

落实新理念　推广新模式　谋求新突破

——甘肃省定西市依托农机专业合作社促进农机推广

甘肃省定西市农机化技术推广工作坚持"创新、协调、绿色、开放、共享"五大发展理念，以健全农机社会化服务体系为主攻点，为全市农机专业合作社等新型农机社会化服务组织为特色优势产业发展、农村劳动力输转及各类规模化、标准化现代农业示范片建设提供了重要支撑。2016 年底，全市注册登记农机专业合作社 209 个，入社成员 2 943 人，全市共 196 个乡（镇），实现全覆盖。特别是定西市在创新农机科技推广和社会化服务组织方面进行的有益探索和成功实践，有效解决了农机化推广"最后一公里"的问题。

一、初步形成了一批行之有效的农机合作社发展模式

定西市在农机合作社发展模式和运营方式上进行了大胆探索和创新，总结出 6 种主要做法：

一是在创办模式上形成了"农机大户联合型""农村能人带动型""工商企业领办型""村级集体组织创办型"等多种模式。

二是在运营方式上形成了"合作社＋"模式，如"合作社＋农机大户＋农机手""合作社＋企业＋农机大户＋农户""合作社＋流转土地"等模式，创新推广"机械入股、统一派工、单机核算、定点维修"的运营模式，积极开展"订单式、托管式、租赁式、流转式"等多种形式的农机化作业服务。

三是引导农民带机入社入股、带地入社入股、带操作技术入社入股，有效解决土地撂荒、机具闲置、季节性劳动力短缺等问题。

四是支持合作社建立维修服务网点，强化人员培训，完善维修设备，将合作社建成"集维修服务、零配件销售、技术培训、信息反馈于一体"拖拉机"4S 店"，服务本社、辐射周边，不断增强服务功能，切实解决农机具"看病难"的问题。

五是倡导合作社立足农作物产前、产中、产后全程机械化生产，积极开展合同（订单）作业、全程托管、流转土地、跨区作业、机具租赁、信息服务等灵活多样的社会化作业服务，并积极承建各类农业发展项目，不断延伸作业链条、拓展服务领域，解决经营效益不高的问题。

六是鼓励有经济实力的农机专业合作社整合使用部分没有经营发展能力的贫困户扶贫贷款，按照"量化到户、股份合作、入股分红、滚动发展"的方式，探索建立"政府＋银行＋合作社＋贫困户"的合作方式和扶贫模式，带动农民增收，助推精准脱贫，达到"合作社发展，贫困户增收"的双赢目标。

二、在发展农机社会化服务组织的探索实践中做到了"两个坚持"

一是坚持以行政推动为新引领。定西市委、市政府高度重视农机社会化服务体系建

设，将发展农机专业合作社列入全市农业农村重点工作任务，加强组织领导，精心规划布局，强力推动发展。市政府专门出台《定西市支持农机专业合作社发展意见》，明确了发展目标，加大了扶持力度。市农机部门编制的《定西市农机专业合作社发展规划》，把培育发展农机服务组织作为全市农机化重点工作，层层签订目标责任书，严格考核。临洮县把"构建全覆盖农机合作服务体系"列为全县23项微改革事项之首。安定区利用新型农业社会化服务体系建设试点项目资金600多万元，扶持发展农机作业服务队35个。市委、市政府专门召开推进会议，研究部署此项工作，重视程度高，行动迅速，走在了全省的前列，对定西农机合作社建设和农机化事业具有里程碑意义。

二是坚持以产业需求为新导向。以马铃薯、中药材等特色优势产业需求为新导向，打造农民专业合作社升级版，实现规模化经营、标准化生产、社会化服务的有机统一，助推产业转型升级。紧紧围绕全市特色优势产业产前、产中、产后全程机械化服务，在原有马铃薯、中药材等专业合作社（种植单一型）基础上，有效整合生产要素，合理配置农机具，创新管理机制，拓宽经营方式，升级为马铃薯、中药材农机农民专业合作社（复合型），积极开展订单作业、全程托管、流转土地、机具租赁、信息服务等形式多样的社会化服务，培育发展了一批以定西茂丰中药材农机农民专业合作社为代表的设施完备、功能齐全、特色鲜明、效益良好的农机专业合作社。

三、充分发挥农机社会化服务组织"三个方面"的作用

一是发挥重要农时农机化生产的主力军作用。每年"三夏""三秋"期间，全市农机部门针对季节性劳动力严重短缺的现状，积极组织、协调农机专业合作社互通作业信息及农业机械、作业地块，提高了农机利用率和农机社会化服务水平，在有效解决"谁来种地、怎样种地"难题上进行了有益探索。如定西昌坪农机农民专业合作社常年为当地群众开展耕整地、覆膜、马铃薯全程种植、玉米机收等作业服务，特别是对困难群众和无劳力户无偿开展代耕、代收农机作业，解决了农机部门包不了、村级集体统不了、一家一户干不了的问题，有力地助推当地精准扶贫、精准脱贫。

二是发挥了培育新型职业农民的桥头堡作用。在"小政府、大服务"的新形势下，农机合作社聚集了一大批农村能人、种田能手和农机操作手，通过引导培训进而打造形成新型职业农民之家，成为农村各类适用技术培训的基地、农机具检修保养和年度检验的平台、农机驾驶员安全教育和年度审验的阵地，为完善新时期农机管理服务提供了平台。如临洮县得军农机合作社承担阳光工程培训、农机人员培训与管理、农机具维修与保养等职能，成为最基层服务"三农"的好助手。

三是发挥了新机具、新技术推广的排头兵作用。农机专业合作社负责人大都眼光超前、思路开阔、接受新事物较快、善于研究新政策，能积极利用农机购置补贴政策购置新型机械，并大力宣传、带动、推广应用农机化新机具、新技术，为有效解决农机化技术推广"最后一公里"的问题提供了载体。如定西耕田农机农民专业合作社建立千亩马铃薯生产全程机械化示范基地，集成农机农艺技术，组装配套先进机具，起到很好的农机科技示范推广作用。

转变方式　　加速发展　　提升效益

——甘肃省武山县发展山沟渔业助推山区脱贫

甘肃省武山县位于渭河流域上游，西秦岭横亘于南，黄土高原绵延于北，属温带大陆性季风气候，年平均气温10.3℃，境内水资源充足，渭河及其5条支流纵横交错，年流量达9.37亿立方米，有发展渔业的比较资源优势。多年以来，武山县认真贯彻落实渔业发展相关政策措施，积极推动渔业发展和资源保护，试验推广了以鲑鳟鱼为主的冷水鱼养殖，培育发展休闲渔业，全县渔业实现了从粗放到精养、从单一养卖到提供垂钓、餐饮、休闲观光等综合服务方式的大转变，养殖规模不断扩大，生产效益明显提升，渔业发展呈现出良好的发展态势。2016年，全县养鱼水面达520亩，水产品总产量达到540吨，其中冷水鱼180吨，渔业总产值（包括服务性收入）达1 300余万元。以山沟冷水鱼养殖配套休闲餐饮为主要特色的渔业发展已成为武山县乡村旅游主导产业，促进了山区区域经济发展和群众脱贫致富，主要做法如下。

一、抓示范建基地

选择在自然条件及经济状况较好的、具有代表性的区域，培育渔业示范点，在西河流域上游龙台镇董庄村培育鲑鳟鱼养殖示范点，发展成了龙台冷水鱼养殖基地，在其下游四门镇王家磨村培育亚冷水鱼鲟鱼养殖示范点，建成了鲟鱼养殖园，西河整流域逐步形成了冷水鱼休闲观光产业带；目前已有冷水鱼休闲渔业场户10余家，普遍经营状况良好。在鸳鸯镇盘古村建成了连片鱼池180亩的常规鱼休闲渔业产业基地，城关石岭龙王池鱼苑城郊休闲渔业示范基地、温泉福源生态农庄等不同类型的示范典型。2016年示范引导在北山贫困村响河沟建成休闲垂钓渔家乐一处，榆盘镇榆盘村垂钓休闲餐饮鱼庄一个，休闲渔业从南部发展到了北部。龙台冷水鱼休闲旅游已成为县域及周边人们慕名的旅游好去处。

二、抓规划定目标

"十三五"期间将持续推进冷水鱼养殖和休闲渔业发展，力争2020年全县水产养殖面积达到1 000亩以上，水产品产量达到1 000吨以上，渔业（包括服务性收入）总产值达到5 000万元以上，综合效益上亿元，努力建成全省冷水鱼养殖大县和全国休闲渔业示范县。推进建设以大南河西河流域为中心的南部河沟冷水鱼养殖休闲产业区、榜沙河中下游集中连片常规鱼养殖休闲产业区、全县渔业水面多种模式的休闲渔业场（点），逐步形成两区域（西河、榜沙河）多景区（水帘洞等景区周边），城郊、镇傍、村边全面发展渔家乐场（点）的休闲渔业大发展格区。在全县总结推广"一个村庄、一家农户、一块鱼池、一片绿荫，一桌农家饭、年人均收入一万元"的"六个一"村边休闲渔业模式，助推美丽乡村建设。武山休闲渔业已成为全县全域旅游示范县创建规划的重要组成部分。

三、抓服务促质量

在渔场规划设计、良种引进、新技术新品种试验示范、渔业标准化创建等方面不断强化服务，提升质量效益。每年引进良种乌仔鱼苗超过 50 万尾以上；以溪河水鲑鳟鱼养殖技术为核心的冷水鱼养殖技术趋于成熟，"微流水鲟鱼养殖技术"成为县域及周边最有推广价值的养殖实用新技术之一；在养殖冷水鱼常规品种金鳟、虹鳟、七彩鲑、杂交鲟等的同时，为规避虹鳟鱼类疫病风险，目前正在试验引进抗病毒鲑鱼山女鳟、褐鳟等品种；创建总结出了龙台冷水鱼养殖小区"资源保护生产休闲型"、鸳鸯盘古养鱼小区"生产休闲型"、城关石岭村龙王池鱼苑"餐饮垂钓型"等生产经营模式，利用河沟、塘坝、湿地等资源，在全县总结推广"六个一"休闲渔业模式。创建了龙台金水湾冷水鱼养殖专业合作社所属渔场、武山东胜养殖专业合作社所属渔场、武山久平鲟鱼养殖公司 3 个农业部水产健康养殖示范场和武山龙王池养殖专业合作社、武山县峪龙泉生态养殖专业合作社、武山桃源种养殖专业合作社等 3 个合作所属渔场市级渔业标准化养殖示范场，通过创建完善基础设施建设，推广健康养殖技术，为保障水产品质量安全起到了良好的示范带动作用。

四、抓宣传促发展

按照"内强素质、外树形象"的工作思路，在抓渔业建设的同时，坚持做对外宣传，在各类报刊、政府网站、社会网站、电视台多次开展冷水鱼休闲产业方面的宣传报道，在武山县蔬菜博览会上多次成功展示。为便于组织休闲垂钓、产品推介、信息发布等活动，组织成立了武山县渔业协会，并多次成功组织钓鱼比赛活动，帮助示范基地进行宣传。近两年来加强了与旅游部门的衔接，推荐多个休闲渔场为全国金牌农家乐、星级农家乐，旅游部门多渠道、全方位宣传推介，产生了明显效果。

实践证明，在西北内陆地区发展休闲渔业，具有显著的经济、生态、社会效益，尤其在山区山沟因地制宜发展冷水鱼休闲渔业，对山区群众脱贫致富、美丽乡村建设、生态环境改善具有巨大的助推作用，是实现贫困地区脱贫、加快产业转型发展的一条好路子。

创新农业社会化服务方式　助力现代农业发展
——宁夏农牧厅现代农业服务体系联合体建设经验成效

农业社会化服务体系是促进农民增收的重要手段，是推进现代农业发展的重要支撑，是实现农业现代化的必然要求。一直以来，宁夏回族自治区党委政府高度重视农业社会化服务体系建设工作，始终将其作为解决"三农"问题的一项重要内容常抓不懈，积极探索开展现代农业服务体系联合体建设。2016年，在贺兰县、红寺堡区、原州区分别选择粮食产业、蔬菜产业、肉牛产业，围绕产前、产中、产后各个环节，重点在金融支持服务农业、一、二、三产业融合发展和技术人员与生产经营直接结合服务模式等方面进行了积极探索，取得了新的经验和成效。

一、主要做法

一是产前环节突出金融和农资服务。3个试点依托融资自建或县区贷款担保基金，协调合作银行放大比例为联合体成员担保贷款。贺兰县广银联合体建立400万元封闭性贷款担保基金，获得农业银行1 200万元放贷支持；原州区彭堡联合体整合基金500万元，按照"财政＋银行＋产业＋扶贫"联动模式，为1 105户联合体成员和菜农发放贷款1 900万元；红寺堡区壹加壹联合体由企业担保，为270户建档立卡户和362户托管养殖户落实贷款4 065万元。与此同时，贺兰县广银联合体、原州区彭堡联合体依托种子、农资等会员企业，统一为联合体会员开展配送低于市场价10％～15％的优惠服务；红寺堡区壹加壹联合体按照"双向认购、大户托管和精准脱贫"3种模式，统一为联合体社员配送犊牛和托养肉牛，实行分段养殖、定期回购，确保养殖户收入。

二是产中环节突出农技和农机服务。3个试点依托县乡农技人员、农资植保公司、农机合作社开展技术指导、人员培训、农资供应、植保服务、农机作业等综合服务。贺兰县广银联合体农机作业部对内作业只按成本价上浮20％收费，农牧局选派4名农技人员挂职联合体蹲点服务，农技人员以技术入股参与联合体利润分配，参与入股的农技人员上浮工资30％由联合体考核，30％由农牧局考核；原州区彭堡联合体对3个万亩蔬菜基地实现了"无人机"统防统治，科技特派员李效仁在彭堡镇姚磨村创办绿缘蔬菜科技服务中心，常年为菜农提供技术服务；红寺堡区农牧局组建5人专家技术团队加入壹加壹联合体，常年为托管养殖户提供技术服务。

三是产后环节突出加工和销售服务。3个试点依托联合体内部粮食银行、加工收储企业、屠宰加工及冷链冷库，采取"互联网＋"、电子商务平台、线上产品推介、线下实体店和直销配送窗口等方式提供统一服务。贺兰县广银联合体在全国建立配送直销实体店8个，正在建设集粮源集并、加工存贮、现货销售、电子交易等业务的"粮食银行"，以减少农民储粮成本，规避粮食市场风险；原州区彭堡联合体建设蔬菜保鲜预冷库15个，在广东、深圳、武汉等地建立了8个"六盘山"冷凉蔬菜外销窗口，定向邀约蜀海全国供应链、上海百胜餐饮等7家大型超市扩大蔬菜外销；红寺堡壹加壹联合体在广州、上海等一线城市建设牛肉配送中心3个，直营店2家，与天和百货、四季良品等大型超市合作建立线下实体店，正在建设清真牛羊肉屠宰及深加工生产线项目。

四是保障环节贯穿一体化全程服务。3个试点认真探索信息服务、灾害防控、农业保险、技术培训等关键问题的解决途径。贺兰县广银联合体把农民田间学校建在田间地头，将线上线下销售相结合，建立有机水稻产品生产在线视频可追溯平台，为消费者现场在线视频展示生产全过程。原州区彭堡联合体聘请国内知名电商企业开展"互联网＋蔬菜产业"营销培训，共训蔬菜种植企业、合作社、社员150余人次，在2个万亩蔬菜基地、1个千亩蔬菜基地和150栋设施蔬菜温室安装了蔬菜质检安全监管系统，协调保险公司将蔬菜保险保险品种由20个扩大到32个，保险面积由1.9万亩增加到3.2万亩。红寺堡区壹加壹联合体在有赞商城、淘宁夏、菜虫、百度外卖等互联网平台建立线上网店，在广州、上海等大型超市建立线下实体店，实现了一产"接二连三"，增加了肉牛养殖附加值。

二、体会与启发

一是联合体是统筹服务体系建设的创新模式。试点以"合作经济组织为基础，龙头企业为骨干，其他社会力量为补充，公益性服务与经营性服务相结合，专项服务与综合服务相协调"为宗旨，在现有政策体系框架内，借鉴台湾农会运行经验，吸纳金融、农资、种养殖、植保、农机、加工、销售等各类主体组建联合体，依据《章程》产生联合体理事会、监事会和执行部门，为服务体系建设提供了组织保证。

二是金融服务是服务体系建设的核心。试点采取不同融资方式，依托联合体融资自建或县区金融担保贷款基金，与协议银行合作放大授信比例，为联合体成员担保贷款，开展金融服务，尽管实际操作中制约因素很多，但在一定程度上解决了农业产前、产中和产后融资难、贷款难的问题，发挥了金融资金"四两拨千金"的作用，扩大了联合体的影响力和向心力，提升了联合体的服务能力。

三是新型主体是服务体系建设的基础依托。试点选择了有一定基础和能力的新型经营主体来承担试点任务，从农资供应、农机作业、技术指导、产品销售等基础服务，向资金融通、农资租赁、农业保险、产品加工、休闲农业、品牌宣传、电子商务等综合性服务拓展，吸纳各类新型农业生产经营主体加入联合体，使服务于生产、加工、销售全产业链发展的社会化综合服务体系初具雏形。

四是利益机制是服务体系建设的联结纽带。试点通过建立会员土地经营权入股、租金保底、持股分红、内部转让等利益联结机制探索，统一开展农资配送、机械作业、技术指导、标准回购、加工储存、品牌销售等系列服务，促进种植业、养殖业、加工业、休闲农业、农产品流通等融合发展，使联合体实力逐步壮大，综合服务能力不断增强。

尽管试点工作取得了一定成效，但从目前情况来看，还存在金融服务核心作用发挥不够到位，联合体的利益联接不够紧密，管理体制障碍突破难度较大等问题。在实施层面依然有担保难、贷款难、融资难等情况。同时，联合体组织化程度较低，服务带动能力较弱，产前、产中、产后各环节的利益联接还比较松散。在管理上存在政策衔接脱节，联系机制缺失，信息交流不畅等问题。下一步宁夏回族自治区将加大试点力度，在金融服务创新方面加大投入，建立服务体系利益共同体，形成更加紧密的利益联结机制，提升联合体的服务能力和水平。

科技创新促产业发展

——宁夏平罗县农业科技创新驱动的做法及成效

近年来，宁夏平罗县认真贯彻落实党和国家的农业创新工作方针，围绕全市农业农村工作重点，以科技为引领，以成果转化和推广应用为手段，以先进实用技术为依托，以农业科技增收为目标，大力开展农业科技创新、农业体制机制创新、农业经营模式创新，积极探索农业＋电商、旅游等新业态，推动了农村经济保持稳中向好、好中趋进的发展态势。

一、主要做法及成效

（一）强化科技创新，农业支撑能力不断提升

一是实施了三大粮食作物品种更新工程。开展农业技术攻关 18 项，取得各类农业科技成果 8 项，主要农产品优质率达到 80％以上（玉米 100％、水稻 80％、小麦 60％），引进水稻、玉米、蔬菜制种等优良品种 60 个，示范推广工厂化育秧、穴盘育苗、精量播种、穴播水稻、喷滴灌、水肥一体化、杂交制种等种养技术试验 20 多项，农产品质量安全监管实现乡镇全覆盖，蔬菜、畜禽、水产品监测合格率分别达 98％、98％、100％，重大动物疫情得到有效控制。二是注重农业科技合作。围绕产业提质增效，与宁夏农业科学院建立科技创新联盟，由专家为平罗县农业"会诊把脉"，开展了大量试验、示范和展示工作，共建立技术试验示范点 15 个，引进水稻、玉米、瓜菜等优良品种 80 多个，示范推广种养新技术 18 项，面积 1.2 万亩。注重技术和品牌同步推进，宁夏科丰种业聘请宁夏农业科学院首席专家驻点服务，保证了宁粳系列水稻的品质；沙湖辣椒和红翔村沙漠西甜瓜专业合作社合作种植的"枸杞辣椒"和"枸杞番茄"取得成功；中青公司研发的"天蜜脆梨"甜瓜，品质优、效益高，在移民区大面积推广；鑫伟辉公司注册的"贺兰山"山羊、宁羊农牧集团用湖羊和本地滩寒杂交的宁羊，提高了全县羊肉主打品牌的知名度。三是深入开展基层农技服务体系改革。推行基层农技员"农技宝"在线管理，与县委组织部共建农业人才基地 2 个，建立专家沙漠瓜菜、肉羊育肥专家工作室 2 个。建设农民田间学校 3 所，培训基层农技人员 260 名，完成新型职业农民培训 1 130 人次。四是实施农业节水、盐碱地改良等工程。建设高标准农田 8 万亩，改造中低产田 30 万亩，全县农机总动力 65.9 万千瓦，农作物综合机械化水平达 90.7％，为农业农村经济发展提供了强有力的支撑。

（二）深化农村改革，农业经营体制机制创新步伐加快

坚持把产业化经营作为推进产业振兴的主导模式，产加销全程构建、协同推进，全面提升农业产业化发展水平。一是加大新型经营主体培育。大力推广"公司＋基地＋合作社＋农户"的发展模式，新培育新型经营主体 30 家，累计达 356 家，其中示范性家庭农

场 51 家。培育国家级农民专业合作社示范社 10 家，区级农民专业合作社示范社 24 家，市级农民专业合作社示范社 37 家。新型经营主体吸纳和应用科技的能力大幅提高，示范带动能力明显增强。二是建立了县、乡（镇）、村三级联网的农村产权流转交易平台。制定统一的交易规则、鉴证程序、服务标准，在贷款利率、期限、额度、担保、风险控制等方面，加大创新支持力度，简化贷款流程。2016 年，办理农村各类产权抵押贷款 2 104 笔 1.05 亿元，其中农村土地承包经营权贷款 2 001 笔共 9 220 万元。三是深化农村集体资产股份制改革试点。健全完善了《平罗县农村集体"三资"股份制管理暂行办法》，认定农村集体经济组织成员 24.2 万人。完成农村集体经济"三资"清查核资工作，争取到农业部农村股份制试点工作项目，确定 10 个村开展股份制合作制试点。

（三）推进农业综合社会化服务，促进农业经营由简单粗放向科学合理方向转变

一是拓宽农业社会化综合服务范畴。围绕农资超市、测土配方、统防统治、农机作业、农村电商等环节，申报建设农业综合服务站 9 家，鼓励实施主体采取合作、订单、托管、全程一站式等多种模式开展服务，促进多种主体广泛参与，实现专业化生产、规模化经营。制定印发了《平罗县动物防疫服务方式改革试点工作方案》，探索开展政府购买服务的新机制，通过注册成立畜牧兽医专业服务合作社，解决防疫量大面广的难题。二是创新金融支农方式。整合中央、自治区、市各类涉农扶持资金和县财政安排的 500 万元发展特色产业专项资金，成立了羊产业发展基金，制定了《平罗县农业特色优势产业发展基金管理办法（试行）》，与石嘴山市鑫鼎担保有限公司合作建立了担保基金平台，注资 1 500 万元，为平罗县中小企业融资担保贷款。目前，该县华强农林科技有限公司、宁羊农牧集团、田园菌草有限公司挂牌"新三板"，开创了平罗农业企业进入资本市场的先例；宁夏宇泊公司实施渠道众筹、股权众筹、收益权众筹、消费众筹、推广众筹 5 个项目，探索建立了肉羊全产业链众筹新模式。三是组织实施了农产品初加工、农业产业化等项目，培育产业"增长极"。广东华泰农、上海种业集团在该县建基地、搞加工、促转化，带动了产业转型升级，全县基本形成了盛华阳光草畜一体、通伏稻米加工、长湖清真食品产业园等产业集聚区。

（四）实施"互联网＋农业"战略，推进农业一、二、三产业融合发展

一是大力实施电子商务进农村工程。建成村级电子商务服务站 70 个，中国邮政、三分地、为民服务、圆通、顺丰等 5 家物流企业入驻运营，拓展农产品线上销售市场，全县 48 个品牌 140 多种农产品通过阿里巴巴、淘翼夏电商平台向全国销售，特别是珍珠鸡蛋、长湖石磨面粉、长湖清真羊羔肉罐头、亚麻籽油等农产品销售态势较好，实现网上销售 23 000 单，销售额 145 万元，线下消费成交额 568 万元。二是启动实施全域旅游示范县工作。制定了《平罗县休闲农业发展规划》，突出河东地区资源优势，依托黄河、大漠的自然优势，着力构建河东农业"有草有畜、有瓜有菜、有沙有水、有玩有乐、有吃有住"的立体空间格局。建成采摘园、休闲农庄、农家乐等 33 家，带动农户 316 户，实现经营收入 1 793 万元。三是实施"产加销、种养加"一体化促进行动。围绕优质水稻、制种、草畜、瓜菜、生态水产"一优四特"产业，分产业制订一、二、三产业融合发展方案，集中力量修补产业链上的短板，全面改变农业上产销不畅、价值链短的问题，推进农业一、

二、三产业融合发展。

二、下一步发展计划

(一) 建立健全农业科技创新管理体制

强化农业企业创新的主体地位，形成以农业企业科技创新引领和支撑产业发展的新模式。健全和创新人才引进和激励机制，制定优惠政策，加强与宁夏农业科学院的合作，广泛吸纳农业科研人员到农业园区开展重大项目和关键技术联合攻关。全面推行"包村联户"工作机制，推广"专家—农技人员—科技示范户—辐射带动户"技术服务模式，构建基于"互联网＋"科技成果转化应用新通道，科技人员直接到户、良种良法直接到田、技术要领直接到人，有效解决农技推广"最后一公里"问题。

(二) 推进农业科技自主创新

依托泰金、华泰农、中青等企业，建设以农业物联网为重点的农业全程信息化体系，推进以现代种业、高端设施农业和农产品精深加工为重点技术研发。探索建设农业科技服务云平台，提升农技推广服务效能。深入推进科技特派员农村科技创业行动，加快科技进村入户，让农民掌握更多农业知识。

(三) 加大创新型企业和新型职业农民的培育

择优培育一批发展前景好的创新型农业企业，在政策、项目、经费、人才、科技平台等方面向其倾斜，加大对创新型企业建设的扶持力度，着力引导和支持创新要素向企业集聚。深入实施新型职业农民培育工程和农民继续教育工程，加强农民教育培训体系能力建设，深化产教融合、院企合作，搭建农业创业者和投资人创新投融资平台，鼓励进城农民工和职业院校毕业生返乡创业，实施现代青年农场主计划和农村实用人才培养计划，鼓励发展多种农业经营模式。

(四) 加快农业结构调整和产业转型升级

按照自治区"1＋4＋X"(优质粮食＋草畜、蔬菜、枸杞、酿酒葡萄)和全县"一带三路"(河东地区、滨河大道、109国道、京藏高速)区域布局，高起点、高标准规划建设一批管理服务到位、经济效益明显、创新示范带动力强的农业园区，以此引领现代农业发展。

创新机制　加快步伐
努力开创农技推广工作新局面
——新疆伊宁县提升农技推广服务效能典型经验

近年来中央实行了全面的惠农支农政策，一系列的"少取、多予"政策对提高农业生产水平起到了关键性的作用。而加强和创新农业技术推广体系，搞好农业技术推广工作，是落实国家惠农、支农政策的具体体现，是充分提高农业生产水平的关键因素。

伊犁州伊宁县是农业大县，是新疆乃至全国重要的商品粮基地县，多次被评为"全国粮食生产先进县"。伊宁县辖218个乡（镇）和2个国营农场，耕地面积110万亩，农业人口44万人，县乡农技推广机构19个（1个县农技推广中心，18个乡镇农技站），县乡农技人员共有编制197个（其中县级40个，乡镇级157个），实际在岗176人（县级37人，乡镇级139人）。如何激活管理机制，提高广大农技人员为农服务技能，充分调动其为农服务积极性，为农业增效、农民增收、农产品市场竞争力增强而做出最大贡献，是该县农业主管部门面临的重要课题。通过近几年的努力，总结出了以下做法经验：

一、贯彻落实基层农技体系改革与建设方针，明确基层农技部门职责定位

进一步巩固改革成果，继续推行县管乡用管理体制改革，全县农技推广人员统一调配，形成了以县级农业技术推广中心为平台，覆盖18个乡镇、村的基层农技体系，做到了专人专岗专用。种植业方面：全县18个乡镇农技站按照上级精神第一批改革到位，县乡共有农技人员编制197个（县级40个、乡镇级157个），实际在编在岗人数183人（县级40人、乡镇级143人）。结合《伊宁县基层农技站建设项目》，为全县18个农技站购置了必备的仪器设备，改善了办公条件，服务能力和手段得到显著改观

二、创新农业科技推广体系运行机制，激发农技人员创业热情

开展农技推广运行机制创新，努力创新推广理念和方式方法，通过建立健全以考评为核心的监督激励机制，调动农技人员的积极性、主动性和创造性，确保农技推广服务的时效性和有效性，推动农业科技进步。

（一）双向选聘

为优化伊宁县农业系统技术人员人事管理办法，根据人事部门人才选拔任用和管理监督等相关规定，2013年以来伊宁县农业局实施了人才使用的"双向选聘"制度。根据按需设岗、竞争上岗、按岗聘用的原则，确定具体岗位，明确岗位等级职责，聘用工作人员，实行一年一聘，签订聘用合同。纳入"双向选聘"的单位包括20个乡（镇、场）农技站、县农技推广中心、菜篮子办和2个由农业局主管的县级示范园，共设置管理、技

术、后勤等岗位125个，其中管理岗6个，技术岗119个。通过双向选聘制度，在全系统逐步建立起人员能进能出、职务能上能下、待遇能升能降、优秀人才能脱颖而出的充满生机活力的用人机制。该制度通过两年的建立完善，农业系统技术人员精神面貌、工作态度发生了巨大变化，为农服务的积极性、主动性及农民的满意度大大提高，工作成效斐然。

（二）评聘分离

在职称聘用方面实行评聘分离，2013年以来，该县打破了职称享受的"排排坐、吃果果""论资排辈""先来后到"的格局，根据技术员目标责任完成情况，采取多方考核的办法，选聘业务能力强、有责任心和工作热情的技术人员享受高级职称待遇，反之将职称高但业务能力差缺乏责任心和工作热情的技术员职称工资实行降级使用。另外，将农业部门技术人员职称聘期改为一年，实行"一年一聘"，以增强技术人员的责任感和忧患意识。

（三）实操训练

该县有计划地对农技推广人员进行新成果、新技术、新动态、新方法培训和专业拓展培训，不断提高农技推广队伍素质，提升推广服务能力。制定措施，鼓励农业技术推广人员参加继续教育和业务培训，并把参加继续教育学习的成果作为考核晋升的重要依据。一方面，县农业局积极鼓励农技人员进行脱产学习，学习方式包括"请进来""送出去"，自2013年起与新疆农业大学、江苏省南通市农委共同开办了四期伊宁县农业技术脱产培训班，每年选派50名技术员参加培训，近年来已完成全县技术员200余人次的技术更新、态度转变和能力提升。另一方面，要求每名技术员每年"技术实操"学习时间不少于3个月。县农业局每年从各乡镇农技站抽调30～50名技术员赴2个县级农业科技示范园进行实操锻炼，要求每位技术员跟踪一种作物或一种模式，全程记录作物生长情况，从而对该作物的生长特性、需肥需水特性等建立近距离的感性认识，年底形成试验报告提交局考核小组，实操成绩作为对技术员选聘的依据之一。

（四）实行"三定三挂钩"责任制

建立责任制度，县农业局结合每位技术人员的工作职责，与技术人员签订"三定三挂钩"（定岗位、定指标、定任务，并与技术人员的职称评聘、工资分配、农民的效益相挂钩）目标管理责任书。"三定三挂钩"考核结果直接与来年技术人员的岗位评聘相结合。同时，结合全县农业四级示范体系建设，通过项目扶持和县财政资金支持，要求各乡镇农技站技术员建立5户左右结对子示范户，通过做给农民看、带动农民干的方式，大力推广农业新品种、新技术，辐射带动广大农民发展高产、优质、高效农业。

（五）建立健全"361"考评激励机制

根据当地农业生产实际，确定农业技术推广人员的考核内容和方式，建立健全科学的绩效考评机制和指标体系，强化责任。同时，改革分配制度，建立健全激励机制，根据岗位职责、工作业绩确定其绩效报酬。将农技人员工资中津贴的20%预留下来，作为绩效工资，针对不同职称的技术人员结合其所在乡镇，制定不同的考核内容，于年中、年终进行交叉、公开考核，考核分优秀、合格、不合格3种（比例为"361"，即30%优秀、60%合格、10%不合格），合格全额拿回自己的绩效工资，不合格的绩效工资奖励给优秀人员；同时，单位再拿出一部分对优秀者进行奖励，通过奖勤罚懒，调动农技人员工作积极性。

（六）努力落实各项保障机制

第一，经费保障。由于农业科技的创新与推广是一项国家、消费者均会受益的公共事业，县农业行政主管部门积极努力，争取县委、政府以及江苏援疆对口单位对农技推广工作的支持。江苏南通市农业局是该县农业局的结对子帮扶单位，对该县示范基地基础设施建设及仪器购置方面给予很大帮助；另外，县财政投入一定的资金用于县乡两级土地流转及示范园建设，在此基础上，县财政将技术员办公经费由每年 500 元提高到 3 000 元、县财政出资 100 万元为技术员租赁 1 200 亩土地进行实训，并对技术员参加实训的交通费、午餐费给予补助等。第二，政策保障。在中央出台 1 号文件的基础上，该县每年年初也出台县委 1 号文件，制定保障农业发展和农业技术推广的各项优惠政策，为农业技术走进千家万户及新的农业技术推广体系的良好运行提供政策支撑。

三、依托示范基地，促成成果转化，不断提高农业科技水平

"典型引路，全面推进"是农业科技成果转化的成功经验。通过示范基地建设，实现先进技术的适应性改进与技术组装配套，可为带动大范围区域发展提供成熟的模式、技术和经验。近年来伊宁县相继建设了一些农业科技展示基地，截至目前，全县共建成县级农业科技示范基地 3 个，包括伊宁县农业局农业科技示范园（青年农场）、伊宁县现代农业科技示范园（萨地克于孜乡）和墩麻扎示范园；乡镇级示范园 10 个。主要以位于萨地克于孜乡的伊宁县现代农业示范园建设和位于青年农场的伊宁县农业局农业科技示范园建设为重点，不断探索提高示范园功效的模式和机制，农业局分别确定两名副局长分管 2 个示范园，全县抽调 30 名技术员到示范园进行实训，要求每名技术员跟踪一种作物，亲自种、亲自管，发现生产中的问题并提出解决办法，年底之前提交试验报告。同时，为提高全县农业科技水平，伊宁县农业局邀请新疆农业大学章建新、徐文修等教授带来多个课题在该县示范园进行试验和示范，通过"产、学、研"给伊宁县技术员进行专业技术的"传、帮、带"，加快伊宁县农民推广使用新品种、新技术的步伐。留守乡镇的技术员要承包乡镇级示范园进行示范建设，没有乡镇级示范园的乡镇级技术员自行承包土地或自行与农户结对子，建立技术员"练功田"，要求每人"练功田"不少于 10 亩地，主要试验示范农业新品种、节水灌溉、测土配方施肥、玉米螟、红蜘蛛等主要病虫害的综合防治以及小麦、玉米的 3、4 次追肥等。目前这种运作模式有效实现了综合技术的示范展示带动、培训及教育等，初步构建了农业科技攻关、新技术新品种新成果展示、农业技术培训的 3 个平台，为改革和发展伊宁县农业技术推广服务工作打下了较好的基础。

伊宁县现代农业科技示范园 2014 年被列为国家级农业科技创新与集成示范基地，被认定为伊宁县新型职业农民培育实训基地、伊宁县青少年科普培训基地，还是自治区挂名的农民田间学校。

四、探索农业科技推广发展道路，最大限度地满足农业发展需要

为解决推广人员按照政府意图推广、农民被动接受、推广效率低下的矛盾，该县主要

采取以下措施积极探索地方农业科技推广工作贴合实际、务求实用、注重实效的发展道路。一是努力建立畅通高效的农民需求反馈机制。通过走访种植大户、农村经纪人、专业合作社成员、农民代表等，收集、整理、筛选与农民生产活动密切相关的需求信息，为农技推广工作计划的制定、实施、调整提供重要依据。二是努力提供能满足农村实际需要的农业科技帮助，了解农民究竟需要什么样的新技术，并将农民需求反馈给农业科研部门，如瓜农需要小型西瓜开沟机及地膜马铃薯种植中需要开沟、铺滴灌带、覆膜、播种等一体的马铃薯播种机等，针对农民反映马铃薯甲虫危害难以防治的问题，引进了国外的智慧植保技术等。

五、认真实施农业发展项目，助推基层农技推广体系建设

近年来，中央加大了对农技推广工作的支持力度，该县以此为契机，争取并实施了测土配方施肥项目、巩固退耕还林成果口粮田建设项目、基层农技站建设项目、旱作技术示范推广项目、有害生物控制区域站建设项目等。通过全国农技推广体系改革与建设补助项目的实施，筛选并推广了适合本地的主导品种和主推技术、建立示范基地、通过示范户辐射带动周边农户的发展，根据伊宁县独有的气候环境特征，遴选出适宜本地生产需要的主导品种和主推技术，全县主导品种和主推技术入户率和到位率达到 95％以上；通过基层农技站建设项目的实施，为基层农技站修建办公室、农技服务大厅、检测室及培训室，购置必要的仪器设备，逐步完善基层农技站硬件装备；通过测土配方施肥项目的连续实施，梳理掌握全县基本农田的养分分布情况，广大农民逐步树立科学施肥、科学生产的理念。据统计，2012 年以来共争取上级资金逾 6 000 万。一系列农业项目的实施，有力地推动了该县农业科技推广工作的发展。

附录一 2016 年度各省（自治区、直辖市）农技推广体系机构队伍基本情况

1. 北京市

各层级及行业机构数量

单位：个

指标名称＼按行业分组	总量	种植业	畜牧兽医	水 产	农机化	综合站
推广机构数	324	71	110	8	13	122
1. 省级	7	3	2	1	1	0
2. 县（区）级	82	40	21	7	12	2
3. 乡（镇）级	235	28	87	0	0	120

注：乡镇农技推广机构中，乡镇政府管理的占比 46.81％，县级农业行政部门管理的占比 46.81％，县乡共管的占比 6.38％。

农技推广人员基本情况

单位：个

指标名称＼按行业分组		总量	种植业	畜牧兽医	水 产	农机化	综合站
编制数	全部	3 197	1 571	1 097	138	393	718
	1. 省级	536	249	155	74	58	0
	2. 县级	1 874	1 108	331	64	335	36
	3. 乡级	1 507	214	611	0	0	682
编制内人数	全部	3 504	1 376	1 007	132	357	632
	1. 省级	527	249	151	74	53	0
	2. 县级	1 625	938	295	58	304	30
	3. 乡级	1 352	189	561	0	0	602
实有人数	全部	3 761	1 467	1 056	144	365	729
	1. 省级	546	257	151	83	55	0
	2. 县级	1 651	940	310	61	310	30
	3. 乡级	1 564	70	595	0	0	699

注：在编人员中，拥有初级职称的人员占比 24.54％，中级职称的占比 23.12％，高级职称的占比 10.25％；年龄 35 岁以下 26.00％，35～50 岁 47.00％，50 岁以上 27.00％；学历大专以上占比 59.28％，其中本科及以上 45.18％，研究生及以上 14.10％。

2. 天津市

各层级及行业机构数量

单位：个

指标名称　按行业分组	总量	种植业	畜牧兽医	水　产	农机化	综合站
推广机构数	332	71	67	12	35	147
1. 省级	13	7	4	1	1	0
2. 县（区）级	74	32	17	11	11	3
3. 乡（镇）级	245	32	46	0	23	144

注：乡镇农技推广机构中，乡镇政府管理的占比 58.78%，县级农业行政部门管理的占比 41.22%，县乡共管的占比 0.00%。

农技推广人员基本情况

单位：个

指标名称　按行业分组		总量	种植业	畜牧兽医	水　产	农机化	综合站
编制数	全部	3 975	947	912	238	656	1 222
	1. 省级	348	169	119	25	35	0
	2. 县级	1 798	606	612	213	274	93
	3. 乡级	1 829	172	181	0	347	1 129
编制内人数	全部	3 197	745	756	188	437	1 071
	1. 省级	272	140	85	22	25	0
	2. 县级	1 442	512	501	166	192	71
	3. 乡级	1 483	93	170	0	220	1 000
实有人数	全部	3 318	750	779	203	450	1 136
	1. 省级	275	140	88	22	25	0
	2. 县级	1 497	516	511	181	196	93
	3. 乡级	1 546	94	180	0	229	1 043

注：在编人员中，拥有初级职称的人员占比 25.02%，中级职称的占比 23.68%，高级职称的占比 13.76%；年龄 35 岁以下 16.23%，35～50 岁 56.90%，50 岁以上 26.87%；学历大专以上占比 52.52%，其中本科及以上 46.76%，研究生及以上 5.76%。

3. 河北省

各层级及行业机构数量

单位：个

指标名称　按行业分组	总量	种植业	畜牧兽医	水　产	农机化	综合站
推广机构数	2 763	809	809	76	244	825
1. 省级	8	4	1	2	1	0
2. 地市级	85	48	15	11	11	0
3. 县（区）级	809	399	186	55	110	59
4. 乡（镇）级	1 861	358	607	8	122	766

注：乡镇农技推广机构中，乡镇政府管理的占比 7.20%，县级农业行政部门管理的占比 81.68%，县乡共管的占比 11.12%。

农技推广人员基本情况

单位：个

指标名称	按行业分组	总量	种植业	畜牧兽医	水 产	农机化	综合站
编制数	全部	20 644	7 496	4 403	551	1 422	6 772
	1. 省级	272	171	50	37	14	0
	2. 地市级	1 402	765	234	162	241	0
	3. 县级	7 168	3 658	1 738	321	775	676
	4. 乡级	11 802	2 902	2 381	31	392	6 096
编制内人数	全部	18 039	6 664	3 900	514	1 186	5 775
	1. 省级	247	151	47	36	13	0
	2. 地市级	1 315	715	215	168	218	0
	3. 县级	6 379	3 234	1 551	285	682	627
	4. 乡级	10 098	2 565	2 087	25	273	5 148
实有人数	全部	18 624	6 738	4 172	527	1 204	5 983
	1. 省级	247	151	47	36	13	0
	2. 地市级	1 321	716	219	168	218	0
	3. 县级	6 520	3 277	1 596	298	684	665
	4. 乡级	10 536	2 594	2 310	25	289	5 318

注：在编人员中，拥有初级职称的人员占比 29.02%，中级职称的占比 29.49%，高级职称的占比 15.63%；年龄 35 岁以下 13.57%，35～50 岁 63.07%，50 岁以上 23.36%；学历大专以上占比 34.09%，其中本科及以上 28.64%，研究生及以上 5.44%。

4. 山西省

各层级及行业机构数量

单位：个

指标名称	按行业分组	总量	种植业	畜牧兽医	水 产	农机化	综合站
推广机构数		3 275	1 476	993	47	728	31
1. 省级		15	9	4	1	1	0
2. 地市级		124	74	26	11	11	2
3. 县（区）级		716	374	187	35	120	0
4. 乡（镇）级		2 420	1 019	776	0	596	29

注：乡镇农技推广机构中，乡镇政府管理的占比 16.16%，县级农业行政部门管理的占比 55.12%，县乡共管的占比 28.72%。

农技推广人员基本情况

单位：个

指标名称	按行业分组	总量	种植业	畜牧兽医	水产	农机化	综合站
编制数	全部	15 926	8 399	5 374	136	1 892	125
	1. 省级	409	262	91	12	44	0
	2. 地市级	1 348	823	304	41	139	41
	3. 县级	6 415	3 859	1 755	83	718	0
	4. 乡级	7 754	3 455	3 224	0	991	84
编制内人数	全部	13 285	7 189	4 259	112	1 629	96
	1. 省级	336	212	80	12	32	0
	2. 地市级	1 042	635	244	33	100	30
	3. 县级	5 540	3 461	1 392	67	620	0
	4. 乡级	6 367	2 881	2 543	0	877	66
实有人数	全部	14 218	7 643	4 676	114	1 666	119
	1. 省级	342	215	83	12	32	0
	2. 地市级	1 048	640	245	33	100	30
	3. 县级	5 706	3 549	1 461	69	627	0
	4. 乡级	7 122	339	2 887	0	907	89

注：在编人员中，拥有初级职称的人员占比 36.75%，中级职称的占比 32.47%，高级职称的占比 8.03%；年龄 35 岁以下 13.85%，35～50 岁 56.46%，50 岁以上 29.69%；学历大专以上占比 34.74%，其中本科及以上 28.80%，研究生及以上 5.94%。

5. 内蒙古自治区

各层级及行业机构数量

单位：个

指标名称	按行业分组	总量	种植业	畜牧兽医	水产	农机化	综合站
推广机构数		2 220	688	867	48	184	433
1. 省级		12	7	3	1	1	0
2. 地市级		128	57	38	7	12	14
3. 县（区）级		844	346	311	40	88	59
4. 乡（镇）级		1 236	278	515	0	83	360

注：乡镇农技推广机构中，乡镇政府管理的占比 39.16%，县级农业行政部门管理的占比 40.45%，县乡共管的占比 20.39%。

农技推广人员基本情况

单位：个

指标名称	按行业分组	总量	种植业	畜牧兽医	水　产	农机化	综合站
编制数	全部	19 644	6 518	7 487	758	1 436	3 475
	1. 省级	500	169	181	61	89	0
	2. 地市级	3 161	1 353	1 066	223	213	306
	3. 县级	9 245	3 588	3 691	474	1 006	486
	4. 乡级	6 738	1 408	2 519	0	128	2 683
编制内人数	全部	18 246	5 927	7 120	686	1 287	3 235
	1. 省级	452	151	168	61	72	0
	2. 地市级	2 877	138	976	197	185	281
	3. 县级	8 597	3 242	3 549	428	904	474
	4. 乡级	6 320	1 296	2 427	0	117	2 480
实有人数	全部	19 126	6 109	7 733	690	1 310	3 374
	1. 省级	455	153	169	61	72	0
	2. 地市级	2 888	1 239	984	197	185	283
	3. 县级	8 917	3 378	3 689	432	926	492
	4. 乡级	6 956	1 339	2 891	0	127	2 599

注：在编人员中，拥有初级职称的人员占比 24.08%，中级职称的占比 36.32%，高级职称的占比 16.34%；年龄 35 岁以下 12.15%，35～50 岁 55.95%，50 岁以上 31.90%；学历大专以上占比 44.94%，其中本科及以上 38.06%，研究生及以上 6.87%。

6. 辽宁省

各层级及行业机构数量

单位：个

指标名称	按行业分组	总量	种植业	畜牧兽医	水　产	农机化	综合站
推广机构数		2 205	739	792	199	143	332
1. 省级		10	5	3	1	1	0
2. 地市级		82	35	19	14	14	0
3. 县（区）级		376	119	129	64	55	9
4. 乡（镇）级		1 737	580	641	120	73	323

注：乡镇农技推广机构中，乡镇政府管理的占比 18.77%，县级农业行政部门管理的占比 61.95%，县乡共管的占比 19.29%。

农技推广人员基本情况

单位：个

指标名称	按行业分组	总量	种植业	畜牧兽医	水 产	农机化	综合站
编制数	全部	14 354	5 248	4 784	887	1 107	2 328
	1. 省级	337	137	143	35	22	0
	2. 地市级	1 231	466	291	204	270	0
	3. 县级	4 856	1 983	1 649	365	660	199
	4. 乡级	7 930	2 662	2 701	283	155	2 129
编制内人数	全部	13 190	4 742	4 531	791	988	2 138
	1. 省级	317	128	133	34	22	0
	2. 地市级	1 093	407	268	176	242	0
	3. 县级	4 408	1 811	1 538	321	574	164
	4. 乡级	7 372	2 396	2 592	260	150	1 974
实有人数	全部	13 643	4 908	4 633	838	1 006	2 258
	1. 省级	321	128	133	38	22	0
	2. 地市级	1 112	414	268	185	245	0
	3. 县级	4 490	1 842	1 570	334	574	170
	4. 乡级	7 720	2 524	2 662	281	165	2 088

注：在编人员中，拥有初级职称的人员占比 26.69%，中级职称的占比 44.05%，高级职称的占比 14.10%；年龄 35 岁以下 11.92%，35～50 岁 59.35%，50 岁以上 28.73%；学历大专以上占比 43.80%，其中本科及以上 36.00%，研究生及以上 7.80%。

7. 吉林省

各层级及行业机构数量

单位：个

指标名称	按行业分组	总量	种植业	畜牧兽医	水 产	农机化	综合站
推广机构数		2 755	738	755	605	589	68
1. 省级		5	1	2	1	1	0
2. 地市级		67	30	19	9	9	0
3. 县（区）级		338	105	126	47	51	9
4. 乡（镇）级		2 345	602	608	548	528	59

注：乡镇农技推广机构中，乡镇政府管理的占比 9.98%，县级农业行政部门管理的占比 62.64%，县乡共管的占比 27.38%。

农技推广人员基本情况

单位：个

指标名称	按行业分组	总量	种植业	畜牧兽医	水产	农机化	综合站
编制数	全部	22 971	6 979	7 668	2 189	5 583	552
	1. 省级	190	85	56	32	17	0
	2. 地市级	1 062	368	340	144	210	0
	3. 县级	6 227	2 269	2 172	297	1 406	83
	4. 乡级	15 492	4 257	5 100	1 716	3 950	469
编制内人数	全部	22 838	7 871	7 374	1 939	5 186	468
	1. 省级	160	66	56	27	11	0
	2. 地市级	929	324	294	125	186	0
	3. 县级	6 304	2 697	2 038	267	1 222	80
	4. 乡级	15 445	4 784	4 986	1 520	3 767	388
实有人数	全部	23 384	8 003	7 518	2 072	5 319	472
	1. 省级	160	66	56	27	11	0
	2. 地市级	939	330	295	127	187	0
	3. 县级	6 430	2 753	2 065	289	1 243	80
	4. 乡级	15 855	4 854	5 102	1 629	3 878	392

注：在编人员中，拥有初级职称的人员占比33.86%，中级职称的占比33.68%，高级职称的占比14.51%；年龄35岁以下6.84%，35～50岁64.47%，50岁以上28.69%；学历大专以上占比23.12%，其中本科及以上21.61%，研究生及以上1.51%。

8. 黑龙江省

各层级及行业机构数量

单位：个

指标名称	按行业分组	总量	种植业	畜牧兽医	水产	农机化	综合站
推广机构数		2 818	916	1 100	263	468	71
1. 省级		7	1	4	1	1	0
2. 地市级		57	13	23	10	11	0
3. 县（区）级		473	89	246	61	74	3
4. 乡（镇）级		2 281	813	827	191	382	68

注：乡镇农技推广机构中，乡镇政府管理的占比39.50%，县级农业行政部门管理的占比42.22%，县乡共管的占比18.28%。

农技推广人员基本情况

单位：个

指标名称	按行业分组	总量	种植业	畜牧兽医	水产	农机化	综合站
编制数	全部	13 830	6 386	4 899	876	1 356	313
	1. 省级	286	23	197	26	40	0
	2. 地市级	718	353	199	78	88	0
	3. 县级	5 443	2 740	1 586	499	590	28
	4. 乡级	7 383	3 270	2 917	273	638	285
编制内人数	全部	12 528	5 744	4 426	812	1 244	302
	1. 省级	209	19	140	20	30	0
	2. 地市级	626	316	172	64	74	0
	3. 县级	4 933	2 463	1 464	463	515	28
	4. 乡级	6 760	2 946	2 650	265	625	274
实有人数	全部	12 822	5 922	4 521	825	1 251	303
	1. 省级	209	19	140	20	30	0
	2. 地市级	627	317	182	64	74	0
	3. 县级	5 054	2 546	1 487	475	518	28
	4. 乡级	6 932	3 040	2 722	266	629	275

注：在编人员中，拥有初级职称的人员占比19.66%，中级职称的占比43.04%，高级职称的占比28.66%；年龄35岁以下7.26%，35~50岁64.93%，50岁以上27.81%；学历大专以上占比42.47%，其中本科及以上36.29%，研究生及以上6.19%。

9. 上海市

各层级及行业机构数量

单位：个

指标名称	按行业分组	总量	种植业	畜牧兽医	水产	农机化	综合站
推广机构数		149	17	12	9	9	10
1. 省级		4	1	1	1	1	0
2. 县（区）级		44	16	11	8	8	1
3. 乡（镇）级		101	0	0	0	0	101

注：乡镇农技推广机构中，乡镇政府管理的占比32.67%，县级农业行政部门管理的占比58.42%，县乡共管的占比8.91%。

农技推广人员基本情况

单位：个

指标名称	按行业分组	总量	种植业	畜牧兽医	水　产	农机化	综合站
编制数	全部	3 599	1 206	423	402	188	1 380
	1. 省级	517	140	100	235	42	0
	2. 县级	1 726	1 066	323	167	146	24
	3. 乡级	1 356	0	0	0	0	1 356
编制内人数	全部	2 934	986	368	286	156	1 138
	1. 省级	356	97	82	145	32	0
	2. 县级	1 464	889	286	141	124	24
	3. 乡级	1 114	0	0	0	0	1 114
实有人数	全部	3 771	1 003	377	289	160	1 942
	1. 省级	356	97	82	145	32	0
	2. 县级	1 497	906	295	144	128	24
	3. 乡级	1 918	0	0	0	0	1 918

注：在编人员中，拥有初级职称的人员占比 31.42%，中级职称的占比 30.57%，高级职称的占比 16.19%；年龄 35 岁以下 23.86%，35～50 岁 38.85%，50 岁以上 37.29%；学历大专以上占比 58.73%，其中本科及以上 44.27%，研究生及以上 14.45%。

10. 江苏省

各层级及行业机构数量

单位：个

指标名称	按行业分组	总量	种植业	畜牧兽医	水　产	农机化	综合站
推广机构数		2 299	397	784	76	74	968
1. 省级		7	3	2	1	1	0
2. 地市级		89	51	15	12	9	2
3. 县（区）级		565	276	129	63	55	42
4. 乡（镇）级		1 638	67	638	0	9	924

注：乡镇农技推广机构中，乡镇政府管理的占比 56.29%，县级农业行政部门管理的占比 38.34%，县乡共管的占比 5.37%。

农技推广人员基本情况

单位：个

指标名称	按行业分组	总量	种植业	畜牧兽医	水 产	农机化	综合站
编制数	全部	24 283	5 029	6 090	753	869	11 542
	1. 省级	186	65	45	52	24	0
	2. 地市级	1 210	589	239	161	178	43
	3. 县级	7 640	3 883	1 973	540	620	624
	4. 乡级	15 247	492	3 833	0	47	10 875
编制内人数	全部	21 093	4 294	5 428	691	730	9 950
	1. 省级	170	59	39	49	23	0
	2. 地市级	1 041	532	215	136	136	22
	3. 县级	6 535	3 254	1 741	506	526	508
	4. 乡级	13 347	449	3 433	0	45	9 420
实有人数	全部	23 077	4 385	6 171	732	746	11 043
	1. 省级	179	59	42	55	23	0
	2. 地市级	1 060	537	227	137	137	22
	3. 县级	6 811	3 338	1 865	540	541	527
	4. 乡级	15 027	451	4 037	0	45	10 494

注：在编人员中，拥有初级职称的人员占比 32.37%，中级职称的占比 39.37%，高级职称的占比 17.24%；年龄 35 岁以下 9.79%，35～50 岁 52.09%，50 岁以上 38.12%；学历大专以上占比 38.27%，其中本科及以上 31.31%，研究生及以上 6.95%。

11. 浙江省

各层级及行业机构数量

单位：个

指标名称	按行业分组	总量	种植业	畜牧兽医	水 产	农机化	综合站
推广机构数		1 760	271	113	80	80	1 216
1. 省级		4	1	1	1	1	0
2. 地市级		62	31	8	11	7	5
3. 县（区）级		507	219	72	68	69	79
4. 乡（镇）级		1 187	20	32	0	3	1 132

注：乡镇农技推广机构中，乡镇政府管理的占比 63.94%，县级农业行政部门管理的占比 26.28%，县乡共管的占比 9.77%。

农技推广人员基本情况

单位：个

指标名称	按行业分组	总量	种植业	畜牧兽医	水　产	农机化	综合站
编制数	全部	15 929	3 039	2 116	533	920	9 321
	1. 省级	105	50	21	25	9	0
	2. 地市级	786	270	183	130	120	83
	3. 县级	6 241	2 394	1 763	378	785	921
	4. 乡级	8 797	325	149	0	6	8 317
编制内人数	全部	13 658	2 700	1 697	514	754	7 993
	1. 省级	93	44	18	25	6	0
	2. 地市级	721	260	164	127	98	72
	3. 县级	5 236	2 110	1 408	362	644	712
	4. 乡级	7 608	286	107	0	6	7 209
实有人数	全部	14 442	2 748	1 828	612	776	8 478
	1. 省级	116	44	18	48	6	0
	2. 地市级	759	262	176	141	108	72
	3. 县级	5 481	2 155	1 486	423	656	761
	4. 乡级	8 086	287	148	0	6	7 645

注：在编人员中，拥有初级职称的人员占比 28.31%，中级职称的占比 40.22%，高级职称的占比 12.87%；年龄 35 岁以下 21.53%，35～50 岁 38.53%，50 岁以上 39.95%；学历大专以上占比 53.65%，其中本科及以上 44.42%，研究生及以上 9.23%。

12. 安徽省

各层级及行业机构数量

单位：个

指标名称	按行业分组	总量	种植业	畜牧兽医	水　产	农机化	综合站
推广机构数		2 653	624	505	139	312	1 073
1. 省级		14	7	5	1	1	0
2. 地市级		57	22	13	10	9	3
3. 县（区）级		463	189	96	59	77	42
4. 乡（镇）级		2 119	406	391	69	225	1 028

注：乡镇农技推广机构中，乡镇政府管理的占比 12.22%，县级农业行政部门管理的占比 75.18%，县乡共管的占比 12.60%。

农技推广人员基本情况

单位：个

指标名称	按行业分组	总量	种植业	畜牧兽医	水 产	农机化	综合站
编制数	全部	18 622	6 597	2 687	681	1 965	6 692
	1. 省级	310	165	107	15	23	0
	2. 地市级	949	517	138	108	90	96
	3. 县级	6 951	3 557	1 413	418	1 048	515
	4. 乡级	10 412	2 358	1 029	140	804	6 081
编制内人数	全部	15 944	5 739	2 133	587	1 773	5 712
	1. 省级	281	153	97	13	18	0
	2. 地市级	720	36	122	80	75	81
	3. 县级	6 003	3 113	1 139	378	937	436
	4. 乡级	8 940	2 111	775	116	743	5 195
实有人数	全部	16 208	5 774	2 242	594	1 803	5 795
	1. 省级	281	153	97	13	18	0
	2. 地市级	728	363	122	80	75	88
	3. 县级	6 098	3 142	1 171	383	962	440
	4. 乡级	9 101	2 116	852	118	748	5 267

注：在编人员中，拥有初级职称的人员占比 30.17%，中级职称的占比 42.30%，高级职称的占比 14.76%；年龄 35 岁以下 8.06%，35～50 岁 64.33%，50 岁以上 27.61%；学历大专以上占比 34.30%，其中本科及以上 30.81%，研究生及以上 3.48%。

13. 福建省

各层级及行业机构数量

单位：个

指标名称	按行业分组	总量	种植业	畜牧兽医	水 产	农机化	综合站
推广机构数		2 218	829	266	253	57	813
1. 省级		12	8	2	1	1	0
2. 地市级		90	55	18	9	0	8
3. 县（区）级		698	439	174	75	5	5
4. 乡（镇）级		1 418	327	72	168	51	800

注：乡镇农技推广机构中，乡镇政府管理的占比 23.77%，县级农业行政部门管理的占比 27.72%，县乡共管的占比 48.52%。

农技推广人员基本情况

单位：个

指标名称	按行业分组	总量	种植业	畜牧兽医	水 产	农机化	综合站
编制数	全部	13 325	4 370	1 940	835	155	6 025
	1. 省级	335	222	54	33	26	0
	2. 地市级	658	343	120	147	0	48
	3. 县级	4 432	2 417	1 528	426	36	25
	4. 乡级	7 900	1 388	238	229	93	5 952
编制内人数	全部	10 586	3 604	1 567	670	118	4 627
	1. 省级	296	198	48	27	23	0
	2. 地市级	573	294	109	134	0	36
	3. 县级	3 725	2 081	1 225	372	25	22
	4. 乡级	5 992	1 031	185	137	70	4 569
实有人数	全部	10 846	3 642	1 619	714	119	4 752
	1. 省级	302	198	48	33	23	0
	2. 地市级	577	294	111	136	0	36
	3. 县级	3 808	2 108	1 269	384	25	22
	4. 乡级	6 159	1 042	191	161	71	4 694

注：在编人员中，拥有初级职称的人员占比 26.43%，中级职称的占比 37.53%，高级职称的占比 16.67%；年龄 35 岁以下 18.50%，35～50 岁 50.56%，50 岁以上 30.95%；学历大专以上占比 39.86%，其中本科及以上 34.83%，研究生及以上 5.03%。

14. 江西省

各层级及行业机构数量

单位：个

指标名称	按行业分组	总量	种植业	畜牧兽医	水 产	农机化	综合站
推广机构数		2 501	383	90	72	77	1 429
1. 省级		6	3	1	1	1	0
2. 地市级		47	32	5	4	6	0
3. 县（区）级		585	344	84	67	70	20
4. 乡（镇）级		1 413	4	0	0	0	1 409

注：乡镇农技推广机构中，乡镇政府管理的占比 4.53%，县级农业行政部门管理的占比 48.48%，县乡共管的占比 46.99%。

农技推广人员基本情况

单位：个

指标名称	按行业分组	总量	种植业	畜牧兽医	水 产	农机化	综合站
编制数	全部	17 950	2 957	1 181	458	707	12 647
	1. 省级	168	47	94	20	7	0
	2. 地市级	338	172	92	23	51	0
	3. 县级	5 100	2 715	995	415	649	326
	4. 乡级	12 344	23	0	0	0	12 321
编制内人数	全部	14 576	2 477	964	400	612	10 123
	1. 省级	106	43	39	18	6	0
	2. 地市级	271	143	66	21	41	0
	3. 县级	4 363	2 273	859	361	565	305
	4. 乡级	9 836	18	0	0	0	9 818
实有人数	全部	14 895	2 497	999	403	615	10 381
	1. 省级	106	43	39	18	6	0
	2. 地市级	277	148	66	21	42	0
	3. 县级	4 418	2 286	894	364	567	307
	4. 乡级	10 094	20	0	0	0	10 074

注：在编人员中，拥有初级职称的人员占比 39.40%，中级职称的占比 23.28%，高级职称的占比 7.86%；年龄 35 岁以下 11.26%，35～50 岁 53.01%，50 岁以上 35.73%；学历大专以上占比 23.89%，其中本科及以上 17.22%，研究生及以上 6.67%。

15. 山东省

各层级及行业机构数量

单位：个

指标名称	按行业分组	总量	种植业	畜牧兽医	水 产	农机化	综合站
推广机构数		4 782	1 577	1 379	562	460	804
1. 省级		11	7	2	1	1	0
2. 地市级		149	103	17	15	14	0
3. 县（区）级		1 141	657	173	161	136	14
4. 乡（镇）级		3 481	810	1 187	385	309	790

注：乡镇农技推广机构中，乡镇政府管理的占比 47.66%，县级农业行政部门管理的占比 36.77%，县乡共管的占比 15.57%。

农技推广人员基本情况

单位：个

指标名称	按行业分组	总量	种植业	畜牧兽医	水 产	农机化	综合站
编制数	全部	29 903	11 366	8 145	2 244	1 628	6 520
	1. 省级	308	209	52	21	26	0
	2. 地市级	1 583	1 037	195	214	137	0
	3. 县级	10 443	5 691	2 437	1 277	913	125
	4. 乡级	17 569	4 429	5 461	732	552	6 395
编制内人数	全部	27 363	10 689	7 114	2 028	1 508	6 024
	1. 省级	278	181	51	21	25	0
	2. 地市级	1 470	958	187	200	125	0
	3. 县级	9 677	5 315	2 237	1 145	865	115
	4. 乡级	15 938	4 235	4 639	662	493	5 909
实有人数	全部	28 900	11 056	7 705	2 121	1 599	6 419
	1. 省级	279	182	51	21	25	0
	2. 地市级	1 503	968	210	200	125	0
	3. 县级	9 990	5 379	2 366	1 196	906	143
	4. 乡级	17 128	4 527	5 078	704	543	6 276

注：在编人员中，拥有初级职称的人员占比35.24%，中级职称的占比36.87%，高级职称的占比11.42%；年龄35岁以下10.00%，35～50岁63.63%，50岁以上26.36%；学历大专以上占比48.32%，其中本科及以上40.67%，研究生及以上7.66%。

16. 河南省

各层级及行业机构数量

单位：个

指标名称	按行业分组	总量	种植业	畜牧兽医	水 产	农机化	综合站
推广机构数		3 510	956	874	120	146	1 414
1. 省级		14	5	7	1	1	0
2. 地市级		200	90	74	18	18	0
3. 县（区）级		1 328	561	523	101	127	16
4. 乡（镇）级		1 968	300	270	0	0	1 398

注：乡镇农技推广机构中，乡镇政府管理的占比61.43%，县级农业行政部门管理的占比28.71%，县乡共管的占比9.86%。

农技推广人员基本情况

单位：个

指标名称	按行业分组	总量	种植业	畜牧兽医	水 产	农机化	综合站
编制数	全部	41 977	13 255	14 862	1 038	1 578	11 244
	1. 省级	1 027	187	790	38	12	0
	2. 地市级	4 065	1 681	1 906	207	271	0
	3. 县级	22 663	9 431	11 004	793	1 295	140
	4. 乡级	14 222	1 956	1 162	0	0	11 104
编制内人数	全部	38 176	12 551	13 061	982	1 652	9 930
	1. 省级	920	176	697	35	12	0
	2. 地市级	3 715	1 570	1 691	210	244	0
	3. 县级	20 976	9 056	9 654	737	1 396	133
	4. 乡级	12 565	1 749	1 019	0	0	9 797
实有人数	全部	40 213	13 319	13 968	1 061	1 827	10 038
	1. 省级	969	179	738	38	14	0
	2. 地市级	3 853	1 617	1 768	224	244	0
	3. 县级	22 562	9 752	10 306	799	1 569	136
	4. 乡级	12 829	1 771	1 156	0	0	9 902

注：在编人员中，拥有初级职称的人员占比27.54%，中级职称的占比27.51%，高级职称的占比10.08%；年龄35岁以下12.29%，35~50岁65.07%，50岁以上22.64%；学历大专以上占比22.63%，其中本科及以上16.72%，研究生及以上5.91%。

17. 湖北省

各层级及行业机构数量

单位：个

指标名称	按行业分组	总量	种植业	畜牧兽医	水 产	农机化	综合站
推广机构数		3 234	1 444	842	311	573	64
1. 省级		11	8	1	1	1	0
2. 地市级		77	44	13	9	11	0
3. 县（区）级		833	477	130	105	102	19
4. 乡（镇）级		2 313	915	698	196	459	45

注：乡镇农技推广机构中，乡镇政府管理的占比21.70%，县级农业行政部门管理的占比54.13%，县乡共管的占比24.17%。

农技推广人员基本情况

单位：个

指标名称	按行业分组	总量	种植业	畜牧兽医	水　产	农机化	综合站
编制数	全部	17 776	10 030	4 511	1 246	1 504	485
	1. 省级	268	201	7	30	30	0
	2. 地市级	1 047	662	131	101	153	0
	3. 县级	7 095	4 504	1 064	693	588	246
	4. 乡级	9 366	4 663	3 309	422	733	239
编制内人数	全部	16 754	9 575	4 061	1 208	1 476	434
	1. 省级	251	188	7	29	27	0
	2. 地市级	976	640	107	94	135	0
	3. 县级	6 705	4 205	1 049	686	561	204
	4. 乡级	8 822	4 542	2 898	399	753	230
实有人数	全部	22 833	10 321	8 824	1 410	1 801	477
	1. 省级	253	188	9	29	27	0
	2. 地市级	1 011	667	108	100	136	0
	3. 县级	7 496	4 364	1 493	786	646	207
	4. 乡级	14 073	5 102	7 214	495	992	270

注：在编人员中，拥有初级职称的人员占比 36.02%，中级职称的占比 39.88%，高级职称的占比 7.34%；年龄 35 岁以下 5.77%，35～50 岁 63.65%，50 岁以上 30.58%；学历大专以上占比 19.02%，其中本科及以上 14.04%，研究生及以上 4.97%。

18. 湖南省

各层级及行业机构数量

单位：个

指标名称	按行业分组	总量	种植业	畜牧兽医	水　产	农机化	综合站
推广机构数		4 990	2 179	1 635	53	773	350
1. 省级		3	1	0	0	1	1
2. 地市级		85	56	11	4	13	1
3. 县（区）级		940	653	101	27	151	8
4. 乡（镇）级		3 962	1 469	1 523	22	608	340

注：乡镇农技推广机构中，乡镇政府管理的占比 24.46%，县级农业行政部门管理的占比 35.92%，县乡共管的占比 39.63%。

农技推广人员基本情况

单位：个

指标名称 \ 按行业分组		总量	种植业	畜牧兽医	水产	农机化	综合站
编制数	全部	29 066	14 584	7 881	345	3 636	2 620
	1. 省级	94	25	0	0	53	16
	2. 地市级	906	385	166	58	295	2
	3. 县级	8 440	5 624	942	205	1 552	117
	4. 乡级	19 626	8 550	6 773	82	1 736	2 485
编制内人数	全部	26 954	13 992	6 762	308	3 431	2 461
	1. 省级	90	21	0	0	53	16
	2. 地市级	780	341	149	56	232	2
	3. 县级	7 950	5 403	825	172	1 433	117
	4. 乡级	18 134	8 227	5 788	80	1 713	2 326
实有人数	全部	27 586	14 171	7 071	309	3 507	2 528
	1. 省级	90	21	0	0	53	16
	2. 地市级	794	343	154	56	239	2
	3. 县级	8 036	5 439	843	173	1 455	126
	4. 乡级	18 666	8 368	6 074	80	1 760	2 384

注：在编人员中，拥有初级职称的人员占比 37.66%，中级职称的占比 29.11%，高级职称的占比 7.56%；年龄 35 岁以下 7.56%，35～50 岁 65.11%，50 岁以上 27.33%；学历大专以上占比 16.49%，其中本科及以上 12.58%，研究生及以上 3.92%。

19. 广东省

各层级及行业机构数量

单位：个

指标名称 \ 按行业分组	总量	种植业	畜牧兽医	水产	农机化	综合站
推广机构数	2 220	767	543	108	246	556
1. 省级	5	2	1	1	1	0
2. 地市级	65	26	9	17	10	3
3. 县（区）级	467	204	90	57	89	27
4. 乡（镇）级	1 683	535	443	33	146	526

注：乡镇农技推广机构中，乡镇政府管理的占比 48.01%，县级农业行政部门管理的占比 38.74%，县乡共管的占比 13.25%。

农技推广人员基本情况

单位：个

指标名称	按行业分组	总量	种植业	畜牧兽医	水 产	农机化	综合站
编制数	全部	15 524	5 634	3 432	748	950	4 760
	1. 省级	143	61	13	50	19	0
	2. 地市级	1 594	799	330	234	114	117
	3. 县级	4 513	2 156	951	404	533	469
	4. 乡级	9 274	2 618	2 138	60	284	4 174
编制内人数	全部	12 787	4 509	2 904	674	861	3 839
	1. 省级	125	52	13	43	17	0
	2. 地市级	1 359	673	247	217	110	112
	3. 县级	3 829	1 819	746	366	472	426
	4. 乡级	7 474	1 965	1 898	48	262	3 301
实有人数	全部	13 698	4 706	3 154	701	904	4 233
	1. 省级	132	59	13	43	17	0
	2. 地市级	1 466	719	281	222	132	112
	3. 县级	3 973	1 874	783	388	482	446
	4. 乡级	8 127	2 054	2 077	48	273	3 675

注：在编人员中，拥有初级职称的人员占比30.25%，中级职称的占比17.76%，高级职称的占比6.87%；年龄35岁以下14.66%，35~50岁56.82%，50岁以上28.51%；学历大专以上占比24.09%，其中本科及以上19.90%，研究生及以上4.18%。

20. 广西壮族自治区

各层级及行业机构数量

单位：个

指标名称	按行业分组	总量	种植业	畜牧兽医	水 产	农机化	综合站
推广机构数		3 521	1 717	114	83	400	1 207
1. 省级		9	6	1	1	1	0
2. 地市级		115	74	13	13	14	1
3. 县（区）级		898	608	76	69	108	37
4. 乡（镇）级		2 499	1 029	24	0	277	1 169

注：乡镇农技推广机构中，乡镇政府管理的占比6.48%，县级农业行政部门管理的占比52.18%，县乡共管的占比41.34%。

农技推广人员基本情况

单位：个

指标名称	按行业分组	总量	种植业	畜牧兽医	水　产	农机化	综合站
编制数	全部	18 674	10 018	715	462	1 896	5 583
	1. 省级	479	398	33	18	30	0
	2. 地市级	1 283	784	107	108	275	9
	3. 县级	6 019	4 124	464	336	811	284
	4. 乡级	10 893	4 712	111	0	780	5 290
编制内人数	全部	16 069	8 638	646	425	1 655	4 705
	1. 省级	450	377	29	16	28	0
	2. 地市级	1 127	686	101	101	230	9
	3. 县级	5 365	3 661	417	308	726	253
	4. 乡级	9 127	3 914	99	0	671	4 443
实有人数	全部	16 419	8 726	665	441	1 696	4 891
	1. 省级	451	377	29	17	28	0
	2. 地市级	1 138	693	105	101	230	9
	3. 县级	5 445	3 675	431	323	755	261
	4. 乡级	9 385	3 981	100	0	683	4 621

注：在编人员中，拥有初级职称的人员占比 34.53%，中级职称的占比 41.48%，高级职称的占比 5.05%；年龄 35 岁以下 10.87%，35~50 岁 60.77%，50 岁以上 28.37%；学历大专以上占比 27.48%，其中本科及以上 24.16%，研究生及以上 3.31%。

21. 海南省

各层级及行业机构数量

单位：个

指标名称	按行业分组	总量	种植业	畜牧兽医	水　产	农机化	综合站
推广机构数		273	53	16	18	12	174
1. 省级		5	2	1	1	1	0
2. 地市级		6	2	0	14	2	0
3. 县（区）级		65	24	15	14	9	3
4. 乡（镇）级		197	25	0	1	0	171

注：乡镇农技推广机构中，乡镇政府管理的占比 68.02%，县级农业行政部门管理的占比 29.95%，县乡共管的占比 2.03%。

农技推广人员基本情况

单位：个

指标名称	按行业分组	总量	种植业	畜牧兽医	水　产	农机化	综合站
编制数	全部	3 384	796	192	120	154	2 122
	1. 省级	118	63	16	24	15	0
	2. 地市级	74	51	0	14	9	0
	3. 县级	945	469	176	79	130	91
	4. 乡级	2 247	213	0	3	0	2 031
编制内人数	全部	2 958	685	157	94	145	1 877
	1. 省级	96	54	16	11	15	0
	2. 地市级	65	46	0	12	7	0
	3. 县级	816	415	141	68	123	69
	4. 乡级	1 981	170	0	3	0	1 808
实有人数	全部	3 367	753	263	119	157	2 075
	1. 省级	119	64	21	15	19	0
	2. 地市级	94	57	0	26	11	0
	3. 县级	944	431	242	75	127	69
	4. 乡级	2 210	201	0	3	0	2 006

注：在编人员中，拥有初级职称的人员占比35.56%，中级职称的占比19.20%，高级职称的占比3.99%；年龄35岁以下10.41%，35~50岁56.69%，50岁以上32.89%；学历大专以上占比19.78%，其中本科及以上15.72%，研究生及以上4.06%。

22. 重庆市

各层级及行业机构数量

单位：个

指标名称	按行业分组	总量	种植业	畜牧兽医	水　产	农机化	综合站
推广机构数		1 588	349	538	21	23	657
1. 县（区）级		251	137	37	21	23	33
2. 乡（镇）级		1 337	212	501	0	0	624

注：乡镇农技推广机构中，乡镇政府管理的占比51.98%，县级农业行政部门管理的占比35.45%，县乡共管的占比12.57%。

农技推广人员基本情况

单位：个

指标名称	按行业分组	总量	种植业	畜牧兽医	水 产	农机化	综合站
编制数	全部	19 388	5 446	5 117	182	182	8 461
	1. 县级	3 548	2 035	663	182	182	486
	2. 乡级	15 840	3 411	4 454	0	0	7 975
编制内人数	全部	17 226	4 813	4 456	163	153	7 641
	1. 县级	3 075	1 715	592	163	153	452
	2. 乡级	14 151	3 098	3 864	0	0	7 189
实有人数	全部	17 463	4 849	4 596	163	160	7 695
	1. 县级	3 094	1 721	596	163	160	454
	2. 乡级	14 369	3 128	4 000	0	0	7 241

注：在编人员中，拥有初级职称的人员占比 27.54%，中级职称的占比 32.84%，高级职称的占比 8.04%；年龄 35 岁以下 18.50%，35～50 岁 48.69%，50 岁以上 32.81%；学历大专以上占比 30.40%，其中本科以上 26.52%，研究生及以上 3.88%。

23. 四川省

各层级及行业机构数量

单位：个

指标名称	按行业分组 总量	种植业	畜牧兽医	水 产	农机化	综合站
推广机构数	8 655	3 073	3 175	180	185	2 042
1. 省级	2	0	0	1	1	0
2. 地市级	184	120	41	11	8	4
3. 县（区）级	1 699	971	456	103	94	75
4. 乡（镇）级	6 770	1 982	2 678	65	82	1 963

注：乡镇农技推广机构中，乡镇政府管理的占比 16.28%，县级农业行政部门管理的占比 49.44%，县乡共管的占比 34.28%。

农技推广人员基本情况

单位：个

指标名称	按行业分组	总量	种植业	畜牧兽医	水 产	农机化	综合站
编制数	全部	52 080	19 135	18 036	898	1 173	12 838
	1. 省级	18	0	0	10	8	0
	2. 地市级	1 903	1 127	492	85	130	69
	3. 县级	16 107	9 028	4 190	689	610	1 590
	4. 乡级	34 052	8 980	13 354	114	425	11 179

（续）

指标名称	按行业分组	总量	种植业	畜牧兽医	水 产	农机化	综合站
编制内人数	全部	44 285	15 763	15 976	779	997	10 770
	1. 省级	12	0	0	5	7	0
	2. 地市级	1 634	991	425	67	90	61
	3. 县级	13 155	7 443	3 459	595	520	1 138
	4. 乡级	29 484	7 329	12 092	112	380	9 571
实有人数	全部	45 546	15 967	16 793	780	1 002	11 004
	1. 省级	12	0	0	5	7	0
	2. 地市级	1 639	996	425	67	90	61
	3. 县级	13 232	7 467	3 477	595	525	1 168
	4. 乡级	30 663	7 504	12 891	113	380	9 775

注：在编人员中，拥有初级职称的人员占比34.59%，中级职称的占比37.41%，高级职称的占比9.05%；年龄35岁以下14.89%，35～50岁56.80%，50岁以上28.30%；学历大专以上占比26.95%，其中本科及以上22.97%，研究生及以上3.99%。

24. 贵州省

各层级及行业机构数量

单位：个

指标名称	按行业分组	总量	种植业	畜牧兽医	水 产	农机化	综合站
推广机构数		2 241	798	191	62	64	1 126
1. 省级		10	6	2	1	1	0
2. 地市级		86	53	16	8	9	0
3. 县（区）级		879	549	168	53	54	55
4. 乡（镇）级		1 266	190	5	0	0	1 071

注：乡镇农技推广机构中，乡镇政府管理的占比49.84%，县级农业行政部门管理的占比23.30%，县乡共管的占比26.86%。

农技推广人员基本情况

单位：个

指标名称	按行业分组	总量	种植业	畜牧兽医	水 产	农机化	综合站
编制数	全部	23 337	6 572	1 856	436	648	13 825
	1. 省级	208	102	74	12	20	0
	2. 地市级	995	529	248	84	134	0
	3. 县级	6 494	3 673	1 502	340	494	485
	4. 乡级	15 640	2 268	32	0	0	13 340

（续）

指标名称	按行业分组	总量	种植业	畜牧兽医	水　产	农机化	综合站
编制内人数	全部	18 624	5 481	1 447	332	512	10 852
	1. 省级	166	81	58	10	17	0
	2. 地市级	809	458	190	64	97	0
	3. 县级	5 189	3 021	1 178	258	398	334
	4. 乡级	12 460	1 921	21	0	0	10 518
实有人数	全部	18 786	5 519	1 450	332	515	10 970
	1. 省级	168	83	58	10	17	0
	2. 地市级	810	459	190	64	97	0
	3. 县级	5 218	3 042	1 181	258	401	336
	4. 乡级	12 590	1 935	21	0	0	10 634

注：在编人员中，拥有初级职称的人员占比 31.43%，中级职称的占比 34.48%，高级职称的占比 11.15%；年龄 35 岁以下 19.87%，35～50 岁 58.28%，50 岁以上 21.85%；学历大专以上占比 30.82%，其中本科及以上 26.06%，研究生及以上 4.75%。

25. 云南省

各层级及行业机构数量

单位：个

指标名称	按行业分组	总量	种植业	畜牧兽医	水　产	农机化	综合站
推广机构数		3 232	1 115	876	114	256	871
1. 省级		10	4	3	1	2	0
2. 地市级		133	70	34	14	13	2
3. 县（区）级		1 101	576	259	93	103	70
4. 乡（镇）级		1 988	465	580	6	138	799

注：乡镇农技推广机构中，乡镇政府管理的占比 68.01%，县级农业行政部门管理的占比 20.02%，县乡共管的占比 11.97%。

农技推广人员基本情况

单位：个

指标名称	按行业分组	总量	种植业	畜牧兽医	水　产	农机化	综合站
编制数	全部	36 351	13 513	7 152	886	1 870	12 930
	1. 省级	270	126	83	23	38	0
	2. 地市级	2 773	1 590	596	178	216	193
	3. 县级	13 228	7 304	3 246	666	1 115	897
	4. 乡级	20 080	4 493	3 227	19	501	11 840

（续）

指标名称	按行业分组	总量	种植业	畜牧兽医	水 产	农机化	综合站
编制内人数	全部	33 386	12 602	6 507	836	1 765	11 676
	1. 省级	248	116	78	20	34	0
	2. 地市级	2 565	1 473	537	167	201	187
	3. 县级	12 447	6 870	3 035	631	1 066	845
	4. 乡级	18 126	4 143	2 857	18	464	10 644
实有人数	全部	33 642	12 631	6 660	844	1 771	11 736
	1. 省级	248	116	78	20	34	0
	2. 地市级	2 571	1 473	541	169	201	187
	3. 县级	12 494	6 883	3 060	637	1 066	848
	4. 乡级	18 329	4 159	2 981	18	470	10 701

注：在编人员中，拥有初级职称的人员占比 24.73%，中级职称的占比 40.71%，高级职称的占比 21.72%；年龄 35 岁以下 17.44%，35～50 岁 61.42%，50 岁以上 21.13%；学历大专以上占比 39.68%，其中本科及以上 36.71%，研究生及以上 2.97%。

26. 西藏自治区

各层级及行业机构数量

单位：个

指标名称	按行业分组	总量	种植业	畜牧兽医	水 产	农机化	综合站
推广机构数		302	44	50	0	7	201
1. 省级		2	2	0	0	0	0
2. 地市级		11	3	6	0	1	1
3. 县（区）级		82	6	21	0	5	30
4. 乡（镇）级		207	13	23	0	1	170

注：乡镇农技推广机构中，乡镇政府管理的占比 11.59%，县级农业行政部门管理的占比 84.54%，县乡共管的占比 3.86%。

农技推广人员基本情况

单位：个

指标名称	按行业分组	总量	种植业	畜牧兽医	水 产	农机化	综合站
编制数	全部	918	246	208	0	8	456
	1. 省级	112	112	0	0	0	0
	2. 地市级	229	70	159	0	0	0
	3. 县级	259	64	49	0	8	138
	4. 乡级	318	0	0	0	0	318

（续）

指标名称	按行业分组	总量	种植业	畜牧兽医	水　产	农机化	综合站
编制内人数	全部	851	253	160	0	8	430
	1. 省级	102	102	0	0	0	0
	2. 地市级	231	91	140	0	0	0
	3. 县级	220	60	20	0	8	132
	4. 乡级	298	0	0	0	0	298
实有人数	全部	919	302	160	0	8	449
	1. 省级	112	112	0	0	0	0
	2. 地市级	231	91	140	0	0	0
	3. 县级	270	99	20	0	8	143
	4. 乡级	306	0	0	0	0	306

注：在编人员中，拥有初级职称的人员占比 31.49%，中级职称的占比 15.39%，高级职称的占比 7.99%；年龄 35 岁以下 67.45%，35～50 岁 26.56%，50 岁以上 5.99%；学历大专以上占比 48.77%，其中本科及以上 43.48%，研究生及以上 5.29%。

27. 陕西省

各层级及行业机构数量

单位：个

指标名称 　按行业分组	总量	种植业	畜牧兽医	水　产	农机化	综合站
推广机构数	1 861	615	554	70	104	518
1. 省级	3	1	0	1	1	0
2. 地市级	79	35	20	7	9	8
3. 县（区）级	761	429	138	62	94	38
4. 乡（镇）级	1 018	150	396	0	0	472

注：乡镇农技推广机构中，乡镇政府管理的占比 24.95%，县级农业行政部门管理的占比 50.10%，县乡共管的占比 24.95%。

农技推广人员基本情况

单位：个

指标名称	按行业分组	总量	种植业	畜牧兽医	水　产	农机化	综合站
编制数	全部	22 484	10 366	4 832	930	1 922	4 434
	1. 省级	150	25	0	109	16	0
	2. 地市级	1 931	1 153	418	139	18	39
	3. 县级	13 664	8 079	2 758	682	1 724	421
	4. 乡级	6 739	1 109	1 656	0	0	3 974

（续）

指标名称＼按行业分组		总量	种植业	畜牧兽医	水产	农机化	综合站
编制内人数	全部	21 526	10 293	4 444	898	2 050	3 841
	1. 省级	100	25	0	65	10	0
	2. 地市级	1 891	1 161	405	136	148	41
	3. 县级	13 964	8 239	2 741	697	1 892	395
	4. 乡级	5 571	868	1 298	0	0	3 405
实有人数	全部	22 466	10 825	4 620	934	2 098	3 989
	1. 省级	100	25	0	65	10	0
	2. 地市级	1 918	1 173	412	136	156	41
	3. 县级	14 584	8 738	2 778	733	1 932	403
	4. 乡级	5 864	889	1 430	0	0	3 545

注：在编人员中，拥有初级职称的人员占比30.19％，中级职称的占比27.13％，高级职称的占比9.20％；年龄35岁以下18.62％，35～50岁61.10％，50岁以上20.27％；学历大专以上占比25.28％，其中本科及以上20.64％，研究生及以上4.64％。

28. 甘肃省

各层级及行业机构数量

单位：个

指标名称＼按行业分组	总量	种植业	畜牧兽医	水产	农机化	综合站
推广机构数	3 016	757	1 150	22	481	606
1. 省级	13	5	6	1	1	0
2. 地市级	88	40	31	4	12	1
3. 县（区）级	533	232	189	17	79	16
4. 乡（镇）级	2 382	480	924	0	389	589

注：乡镇农技推广机构中，乡镇政府管理的占比30.23％，县级农业行政部门管理的占比40.43％，县乡共管的占比29.35％。

农技推广人员基本情况

单位：个

指标名称＼按行业分组		总量	种植业	畜牧兽医	水产	农机化	综合站
编制数	全部	23 559	8 399	7 842	311	1 589	5 418
	1. 省级	974	185	634	120	35	0
	2. 地市级	1 821	885	561	78	219	78
	3. 县级	8 317	4 596	2 555	113	810	243
	4. 乡级	12 447	2 733	4 092	0	525	5 097

（续）

指标名称	按行业分组	总量	种植业	畜牧兽医	水　产	农机化	综合站
编制内人数	全部	22 195	7 741	7 381	265	1 508	5 300
	1. 省级	833	174	536	89	34	0
	2. 地市级	1 756	860	543	66	209	78
	3. 县级	7 918	4 399	2 385	110	788	236
	4. 乡级	11 688	2 308	3 917	0	477	4 986
实有人数	全部	24 438	8 312	8 490	277	1 569	5 790
	1. 省级	833	174	536	89	34	0
	2. 地市级	1 766	870	543	66	209	78
	3. 县级	8 321	4 625	2 504	122	827	243
	4. 乡级	13 518	2 643	4 907	0	499	5 469

注：在编人员中，拥有初级职称的人员占比 31.08％，中级职称的占比 24.65％，高级职称的占比 8.88％；年龄 35 岁以下 37.74％，35～50 岁 43.91％，50 岁以上 18.35％；学历大专以上占比 44.67％，其中本科及以上 39.63％，研究生及以上 5.04％。

29. 青海省

各层级及行业机构数量

单位：个

指标名称	按行业分组	总量	种植业	畜牧兽医	水　产	农机化	综合站
推广机构数		704	117	370	7	35	175
1. 省级		9	2	5	1	1	0
2. 地市级		38	14	14	2	6	2
3. 县（区）级		183	78	63	4	28	10
4. 乡（镇）级		474	23	288	0	0	163

注：乡镇农技推广机构中，乡镇政府管理的占比 36.29％，县级农业行政部门管理的占比 49.58％，县乡共管的占比 14.14％。

农技推广人员基本情况

单位：个

指标名称	按行业分组	总量	种植业	畜牧兽医	水　产	农机化	综合站
编制数	全部	5 969	1 468	3 200	64	439	798
	1. 省级	715	97	572	20	26	0
	2. 地市级	629	238	309	14	56	12
	3. 县级	2 506	1 035	984	30	357	100
	4. 乡级	2 119	98	1 335	0	0	686

（续）

指标名称	按行业分组	总量	种植业	畜牧兽医	水　产	农机化	综合站
编制内人数	全部	5 352	1 326	2 853	57	391	725
	1. 省级	679	84	552	20	23	0
	2. 地市级	562	203	285	10	51	13
	3. 县级	2 324	940	941	27	317	99
	4. 乡级	1 787	99	1 075	0	0	613
实有人数	全部	5 581	1 391	2 989	60	405	736
	1. 省级	682	84	553	20	25	0
	2. 地市级	563	203	286	10	51	13
	3. 县级	2 445	998	986	30	329	102
	4. 乡级	1 891	106	1 164	0	0	621

注：在编人员中，拥有初级职称的人员占比29.58%，中级职称的占比38.32%，高级职称的占比10.99%；年龄35岁以下18.33%，35~50岁61.08%，50岁以上20.59%；学历大专以上占比47.98%，其中本科及以上41.05%，研究生及以上6.93%。

30. 宁夏回族自治区

各层级及行业机构数量

单位：个

指标名称	按行业分组	总量	种植业	畜牧兽医	水　产	农机化	综合站
推广机构数		393	113	159	9	19	93
1. 省级		5	1	2	1	1	0
2. 地市级		15	4	5	2	1	3
3. 县（区）级		103	37	37	6	16	7
4. 乡（镇）级		270	71	115	0	1	83

注：乡镇农技推广机构中，乡镇政府管理的占比1.85%，县级农业行政部门管理的占比58.15%，县乡共管的占比40.00%。

农技推广人员基本情况

单位：个

指标名称	按行业分组	总量	种植业	畜牧兽医	水　产	农机化	综合站
编制数	全部	4 178	1 440	1 305	128	434	871
	1. 省级	187	50	65	32	40	0
	2. 地市级	232	75	59	28	16	54
	3. 县级	2 046	818	713	68	343	104
	4. 乡级	1 713	497	468	0	35	713

（续）

指标名称	按行业分组	总量	种植业	畜牧兽医	水产	农机化	综合站
编制内人数	全部	3 820	1 255	1 226	120	406	813
	1. 省级	166	39	62	30	35	0
	2. 地市级	217	69	55	25	15	53
	3. 县级	1 860	703	674	65	321	97
	4. 乡级	1 577	444	435	0	35	663
实有人数	全部	3 875	1 265	1 258	120	416	816
	1. 省级	177	41	71	30	35	0
	2. 地市级	217	69	55	25	15	53
	3. 县级	1 897	710	691	65	331	100
	4. 乡级	1 584	445	441	0	35	663

注：在编人员中，拥有初级职称的人员占比21.31%，中级职称的占比38.53%，高级职称的占比27.17%；年龄35岁以下11.26%，35~50岁56.86%，50岁以上31.88%；学历大专以上占比55.31%，其中本科及以上50.86%，研究生及以上4.45%。

31. 新疆维吾尔自治区

各层级及行业机构数量

单位：个

指标名称	按行业分组	总量	种植业	畜牧兽医	水产	农机化	综合站
推广机构数		2 585	876	1 080	36	577	16
1. 省级		16	10	4	1	1	0
2. 地市级		79	13	46	8	12	0
3. 县（区）级		424	89	233	27	75	0
4. 乡（镇）级		2 066	764	797	0	489	16

注：乡镇农技推广机构中，乡镇政府管理的占比31.36%，县级农业行政部门管理的占比33.83%，县乡共管的占比34.80%。

农技推广人员基本情况

单位：个

指标名称	按行业分组	总量	种植业	畜牧兽医	水产	农机化	综合站
编制数	全部	21 073	7 395	10 086	312	3 210	70
	1. 省级	618	204	324	76	14	0
	2. 地市级	2 046	699	993	89	265	0
	3. 县级	5 825	2 138	2 817	147	723	0
	4. 乡级	12 584	4 354	5 952	0	2 208	70

（续）

指标名称	按行业分组	总量	种植业	畜牧兽医	水　产	农机化	综合站
编制内人数	全部	19 689	6 820	9 546	252	3 008	63
	1. 省级	517	185	257	63	12	0
	2. 地市级	1 908	655	943	66	244	0
	3. 县级	5 698	2 037	2 824	123	714	0
	4. 乡级	11 566	3 943	5 522	0	2 038	63
实有人数	全部	23 448	7 013	12 935	263	3 170	67
	1. 省级	523	187	257	67	12	0
	2. 地市级	1 973	659	969	66	279	0
	3. 县级	6 128	2 104	3 163	130	731	0
	4. 乡级	14 824	4 063	8 546	0	2 148	67

　　注：在编人员中，拥有初级职称的人员占比 40.14％，中级职称的占比 28.68％，高级职称的占比 11.96％；年龄 35 岁以下 18.71％，35～50 岁 66.18％，50 岁以上 15.10％；学历大专以上占比 39.59％，其中本科及以上 35.22％，研究生及以上 4.37％。

附录二 2016 年度国家级奖项农业类获奖项目

2016 年度国家自然科学奖农业类获奖项目名单

			二等奖	
序号	编号	项目名称	主要完成人	推荐单位/推荐专家
1	Z-105-2-02	水稻产量性状的遗传与分子生物学基础	张启发（华中农业大学），邢永忠（华中农业大学），何予卿（华中农业大学），余四斌（华中农业大学），范楚川（华中农业大学）	中国科学技术协会
2	Z-105-2-03	猪日粮功能性氨基酸代谢与生理功能调控机制研究	印遇龙（中国科学院亚热带农业生态研究所），谭碧娥（中国科学院亚热带农业生态研究所），吴信（中国科学院亚热带农业生态研究所），孔祥峰（中国科学院亚热带农业生态研究所），姚康（中国科学院亚热带农业生态研究所）	湖南省

2016 年度国家科学技术进步奖农业类获奖项目名单

			一等奖（通用项目）		
序号	编号	项目名称	主要完成人	主要完成单位	推荐单位
1	J-222-1-01	生态节水型灌区建设关键技术及应用	王沛芳，王超，侯俊，崔远来，钱进，饶磊，徐俊增，顾斌杰，敖燕辉，茆智，杨士红，程卫国，何岩，罗玉峰，张剑刚	河海大学，武汉大学，昆山市水利工程质量安全监督和水利技术推广站	教育部

（续）

创新团队					
序号	编号	团队名称	主要成员	主要支持单位	推荐单位
1	J-207-1-03	中国农业科学院作物科学研究所小麦种质资源与遗传改良创新团队	刘旭，何中虎，刘秉华，贾继增，辛志勇，李立会，景蕊莲，肖世和，马有志，张学勇，刘录祥，毛龙，夏先春，孔秀英，张辉	中国农业科学院作物科学研究所	农业部

二等奖（通用项目）					
序号	编号	项目名称	主要完成人	主要完成单位	推荐单位
1	J-201-2-01	多抗稳产棉花新品种中棉所49的选育技术及应用	严根土，佘青，潘登明，黄群，赵淑琴，匡猛，付小琼，王宁，王延琴，卢守文	中国农业科学院棉花研究所，新疆中棉种业有限公司	农业部
2	J-201-2-02	辣椒骨干亲本创制与新品种选育	邹学校，戴雄泽，马艳青，李雪峰，张竹青，陈文超，周书栋，欧立军，刘峰，杨博智	湖南省蔬菜研究所	湖南省
3	J-201-2-03	江西双季超级稻新品种选育与示范推广	贺浩华，蔡耀辉，傅军如，尹建华，贺晓鹏，肖叶青，程飞虎，朱昌兰，胡兰香，陈小荣	江西农业大学，江西省农业科学院水稻研究所，江西省农业技术推广总站，江西现代种业股份有限公司，江西大众种业有限公司	江西省
4	J-202-2-01	农林生物质定向转化制备液体燃料多联产关键技术	蒋剑春，周永红，聂小安，张伟明，张维，徐俊明，陈洁，颉二旺，杨锦梁，胡立红	中国林业科学研究院林产化学工业研究所，江苏悦达卡特新能源有限公司，金骄特种新材料（集团）有限公司	国家林业局
5	J-202-2-02	三种特色木本花卉新品种培育与产业升级关键技术	张启翔，李纪元，张方秋，潘会堂，吕英民，程堂仁，孙丽丹，蔡明，潘卫华，王佳	北京林业大学，中国林业科学研究院亚热带林业研究所，广东省林业科学研究院，丽江得一食品有限责任公司，棕榈园林股份有限公司，泰安市泰山林业科学研究院，长兴东方梅园有限公司	国家林业局

（续）

	二等奖（通用项目）				
序号	编号	项目名称	主要完成人	主要完成单位	推荐单位
6	J-202-2-03	林木良种细胞工程繁育技术及产业化应用	施季森，陈金慧，郑仁华，江香梅，王国熙，诸葛强，李火根，王章荣，黄金华，甄艳	南京林业大学，福建省林业科学研究院（福建省林业技术发展研究中心、福建省林业生产力促进中心），江西省林业科学院，福建金森林业股份有限公司，福建省洋口国有林场	国家林业局
7	J-203-2-01	我国重大猪病防控技术创新与集成应用	金梅林，陈焕春，何启盖，吴斌，漆世华，方六荣，张安定，周红波，蔡旭旺，徐高原	华中农业大学，武汉中博生物股份有限公司，武汉科前生物股份有限公司	湖北省
8	J-203-2-02	针对新传入我国口蹄疫流行毒株的高效疫苗的研制及应用	才学鹏，郑海学，刘国英，陈智英，刘湘涛，王超英，齐鹏，魏学峰，张震，郭建宏	中国农业科学院兰州兽医研究所，金宇保灵生物药品有限公司，申联生物医药（上海）股份有限公司，中农威特生物科技股份有限公司，中牧实业股份有限公司	北京大北农科技集团股份有限公司
9	J-203-2-03	功能性饲料关键技术研究与开发	单安山，徐世文，石宝明，吕明斌，王玉璘，梁代华，徐良梅，王德福，燕磊，刘燕	东北农业大学，山东新希望六和集团有限公司，辽宁禾丰牧业股份有限公司，谷实农牧集团股份有限公司	黑龙江省
10	J-203-2-04	中国荷斯坦牛基因组选择分子育种技术体系的建立与应用	张勤，张沅，孙东晓，张胜利，丁向东，刘林，李锡智，刘剑锋，刘海良，姜力	中国农业大学，北京奶牛中心，北京首农畜牧发展有限公司，上海奶牛育种中心有限公司，全国畜牧总站	北京市
11	J-203-2-05	节粮优质抗病黄羽肉鸡新品种培育与应用	文杰，赵桂苹，耿照玉，陈继兰，郑麦青，李东，姜润深，黄启忠，刘冉冉，胡祖义	中国农业科学院北京畜牧兽医研究所，安徽农业大学，上海市农业科学院，安徽五星食品股份有限公司，广西金陵农牧集团有限公司	农业部

（续）

		二等奖（通用项目）			
序号	编号	项目名称	主要完成人	主要完成单位	推荐单位
12	J-205-2-01	机械化秸秆还田技术与装备	刘少林	河南豪丰机械制造有限公司	中国农学会
13	J-211-2-01	果蔬益生菌发酵关键技术与产业化应用	谢明勇，熊涛，聂少平，关倩倩，钟虹光，殷军艺，帅高平，蔡永峰，黄涛，宋苏华	南昌大学，江西江中制药（集团）有限责任公司，蜡笔小新（福建）食品工业有限公司，江西阳光乳业集团有限公司，南昌旷达生物科技有限公司，中国食品工业（集团）公司	中国产学研合作促进会
14	J-211-2-02	金枪鱼质量保真与精深加工关键技术及产业化	郑斌，罗红宇，邓尚贵，郑道昌，杨会成，劳敏军，王加斌，陈小娥，王斌，周宇芳	浙江海洋学院，浙江省海洋开发研究院，浙江大洋世家股份有限公司，浙江兴业集团有限公司，海力生集团有限公司	中国轻工业联合会
15	J-211-2-04	中国葡萄酒产业链关键技术创新与应用	李华，段长青，李记明，陈小波，焦复润，王华，张振文，潘秋红，房玉林，刘树文	西北农林科技大学，中国农业大学，烟台张裕葡萄酿酒股份有限公司，中粮华夏长城葡萄酒有限公司，威龙葡萄酒股份有限公司	中国轻工业联合会
16	J-212-2-02	苎麻生态高效纺织加工关键技术及产业化	程隆棣，荣金莲，肖群锋，李毓陵，耿灏，陈继无，揭雨成，严桂香，匡颖，崔运花	湖南华升集团公司，东华大学，湖南农业大学	中国纺织工业联合会
17	J-213-2-03	阿维菌素的微生物高效合成及其生物制造	张立新，张庆，暴连群，姜玉国，刘梅，杨军强，王琳慧，王得明，高鹤永，苗靳	中国科学院微生物研究所，内蒙古新威远生物化工有限公司，石家庄市兴柏生物工程有限公司，齐鲁制药（内蒙古）有限公司	中国科学院
18	J-231-2-05	三江源区草地生态恢复及可持续管理技术创新和应用	赵新全，周青平，马玉寿，董全民，周华坤，徐世晓，施建军，赵亮，王文颖，汪新川	中国科学院西北高原生物研究所，青海大学，青海省畜牧兽医科学院，西南民族大学，青海省牧草良种繁殖场，青海师范大学	青海省

（续）

		二等奖（通用项目）			
序号	编号	项目名称	主要完成人	主要完成单位	推荐单位
19	J-234-2-02	中草药DNA条形码物种鉴定体系	陈士林，宋经元，姚辉，王一涛，韩建萍，庞晓慧，石林春，李西文，朱英杰，胡志刚	北京协和医学院-清华大学医学部，中国中医科学院中药研究所，湖北中医药大学，盛实百草药业有限公司，广州王老吉药业股份有限公司，澳门大学，四川新荷花中药饮片股份有限公司	教育部
20	J-25101-2-01	设施蔬菜连作障碍防控关键技术及其应用	喻景权，周艳虹，王秀峰，孙治强，吴凤芝，张明方，师恺，王汉荣，陈双臣，魏珉	浙江大学，山东农业大学，河南农业大学，东北农业大学，浙江省农业科学院，河南科技大学，上海威敌生化（南昌）有限公司	教育部
21	J-25101-2-02	农药高效低风险技术体系创建与应用	郑永权，张宏军，董丰收，高希武，黄啟良，陈昶，刘学，蒋红云，束放，杨代斌	中国农业科学院植物保护研究所，农业部农药检定所，中国农业大学，全国农业技术推广服务中心，江苏省农业科学院，中国农业科学院蔬菜花卉研究所，广东省农业科学院植物保护研究所	农业部
22	J-25101-2-03	南方低产水稻土改良与地力提升关键技术	周卫，李双来，杨少海，吴良欢，梁国庆，徐芳森，秦鱼生，何艳，张玉屏，李录久	中国农业科学院农业资源与农业区划研究所，湖北省农业科学院植保土肥研究所，广东省农业科学院农业资源与环境研究所，浙江大学，华中农业大学，四川省农业科学院土壤肥料研究所，中国水稻研究所	农业部
23	J-25101-2-04	东北地区旱地耕作制度关键技术研究与应用	孙占祥，陈阜，杨晓光，刘武仁，来永才，郑家明，齐华，邢岩，李志刚，白伟	辽宁省农业科学院，中国农业大学，吉林省农业科学院，黑龙江省农业科学院，沈阳农业大学，辽宁省农业技术推广总站，内蒙古民族大学	辽宁省

（续）

			二等奖（通用项目）		
序号	编号	项目名称	主要完成人	主要完成单位	推荐单位
24	J-25101-2-05	水稻条纹叶枯病和黑条矮缩病灾变规律与绿色防控技术	周益军，周彤，王锡锋，周雪平，刘万才，吴建祥，田子华，李硕，陶小荣，徐秋芳	江苏省农业科学院，浙江大学，中国农业科学院植物保护研究所，全国农业技术推广服务中心，南京农业大学，江苏省植物保护站	江苏省
25	J-25103-2-01	黑茶提质增效关键技术创新与产业化应用	刘仲华，周重旺，黄建安，吴浩人，肖力争，肖文军，尹钟，傅冬和，李宗军，朱旗	湖南农业大学，湖南省茶业集团股份有限公司，益阳茶厂有限公司，湖南省白沙溪茶厂股份有限公司，咸阳泾渭茯茶有限公司，湖南省怡清源茶业有限公司，湖南省茶叶研究所	湖南省
26	J-25103-2-02	油料功能脂质高效制备关键技术与产品创制	黄凤洪，邓乾春，汪志明，马忠华，吴文忠，曹万新，刘大川，郑明明，赖琼玮，杨湄	中国农业科学院油料作物研究所，无限极（中国）有限公司，嘉必优生物技术（武汉）股份有限公司，大连医诺生物有限公司，西安中粮工程研究设计院有限公司，湖南大三湘茶油股份有限公司，武汉轻工大学	湖北省
27	J-25103-2-03	棉花生产全程机械化关键技术及装备的研发应用	陈学庚，王吉亮，周亚立，谢国梁，温浩军，杨丙生，于永良，郑炫，齐伟，马明銮	新疆农垦科学院，石河子贵航农机装备有限责任公司，新疆天鹅现代农业机械装备有限公司，新疆科神农业装备科技开发股份有限公司，新疆天诚农机具制造有限公司，石河子市华农种子机械制造有限公司	新疆生产建设兵团

2016 年度国家技术发明奖农业类获奖项目名单

二等奖（通用项目）				
序号	编号	项目名称	主要完成人	推荐单位（推荐专家）
1	F-301-2-01	良种牛羊高效克隆技术	张 涌（西北农林科技大学）， 周欢敏（内蒙古农业大学）， 权富生（西北农林科技大学）， 李光鹏（内蒙古大学）， 王勇胜（西北农林科技大学）， 刘 军（西北农林科技大学）	陕西省
2	F-301-2-02	芝麻优异种质创制与新品种选育技术及应用	张海洋（河南省农业科学院芝麻研究中心）， 苗红梅（河南省农业科学院芝麻研究中心）， 魏利斌（河南省农业科学院芝麻研究中心）， 张体德（河南省农业科学院芝麻研究中心）， 李 春（河南省农业科学院芝麻研究中心）， 刘红彦（河南省农业科学院植物保护研究所）	河南省
3	F-301-2-03	玉米重要营养品质优良基因发掘与分子育种应用	李建生（中国农业大学）， 严建兵（华中农业大学）， 杨小红（中国农业大学）， 胡建广（广东省农业科学院作物研究所）， 陈绍江（中国农业大学）， 王国英（中国农业科学院作物科学研究所）	教育部
4	F-301-2-04	动物源食品中主要兽药残留物高效检测关键技术	袁宗辉（华中农业大学）， 彭大鹏（华中农业大学）， 王玉莲（华中农业大学）， 陈冬梅（华中农业大学）， 陶燕飞（华中农业大学）， 潘源虎（华中农业大学）	教育部
5	F-301-2-05	基于高塔熔体造粒关键技术的生产体系构建与新型肥料产品创制	高进华（史丹利化肥股份有限公司）， 陈明良（上海化工研究院）， 武志杰（中国科学院沈阳应用生态研究所）， 孔亦周（宝鸡秦东流体设备制造有限公司）， 张英鹏（山东省农业科学院农业资源与环境研究所）， 解学仕（史丹利化肥股份有限公司）	山东省

附录三 2014—2016 年度农业部农牧渔业丰收奖获奖项目

2014—2016 年度全国农牧渔业丰收奖获奖名单

一、农业技术推广成果奖一等奖名单

序号	项目名称	第一完成单位	第一完成人	主要完成人
1	玉米品种京科 968 选育与示范推广	北京市农林科学院	赵久然	赵久然、王元东、王荣焕、邢锦丰、段民孝、成广雷、刘新香、刘春阁、冯培煜、王晓光、吴鹏、丛颖、范会民、徐连岗、朱立英、王东、黄金龙、李淑梅、朱永彬、齐丽荣、钟连全、郝寒冬、王大帅、王栋、呼建刚
2	北京蔬菜绿色高效生产技术集成与推广应用	北京市植物保护站	郑建秋	郑建秋、曹永松、李云龙、王维瑞、王晓青、罗来鑫、王伊琨、郑炜、郑翔、黄贵东、张怀文、胡学军、闫实、王艳辉、朱文、肖金芬、孟卫东、吴继宗、刘继培、刘彭宇、赵静、王长生、侯春雨、何威明、刘民
3	畜禽养殖场粪污生态安全处理技术产业化推广应用	北京农学院	刘克锋	刘克锋、赵永志、王顺利、刘笑冰、张秀芳、李萍、陈宗光、徐凯、闫连波、郑禾、于跃跃、徐明泽、陈小慧、孙超、杜晓玉、韩宝、王睿、周立新、石文学、李宏明、张婷、贾宗宝、孙海霞、司文君、陈久海
4	奶牛养殖提质增效技术集成示范与推广	天津市奶业发展服务中心	孟庆江	孟庆江、马毅、王玉舜、张盛南、郭爽、孙英峰、陈紫剑、李振国、张冬梅、杜传祥、张雪峰、郑桂亮、林长群、刘戈群、周玉凤、王凤、王建立、王河、王能立、边海臣、高顺成、陈树强、武燕松、郭景余、李焕勇
5	水产养殖精准测控关键技术研发与示范推广	天津农学院	李道亮	李道亮、邢克智、陈英义、田云臣、王浩、华旭峰、郭永军、孔庆霞、王文清、宋梦华、翟介明、阮怀军、孙学亮、马国强、徐大为、单慧勇、李晓岚、杨永海、李文升、张静、范红深、王朝新、毛颖、代文汇、吴瑞峰

（续）

序号	项目名称	第一完成单位	第一完成人	主要完成人
6	猪低蛋白环保型饲料应用与推广	河北省畜牧站	李广东	李广东、苗玉涛、张鹤亮、弓素梅、郭芬芳、曲平化、田翠莹、李英超、吕蔚、刘艳平、宋景萍、梁剑峰、李海龙、李鸿志、刘茹、韩世国、马哲祥、张永胜、石晓艳、刘根人、秦海燕、杨平、王艳玲、刘东坡、谈春季
7	杂交谷子标准化生产集成技术推广	山西省农业技术推广总站	魏亦文	魏亦文、杨军、贺晔、乔红兵、张东霞、常忠庆、范表、樊军生、于爱军、栗志华、戴润芳、李永虎、郝生、刘金兰、叶锋、施万荣、高成富、贾建琴、张凯、张继业、贺素女、张建萍、郭月兰、谢素斌、陈白凤
8	山西省百万亩蔬菜设施规范化建设及配套集成生产技术推广	山西省蔬菜产业管理站	秦潮	秦潮、王景华、李庆华、褚润根、刘瑞宇、于天富、安从帅、王世生、张晓鹏、宗晓琴、王英利、樊建东、宋枫春、王爱芳、尹林红、关巨英、王建元、田文杰、王改平、张健、徐春霞、于喜东、李晋弘、郝瑞庆、陈勇萍
9	昭乌达肉羊新品种培育及推广	赤峰市家畜改良工作站	胡大君	胡大君、常磊、马小平、李瑞、姚秀果、马晓光、付春刚、王海龙、红海、丹毕尼玛、梁术奎、杨振海、王海龙、王芝红、刘海峰、绳志生、朝格巴达日胡、陈一鸣、刘树才、宝钢、包桂荣、刘大成、格日乐其木格、周宇飞、王晓琴
10	东亚种业系列玉米品种配套技术集成与应用	辽宁东亚种业有限公司	李洪建	李洪建、杨永华、叶雨盛、宋波、刘浏、肖德全、籍平、王春语、胡宝忱、孙九超、李鹏、高晓云、李丹、王宇航、霍伦、孙瑞芳、李岩、鲁伟、朱庆杰、李雪光、许维辉、张珣、王成阁、蔡春峰、李海峰
11	辽育白牛全产业链开发关键技术集成与示范	辽宁省畜牧业经济管理站	张世伟	张世伟、张丽君、杨广林、唐学成、庄洪廷、李静、金双勇、刘庆伟、李国平、岳密江、彭闯、杨立军、叶柏青、韩杰、宋恩吉、王淑霞、郭庆宝、袁少凤、李晨光、杨启军、赵文虹、孔祥莹、王丽军、于向东、王常军
12	苏打盐碱地水稻抗逆技术优化研究与示范推广	吉林省农业科学院	侯立刚	侯立刚、潘希波、齐春艳、刘亮、马巍、卢敏、刘晓亮、王铜、李宏程、战传彪、张秀荣、张海波、伦晶、徐丽娟、刘平会、高军、范婷婷、吕鑫、李晓光、邱金龙、楚振全、刘立国、姚凤军

（续）

序号	项目名称	第一完成单位	第一完成人	主要完成人
13	玉米—大豆耕种新模式高产高效栽培技术集成与推广	黑龙江省农业技术推广站	芦玉双	芦玉双、杨微、周添、郭晖、周东红、王铁文、张明秀、蒋春龙、冷玲、王森、王凤文、华淑英、喻萌萌、李红梅、杜传玉、师转哲、王占宇、孔凡云、徐茂财、夏福东、李铁友、王玉梅、王凤芹、陆继瑞、王权
14	食用菌优质高效栽培技术创新与推广	黑龙江省经济作物技术指导站	陶可全	陶可全、于杰、马云桥、吕涛、李连文、尹义彬、赵勇、秦海玲、李文生、尤四海、孙业全、魏宇光、白景江、范军、李萍、晋宝忠、郑学、卢顺贤、尹红军、韩国宪、张振远、邓维娜、刘秋祥、梁丙江、张秋霞
15	寒区优质高产抗性苜蓿新品种及配套生产技术推广应用	黑龙江省畜牧研究所	李红	李红、刘学峰、滕晓杰、杨塈、刘岩、杨伟光、冯丽荣、杨秀芳、王文娟、董立军、张代玉、吴志杰、钱永军、范玉革、陈维会、王新奇、梁文秀、王春风、吴忠海、黄庆峰、张传祥、苏凤琴、王明月、王义民、赵穆臣
16	宁粳系列超级稻品种及其栽培技术集成推广	南京农业大学	丁艳锋	丁艳锋、陈之政、郁寅良、於永杰、赵伯康、周有炎、孙统庆、徐蕊、许明、李建卫、吴爱国、田云录、朱勇良、蒋维金、吴朵业、解学礼、尤娟、陈洪礼、孔良明、黄银琪、沈睿、袁奇、朱万明、黎泉、倪艳云
17	江苏地方猪遗传资源保护与产业化开发	江苏省畜牧总站	赵旭庭	赵旭庭、潘雨来、黄瑞华、王勇、石素梅、张文俊、陆辉、朱慈根、华金弟、桑莲花、李平华、倪黎纲、董晓君、杨文祥、夏圣荣、朱涛、孔令勇、王会灵、沈阳、胡永、李强、徐燕、朱志谦、王庆生、掌海红
18	池塘养殖物联网智能监控系统集成与示范推广	江苏省渔业技术推广中心	朱泽闻	朱泽闻、陈焕根、孙龙清、张朝晖、王建波、李斌、邱兆义、李可心、李坚明、蒋永年、李振波、王桂民、王振芳、李建军、乔小燕、戴永良、谢国兴、王权、王永利、胡蝶、蒋鑫池、倪军、储寅芳、邹国华、苏晓丹
19	甬优系列籼粳杂交晚稻品种优势利用研究与推广	浙江省种子管理总站	阮晓亮	阮晓亮、陈叶平、蔡克锋、怀燕、金成兵、陈少杰、林太赟、马寅超、孙健、陈人慧、占才水、包祖达、林采舜、颜贞龙、陶开战、胡长安、秦连法、尹一萌、叶晓明、杨立武、应峥嵘、张春明、林军、汪传荣、李美婷

（续）

序号	项目名称	第一完成单位	第一完成人	主要完成人
20	鲜食旱粮提质增效关键技术集成与推广	浙江省种植业管理局	蔡仁祥	蔡仁祥、成灿土、王桂跃、吴早贵、夏国绵、王月星、卢王印、林辉、严见方、林海忠、潘建清、徐立军、周炎生、丁利群、吴学军、刘荣杰、叶传利、许立新、夏天凤、罗晓彧、朱文华、俞春忠、郑修完、林浩
21	早熟砂梨新品种选育及提质增效技术研发与示范推广	浙江省种植业管理局	徐云焕	徐云焕、孙钧、戴美松、周慧芬、施泽彬、徐永江、张林、王加更、钟林炳、汪国云、王涛、曹炎成、张青、高洪勤、滕明益、梁海龙、张杰、李雄俊、金伟、朱爱民、成国良、邱林峰、沈焕忠、俞建忠、黄仁仁
22	辣椒系列品种选育与推广	安徽江淮园艺种业股份有限公司	张其安	张其安、方凌、吴剑权、江海坤、严从生、俞飞飞、戴祖云、汪德尚、葛自兵、王艳、田红梅、潘刚、王雯雯、储海峰、喻菊霞、李秀龄、曹其会、梁英波、叶静瑶、洪君玉、季学勤、奚邦圣、尹冬梅、朱雷铭
23	福建优势果类品种结构调整及优新品种示范与推广	福建省种植业技术推广总站	施清	施清、谢文龙、李青、谢钟琛、邱发春、魏秀清、高超跃、林诚智、罗水鑫、李崇高、张跃行、刘冬生、林江武、张玮玲、林挺兴、何金妹、吴绍钟、朱莲英、范良桂、林飞翔、陈学忠、钟红华、叶祥铿、翁建凤、陈家誉
24	12316农业信息化服务创新与推广	福建省农业信息中心	周乐峰	周乐峰、刘善文、金丽萍、魏飞鹏、念琳、詹兴堆、赵伯建、陈琦辉、陈丽华、林先杯、曹海青、李福德、尤有利、余小玲、孔晓芬、黄检林、肖冬林、梁继旺、徐康明、江保寿、黄少强、陈立胜、范伟政、杨如成、喻足衡
25	双季机插稻生产关键技术研究与应用	江西农业大学	石庆华	石庆华、陶其辉、胡启锋、熊晓晖、张坤、唐先干、陈恒、曹九龙、刘芬、余义好、陈福财、吴德淮、孙刚、吴玉成、潘平华、李小凤、万仁海、黄小云、邱时林、陈晓、邱水胜、李雄、涂子华、石洪仕、肖志强
26	赣棉杂1号、赣棉杂109选育及高产技术集成研究与应用	江西省棉花研究所	梁木根	梁木根、陈宜、杨磊、孙亮庆、陈齐炼、高培喜、鲁速明、余炼中、聂太礼、江武、陈洁、易海荣、陈洪梁、徐从辉、徐建忠、刘先俊、张允昔、宋涛、张晓元、徐文忠、罗松柏、陈坚、柯长青、伍斌生

（续）

序号	项目名称	第一完成单位	第一完成人	主要完成人
27	百万亩苹果郁闭园改造及提质增效综合技术研究与推广	山东省果茶技术推广站	于国合	于国合、王金政、王志刚、赵瑞雪、王超萍、薛晓敏、路超、李明丽、张新民、王洪强、徐月华、王士海、路伟东、张茂玲、曹永、赵伟华、赵素香、郝文强、陈桂玉、赵进军、丁进海、孙凡雅、时华东、于彩云、孙明远
28	刺参中草药防病及微生态底质改良技术	山东省海洋生物研究院	胡炜	胡炜、吴志宏、赵斌、孙福新、韩莎、原永党、孔祥青、谭林涛、赵洪友、胡凡光、姜汉、崔宝存、刘兆存、刘飞宏、侯仕营、谷杰泉、徐海峰、李海洲、孙元虎、王建法、尉淑辉、张学进、王树海、王里根
29	河南小麦农艺农机融合节本增效技术研究与应用	河南省农业技术推广总站	毛凤梧	毛凤梧、蒋向、李向东、刘石、张东升、胡国安、袁迎现、靳书喜、冀洪策、冯荣成、吕爱淑、孙彩霞、王百顺、赵振欣、张永辉、王朝亮、杨新田、刘林业、梁生英、李胜利、赵怀清、任贵堂、任洪林、王利花、高鹏
30	河南省耕地质量提升技术研究与推广	河南省土壤肥料站	葛树春	葛树春、徐献军、王小琳、慕兰、曹杰、曹荣、刘长英、龚郑锋、刘戈、宋志平、陈东义、马振海、范乃忠、王庆安、庞少浦、李艳梅、徐进玉、李玉兰、黄寅玲、赵冬丽、赵俊坤、李国昌、闫涛、闫挺起、訾芳菊
31	湖北省水稻绿色高产高效生产技术集成与示范推广	湖北省农业技术推广总站	罗昆	罗昆、胡群中、周先竹、张占英、任意、汪爱顺、李先兵、黎凌、邹鹏飞、李彬、胡义元、陈斌、段昌华、杨正武、庄光泉、张莉、李清华、张硕、赵建华、袁久胜、王文平、邱国成、欧阳尚刚、曾武峰、陈会军
32	虾稻生态种养产业化技术集成与示范	湖北省水产技术推广总站	马达文	马达文、丁仁祥、程咸立、汪本福、钱银龙、杨兰松、张强、王淑娟、涂华军、宋燕、成传梁、刘新民、陈桦彬、孙长锋、王忠义、徐友生、王家军、陶红革、丁国新、张保发、卢德浩、余国清、周浠、吴孝明、张翔
33	湖南省农田质量提升综合配套技术推广	湖南省土壤肥料工作站	涂先德	涂先德、彭福茂、阳小民、杨琳、郑超、李志明、刘红梅、彭松林、陈道云、毛政国、梁云、崔晓玉、李逢喜、李江林、谢卫君、张艳峰、黄志先、向仕岳、贺辉、何忠、宋达清、江煜、胡冬华、左光华、周成建

序号	项目名称	第一完成单位	第一完成人	主要完成人
34	水禽禽流感综合防控技术应用与推广	华南农业大学	廖明	廖明、冯忠泽、罗开健、蒋桃珍、吴晓薇、陈增荣、徐成刚、梁昭平、黄国城、薛素强、叶贺佳、李敏、余静菲、邓华斌、章国志、王建伟、詹庆伟、何玉站、刘庚明、李海兵、林顺东、樊志红、张汉云、马印明
35	优质高产牧草新品种桂闽引象草的选育及推广应用	广西壮族自治区畜牧研究所	赖志强	赖志强、易显凤、滕少花、姚娜、蔡小艳、韦锦益、王均辉、黄志朝、何国庆、梁秀华、覃柳敏、田明炳、冯超、欧阳天修、伍文彬、韦善、李泰明、韦古新、吴建京、黄镇、龙春蓓、晏明强、黄祖存、陈志
36	海南旱坡地瓜菜安全高效栽培技术研究集成与产业化示范	海南省农业科学院蔬菜研究所	肖日新	肖日新、王敏、黄文枫、梁振深、云天海、廖道龙、王小娟、林书、王健儿、李艺、周洋、陈金雄、周王鼎、王开成、王清雄、黄平、李初龙、符强、谢朝江、唐甸远、许声辉、蔡杜颖、张光新、曾祥雄
37	畜禽五种疫病诊断技术研究及推广应用	重庆市动物疫病预防控制中心	曾政	曾政、吴胜昔、黄诚、孙燕、姚璐、黄恒、徐斌、巫廷建、欧武海、骆璐、黎朝燕、唐颜林、刘博、包明、李强、罗文、陈廷来、周小平、周石琼、侯磊、徐建容、兰明宏、刘宏、周昌松、曾波
38	丘陵山地玉米"五改"密植高产高效技术及推广应用	四川省农业科学院	刘永红	刘永红、郑祖平、王秀全、乔善宝、李涛、岳丽杰、肖伦、邓昌国、柯国华、杨林波、王小中、王春德、米色、王健、蒋志成、张吉友、陈淑君、徐发海、黄立强、任厚银、张必贵、柏宗惠、拉吉泽郎、宋罡、阳均
39	川油系列新品种丰产优质高效技术集成与推广	四川省农业科学院作物研究所	蒋梁材	蒋梁材、蒲晓斌、李浩杰、张锦芳、薛晓斌、刘勇、邓洪庚、张余红、何大旭、邱伟志、唐贵成、夏理、付学林、鲜禧、唐永辉、曾淑惠、贾峥嵘、陆万友、谭礼信、邱金春、魏小蓉、赖文强、杨文柱、张海燕
40	牛高效健康养殖关键技术研究与集成推广	四川农业大学	王之盛	王之盛、彭忠利、拉环、白国勇、陈震宇、丁俊仁、彭全辉、李星垚、宋国华、许春喜、伍福秋、赵索南、李达昌、吴太源、孔祥颖、吴丹、李登凯、冯宇诚、何成基、陈先利、彭点懿、尉小强、任友、张文华、廖齐光

（续）

序号	项目名称	第一完成单位	第一完成人	主要完成人
41	石漠化治理与草畜配套技术推广	贵州省畜牧兽医研究所	尚以顺	尚以顺、吴佳海、班镁光、张大权、周泽英、张文、张进国、裴成江、郎永祥、赵礼刚、唐国龙、吴文花、陈志祯、谭显贵、谢国午、黄日灿、刘树军、石贵志、马伦兰、杨应祥、孔嫣、吴婵、黄龙、伊亚莉、贺影
42	陕西省小麦施肥指标研究与配方肥料推广	陕西省土壤肥料工作站	李茹	李茹、同延安、李水利、董伯林、殷振江、党高兵、吕爽、张亚建、王天泰、姚广平、党忠、袁晓育、王录科、段长林、冯艳莉、李存玲、李晓宏、黄经营、张永强、鱼小春、阴菊侠、许新庄、王卫东
43	陕西省盐碱滩涂生态渔业综合开发利用技术研究示范与推广	陕西省水产研究所	袁永锋	袁永锋、麻进仓、侯淑敏、骆玉玲、薛梅、梁卫东、沈红保、郭红伟、任慧丽、张星朗、杨元昊、宋菊梅、齐喜荣、牛文利、李引娣、任敬、杨希、车万宽、王建平、管建民、李静、郜成军、杨公社、王琳、高志
44	甘肃省地膜覆盖马铃薯综合增产集成技术研究与应用	甘肃省农业技术推广总站	岳云	岳云、朱永永、王成刚、刘生学、熊春蓉、王彩斌、杨宏羽、党林学、张永祥、邵旭平、邢国、郑有才、崔元红、李继明、李会宾、陈和平、何正奎、高应平、慕博宇、张弩、苏小龙、万子栋、张玉红、周庆玲、王鹏
45	当归麻口病综合防控技术研究与示范	甘肃省农业科学院植物保护研究所	李继平	李继平、惠娜娜、陈明、漆永红、贾秀苹、李建军、马永强、郭增祥、吕祝邦、刘卫东、毛正云、范爱平、王晓春、邵小强、史黎红、王玉忠、许世峰、杨富位、任桂芳、刘顺平、陈卫宏、魏小平、杜如甫、唐正兴、丁张霞
46	羔羊育肥关键技术及疫病防控模式研究与推广应用	甘肃省动物疫病预防控制中心	郭慧琳	郭慧琳、贺洞杰、杨明、徐庚全、于轩、毋艳萍、杨开山、李克生、杨楠、余成蛟、孙盘龙、吴志仓、阿斯哈尔、聂英、金满俊、汤彤国、张骞、管生栋、马杰、史玉芳、李国芳、豆小红、白廷军、谢振中、张淑琴
47	核桃生产加工技术及装备推广应用	新疆农业科学院农业机械化研究所	李忠新	李忠新、杨莉玲、阿布里孜·巴斯提、崔宽波、买合木江·巴吐尔、孔德鹏、刘晨、马文强、王庆惠、班婷、孙俪娜、刘娜、马娟、虎海防、刘奎、田翔、刘佳、朱占江、沈晓贺、杨忠强、闫圣坤、赵前程、祝兆帅、毛吾兰、王冰

（续）

序号	项目名称	第一完成单位	第一完成人	主要完成人
48	北方茶区茶叶安全高效生产技术集成与推广	青岛市农业科学研究院	万述伟	万述伟、姜瑞德、赵爱鸿、连之新、蒋金凤、王继青、王珍青、曹洪建、张明勇、张续周、于海军、石立委、王英、彭正云、姜星、胡孝林、张显宁、修明霞、丁健磊、徐谦、李振亭、王永超、王倩、邓云明、江守富
49	中华鳖高雄性苗种诱导技术及应用研究	浙江万里学院	钱国英	钱国英、葛楚天、汪财生、李彩燕、宋伟、王伟、陈忠法、沈岳明、张明兴、夏云祥、李戈锐、戚正梁、卜伟绍、方阿陆、胡少岳、刘晓明、余孝从、陈建荣、王燕飞、程亮、李欢、刘飞、李明、史习刚、毛照海
50	橡胶工厂化育苗技术推广	广东农垦热带作物科学研究所	黄志	黄志、王力前、陈海坚、周国敏、张全琪、周建珍、梁福有、周少新、倪燕妹、张能、郑杰、冼业成、聂根富、郑春合、李光华、卢剑、曾志强、黄春华、班恒英、吕江勇、何斌、梁秋玲、韦健、赵善林、黄明超
51	小麦高产创建技术集成与示范推广	中国农业科学院作物科学研究所	赵广才	赵广才、常旭虹、刘鹏涛、王德梅、杨玉双、陶志强、张泽伟、于广军、刘家明、刘卫新、邓淑珍、王丁波、张保东、高旭忠、王振峰、孙良忠、程乐庆、罗俊丽、吴玲玲、朱保存、张雪云、岳雪龙、周花、王春峰、庞慧
52	中棉所63等系列强优势杂交棉品种的选育与应用	中国农业科学院棉花研究所	杨代刚	杨代刚、周关印、周晓箭、马雄风、李威、张朝军、刘金海、周红、李根源、黄殿成、刘建功、付艳丽、裴小雨、张爱华、周克海、刘艳改、程明玲、吕银松、杨金龙、余宏旺、田桂平、任德泉、卫东军、王向杰、王俊生
53	犊牛营养调控和培育关键技术研究与推广应用	中国农业科学院饲料研究所	刁其玉	刁其玉、屠焰、张乃锋、王银香、刘连超、齐志国、郭刚、张卫兵、马文强、司丙文、赵长光、梁建光、田建红、温富勇、孙友德、李杰、陈琛、袁思堂、王建华、孟庆更、刘杰、李鹏、隗海军、霍文界、崔鹏
54	蜂蜜优质安全生产全程控制与增值加工新技术及推广应用	中国农业科学院蜜蜂研究所	吴黎明	吴黎明、胡福良、薛晓锋、周桂华、吉挺、张中印、陈黎红、吴忠高、王顺海、谢勇、刘婷婷、田文礼、王建文、郑火青、韩胜明、华启云、孟祥金、王英、王东升、任春宇、陈健、赵学昭

（续）

序号	项目名称	第一完成单位	第一完成人	主要完成人
55	毁灭性土传病害综合治理技术体系的构建及推广应用	中国农业科学院植物保护研究所	曹坳程	曹坳程、聂岩、束放、王桢委、颜冬冬、辛增英、吕华、李冬梅、赵鹤、王晓娟、李国春、孙洪全、何海、刘慧芳、刘金智、任晓萍、许玉欣、丁兆龙、郭建明、曹建强、徐茂、刘国峰、史明芳、李广荣、于玲
56	团头鲂循环水健康高效养殖关键技术研究与集成示范	中国水产科学研究院淡水渔业研究中心	戈贤平	戈贤平、谢骏、刘波、沈全华、刘勃、朱健、缪凌鸿、胡庚东、高启平、蒋造极、顾建国、许伟兴、朱晓荣、蒋国春、孙东亚、王小蓉、黄桦、王红卫、刘汉辉、方国侠、张飞明、阮雪城、李珺、郭强、季强
57	稻麦玉米三大粮食作物有害生物种类普查、发生危害特点研究与应用	全国农业技术推广服务中心	陈生斗	陈生斗、黄冲、刘万才、马占鸿、王振营、郭永旺、梁帝允、李巧芝、王松、夏必文、曾令玲、翟汉高、纪绍兰、陈碧莲、曹伟、李国敬、肖学林、周树梅、韩士军、曾慧珍、徐冬、胥志文、李廷海、魏斌、郭凤民
58	油菜机械化精量播种与联合收获技术研究及推广	农业部农业机械化技术开发推广总站	徐振兴	徐振兴、吴崇友、廖庆喜、张园、郭颖林、苏仁忠、王洪明、漆明芝、邓涛、许明德、李莉、罗成定、桂丽萍、张晓军、刘世顺、朱云飞、孙波、董奎增、王美南、朱益玖、尹胜、陆慧华、龙忠芳、闫志鹏、马一朝
59	山地拖拉机及耕作技术示范与推广	农业部农业机械化技术开发推广总站	李安宁	李安宁、吴加志、赵莹、吕文杰、王超、张广云、包明明、魏华、辛玉兰、王有臣、张建强、王勇、莫致胜、李亚奇、王永庆、王顺甲、罗晓平、王承义、马占林、权勤、冯春慧、王志荣、孔晶晶、韩德强、吴文明
60	蔬菜废弃物无害化处理与资源化利用技术集成与推广应用	农业部农业生态与资源保护总站	高尚宾	高尚宾、唐继荣、徐志宇、吴鸿斌、薛颖昊、王莉、孙钦平、王耀、葛春生、寻立之、高敏、姚红艳、高泽疆、刘助千、刘致萍、江伟、王金亮、王秀琴、樊铜、隆志方、周建福、马书昌、吕文、万青年、张国明

二、农业技术推广成果奖二等奖名单

序号	项目名称	第一完成单位	第一完成人	主要完成人
1	粮食绿色增产与轻简高效技术研究和推广	北京市农业技术推广站	王克武	王克武、王俊英、宋慧欣、周吉红、周继华、郑伯秋、裴志超、郎书文、佟国香、朱青艳、杨殿伶、王继东、张志刚、孟范玉、栾庆祖、石然、曾烨、毛思帅、张卫东、曹海军、解春源、刘小银、高德胜、刘国明、侯金栓
2	北京鸭生态健康养殖与质量安全控制模块化技术集成与应用	北京市畜牧总站	陈余	陈余、王凯、胡胜强、刘钧、王旭明、张利宇、何宏轩、王晓东、陈瑶、韩梅琳、徐理奇、张国强、郝金平、王英、陈泽芬、王春莲、韩燕云、李锋、张志文、杨方喜、彭宏光、张萌、包凤茹、陈艳琴
3	禽白血病净化技术研究与推广应用	北京市动物疫病预防控制中心	刘晓冬	刘晓冬、杨林、刘长清、黄秀英、罗伏兵、张淼洁、马志军、李志军、石凤英、王林、王慧强、王艳、王学军、朱蕊、陈天慧、李本胜、崔东兴、张长宝、卢国强、王晓磊、张义冉、李英杰、范杰、王志强、孙立丽
4	生猪饲料饲养及健康保障关键技术集成示范与推广	天津市畜牧兽医研究所	李千军	李千军、鄢明华、李志、陈龙宾、崔尚金、刘勋、李秀丽、闫峻、郑成江、袁增、李继良、董殿元、刘烨潼、葛慎锋、张军福、吴庆东、王利丽、刘廷玉、路超、杨一、李平、郑梓、付永利、于海霞、彭红梅
5	大宗淡水鱼新品种繁育及高效生态养殖技术研究与示范	天津市水产研究所	缴建华	缴建华、张韦、吴会民、樊振中、于建胜、李广凤、赵国营、杜红梅、王永辰、李文雯、杨华、李春艳、高勇、唐卫倩、苗振红、王玥、高建忠、顾风林、魏晓琳、周立军、任东悦、邱长青、王满江、翟胜利、董学海
6	"放心菜"质量安全技术保障体系构建与推广	天津市无公害农产品（种植业）管理中心	杨信廷	杨信廷、李小刚、薛彬、刘学馨、王海员、吴东风、吉增涛、王玉平、赵子红、谢蕴琳、刘立娟、刘德龙、李明、刘金枝、于建美、刘悦芳、赵丽华、文雪娇、孟继森、杜艳梅、王红霞、邢斌、刘艺、周庆奎、兰德玲
7	河北平原小麦-玉米周年一体化节水丰产栽培技术体系与推广	河北农业大学	张月辰	张月辰、甄文超、李瑞奇、杜雄、段会军、陈景堂、王亚楠、何建兴、贺振营、王宪军、邰风雷、高连珍、秦景欣、李辉利、郭永辉、高振宏、牛青敏、李建波、任翠池、李艳芬、陈振法、于秀艳、仝建伟、张秋兰

（续）

序号	项目名称	第一完成单位	第一完成人	主要完成人
8	环渤海低平原区春玉米集雨保墒增密高产技术推广	沧州市农林科学院	阎旭东	阎旭东、潘秀芬、肖宇、白艳梅、白仕静、徐玉鹏、李金英、刘浩升、孙元超、黄素芳、李国田、陈俊杰、胡春玲、李洪义、张承礼、冯自军、吴宝华、刘巍松、许丽平、王秀领、刘洪波、郭晓东、刘震、钮向宁、岳明强
9	冀北设施蔬菜标准化技术集成示范推广	承德市蔬菜技术推广站	王玉宏	王玉宏、李兵、王斐、董岩、王平、赵敬东、韩晓东、刘克建、尹继民、李云峰、张振清、孙秀华、李平、徐丽娜、王春华、杨振振、祁占东、韩成山、徐建平、王莉莉、闫春华、辛艳辉、李凤喜、梁丽红
10	日光温室茄果类蔬菜循环高效栽培技术	石家庄市农业技术推广中心	李月华	李月华、王艳霞、王丽英、左秀丽、魏风友、董胜旗、张淑敏、王占江、孙明清、赵梅素、夏春婷、刘胜海、李秀敏、王颖、毕学君、王红霞、董秀清、苗立军、车寒梅、任素梅、张景节、陈全兴、李光、耿丽艳、张淑明
11	猪呼吸道疾病综合征防控关键技术示范与推广	河北省动物疫病预防控制中心	韩庆安	韩庆安、张绍军、张晓利、董维亚、李翀、马修国、张亮、刘志勇、张宝恩、宁必武、曹立辉、徐贺静、傅常春、张洪军、高峰、高长彬、王建栋、李静、张秀环、韩丽娜、郭百超、徐晓勇、高维宇、刘成瑞、湛小光
12	蛋鸡机械化养殖配套技术示范与推广	唐山市畜牧工作站	王桂柱	王桂柱、吕建国、朱德臣、王健诚、韦伟、王铁军、李爱民、李洪艳、王建涛、任广莲、戚继存、董在坤、史国翠、刘艳凯、尚长永、张秀艳、张英海、姚学明、赵新宁、郭丽兰、李洪远、马增晖、房秀敏、尚玉河、杨淑萍
13	农区鼠害综合防控体系建设、示范及推广	河北省植保植检站	李春峰	李春峰、高军、赵国芳、王静、崔栗、范婧芳、袁文龙、张玉慧、吴金美、高继明、徐新龙、郑广永、尚玉儒、张淑玲、张广福、王永升、杨志伶、王鹏、张利增、李朝辉、杨秀芬、肖红波、梁士民、李平、宫运玺
14	物联网技术在设施蔬菜生产上的示范与推广	廊坊市思科农业技术有限公司	龚贺友	龚贺友、刘君、梁文彬、王彩文、晏国生、王晓菊、薛宝中、葛春昇、王学众、魏文亮、齐永悦、陈文才、朱学勇、王永涛、张立民、马理、陈景仕、何向飞、刘斌、姜太昌、康占军、夏秀芹、陈雪梅、贾智麟、陈皓

（续）

序号	项目名称	第一完成单位	第一完成人	主要完成人
15	肉牛标准化养殖技术集成与推广	山西省生态畜牧产业管理站	杨子森	杨子森、张元庆、白元生、高新中、焦光月、赵宇琼、赵晓强、张钧、李文才、高建军、兰慧芳、谭玉文、牛学谦、魏珠江、吴小叶、吕怀信、郎建东、吴进录、宋祖康、王乃栓、蹇瑞斌、张红旗、高爱国、张午平、朱桂芳
16	国审晋汾白猪新品种推广应用	山西省畜禽繁育工作站	曹宁贤	曹宁贤、王效京、李步高、董蛟龙、王连廷、程俐芬、成锦霞、王有明、桑英智、杨皓、岳磊、郑晓静、张晓强、齐广志、孙秉耀、李候梅、高晋生、康华、李树军、钟红安、姚继唐、杨建军、李如岗、石新娥、张变琴
17	肉羊健康高效养殖系列功能性饲料示范与推广项目	山西农业大学	张建新	张建新、张春香、郝松华、晋鹏程、王志武、武晋孝、朱向芳、王永经、乔栋、韩潇、王小军、李国兵、田育峰、王书先、王士礼、曹水清、项斌伟、张文佳、侯喜娥、陈永生、曹志斌、白莉、杜小宝、张志强
18	膜下滴灌水肥一体化集成技术推广	山西省土壤肥料工作站	刘宁莉	刘宁莉、杜森、赵小凤、吴勇、赵建华、张锐、赵兴杰、马文彪、郭陆平、樊明德、王泽义、刘志强、程聪荟、郭晋云、李中、胡朝霞、杨碧荣、杨晓华、王晓金、贾国慧、李艳青、李爱玲、赵平、姚培发、史华锋
19	内蒙古农牧交错带玉米全膜覆盖机械化种植技术改良与推广	内蒙古自治区农业技术推广站	马日亮	马日亮、孟德、李海东、王荣贵、包立华、王学梅、吴卿、赵国宝、李金龙、王春民、胡有林、赵春祥、张维金、郭向利、闫瑞、聂丽娜、吕岩、牛雪军、史明、于长生、柴绍忠、郑治云、张建军、孙东升、潘英军
20	番茄抗黄化曲叶病毒病和耐贮运新品种选育及大面积推广应用	包头市农业科学研究所	尚春明	尚春明、庞琢、高振江、仲兆清、王伟、王胜利、姚慧静、周勇、孙科、高常军、张小平、苗晓雨、李志明、张慧勇、朱锁贵、程燕、郭金涛、刘承普、李金利、王景生、陈贺勋、黄晓丽、杜永清、杨建军、吴洁
21	内蒙古主要作物膜下滴灌水肥一体化技术集成示范与推广	内蒙古自治区土壤肥料和节水农业工作站	林利龙	林利龙、白云龙、马玺、纪凤辉、高娃、黄复民、梁青、张瑞林、牟晓东、赵瑞凡、孙国梁、孙广琴、刘梅、姚仲军、郭建宝、平翠枝、王薇、杨海明、李秀花、曹丰海、邬勇、贾永、耿福文、王艳琴、张晓霞

（续）

序号	项目名称	第一完成单位	第一完成人	主要完成人
22	辽宁省花生高产高效栽培技术集成与推广	沈阳农业大学	于海秋	于海秋、曹敏建、赵新华、宋玉智、蒋春姬、王晓光、王一博、李继宁、张国巍、尤广兰、曹友文、林洪祥、于飞、刘艳辉、王艳霞、石光宝、王科学、李艳春、刘珊珊、相瑛、李光胤、罗福利、贾洪涛、李墨染
23	食用菌高效栽培技术集成与推广	辽宁省农业科学院	刘俊杰	刘俊杰、赵颖、张士义、宋莹、刘岩岩、祁玮、王红、耿玉娴、李宏亮、吴丽馥、薛建臣、黄连华、崔高英、董丽欣、刘娜、王文敏、田宇、刘国宇、高宝宁、李超、刘凤菊、李跃、孙利平
24	辽宁绒山羊常年长绒系开发与示范	辽宁省畜牧科学研究院	宋先忱	宋先忱、杨术环、郭丹、张晓鹰、周孝峰、杨文凯、刘兴伟、池跃田、杨宝忠、刘晓光、王兆明、张金玲、伊朗、方坤、翟新利、马利珍、金玉波、陈立刚、王洗清、吴世海、王昌海、韩学柱、刘云杰、彭彦、王海波
25	育苗专用日光温室设施及节能育苗关键技术研究与应用	沈阳农业大学	须晖	须晖、赵瑞、王蕊、侯俊、刘玉凤、赵荣飞、周东升、张雪峰、司海静、齐继文、张振和、刘长春、张相波、郭宝山、周晓楠、黄超、王洪岩、赵连军、李玉福、孙胜云、姜俊扬、刘晓臣、闫凤辉、庞超、纪艳
26	农产品质量控制及追溯技术集成与推广应用	辽宁省农产品质量安全中心	王颜红	王颜红、李静、王世成、李晓磊、智红涛、刘航、王巍、邢华、许大志、牛永宁、刘洪涛、朱月、代丽丽、刘淑梅、赵涛、董钦鹏、王兴刚、唐伟、陈佳广、刘柏、杨文海、陈菁、丁元龙、宋业杰、邱洪英
27	设施蔬菜秸秆生物反应堆技术研究与应用	辽宁省农业技术推广总站	吴跃民	吴跃民、赵义平、卓亚男、李本帅、贾倩、乔理、李非、张艳、孙满柱、赵巍、贾颖、白国瑞、张继强、冯树成、张晓明、史峰、葛月红、杨大威、万伟东、任立宏、崔忠全、孙辉、李日新、庞玉红、崔秀琴
28	春玉米大面积优质高产配套技术集成及规模化经营推广	梨树县农业技术推广总站	赵丽娟	赵丽娟、林宏、苗畅茹、崔英、罗晓东、王金艳、唐宝山、杨峰、于迎军、郭春颖、张颖、李国兴、赵欢、彭玉辉、刘茂宣、高坤、徐洪涛、宗秀云、周佳辉、于飞、刘德宏、董伟、高杰、赵闯

（续）

序号	项目名称	第一完成单位	第一完成人	主要完成人
29	原生态巢蜜生产技术示范应用推广	吉林省养蜂科学研究所	葛英	葛英、历延芳、葛凤晨、牛庆生、杨静、高洪学、苑嫦艳、马强、张起富、王成军、王作新、周佰刚、王兆凤、赵克军、刘玉英、张建忠、张海臣、张建涛、卢邦甫、杨明福、陈洪刚、祝相梅、张德军、赵公亮、刘恩铎
30	测土配方施肥精准模型及信息化服务技术研究与应用	吉林省土壤肥料总站	王剑峰	王剑峰、史海鹏、李德忠、苏春辉、宋立新、杜东明、夏厚禹、付兴军、梁影、刘振刚、王灿、刘辉、杨云贵、王璠、吴彦波、毕长海、李国华、臧晓红、赵艳霞、刘立军、梁爽、周祥、李春涛、张立君、张德新
31	水稻节水增效配套栽培技术推广	黑龙江省农业技术推广站	李玉海	李玉海、董国忠、范铁丰、程鹏、董国斌、艾民、安传富、石长友、魏颖、张剑秋、王春、刘景龙、卢运良、许凤昌、王始峰、董静、李智慧、张颖、朱伟、闫玲、殷再峰、杨青、宋丽平、王宏、鞠文焕
32	寒地垄作区玉米保护性耕作机械化技术推广	黑龙江省农业机械化技术推广总站	刘波	刘波、陈实、邓丽娟、毛新平、唐云涛、刘昆、温璞、任�元、霍华、丁玉福、高树伟、刘宝、张亚华、蒋克普、慕彩有、尹荣海、高荣伟、李云峰、邵丽敏、郭洪元、金会芝、张忠侠、苑铁成、周宏军、张海贤
33	黑龙江"三化"草原治理技术示范推广	黑龙江省草原工作站	闫文平	闫文平、滕小华、刘昭明、柴凤久、李克非、刘泽东、高春艳、韩巧丽、李春波、程力、海涛、康萍、寇玉微、王超、李国文、邵云龙、巴学国、贾成发、张焱淼、蒋孝臣、李海滨、高万英
34	杂交粳稻"秋优金丰""花优14"高产技术集成示范与推广	上海市农业技术推广服务中心	顾玉龙	顾玉龙、程灿、曹月琴、郭玉人、王依明、江健、李刚、周继华、武向文、费全凤、周燕、周锋利、张春明、吴雄兴、管培民、梅锦培、施圣高、潘维军、邱美良、丁新华、闻伟军、平立峰、姚志龙、张玉
35	上海市耕地质量保育技术推广应用	上海市农业技术推广服务中心	朱建华	朱建华、朱恩、林天杰、金海洋、李建勇、徐春花、张耀良、邱韩英、朱萍、曹欢欢、杨晓磊、施俭、程秋华、孙利、董晖、王坚、翁德强、黄娟、黄建云、杨引娣、王红梅、梁荣、吴刚、李祥、刘冲

（续）

序号	项目名称	第一完成单位	第一完成人	主要完成人
36	江苏水稻机械化丰产栽培技术集成创新与推广	江苏省农业技术推广总站	邓建平	邓建平、杨洪建、杨力、郭保卫、葛自强、李刚华、张耘祎、唐进、张红叶、闵思桂、王坚纲、徐红、薛根祥、毛金凤、孙晓霞、葛启福、张丽萍、钱存选、葛家颖、张宏军、邵丹、陆洪昌、冯德育、赵玉兰、谢华
37	稻茬麦机械匀播全苗壮苗高效生产技术集成与推广	宿迁市农业技术综合服务中心	杨四军	杨四军、张洪树、何井瑞、蒋小忠、顾克军、韩必荣、董正权、徐德利、黄维勤、刘仁梅、范辉、徐鹏、仲兆万、何兴武、蔡武宁、陈海宁、施继标、刘海红、蒋学忠、马先权、朱成东、王建胜、祖兆忠、王东波、张惜
38	江苏里下河地区稻田高效利用模式与种养技术集成推广	扬州市农业技术推广站	张家宏	张家宏、谢成林、姚义、寇祥明、王守红、许美刚、米长生、莫涥、陈春生、葛胜、王龙根、宋桂香、李锦霞、张有松、韩光明、王晓鹏、王如鹓、陆佩玲、王寿峰、毕建花、施冠玉、韩开峰、李红兵、陈红星、胡以朝
39	设施蔬菜生产关键环节机械化技术集成与推广	江苏省农机具开发应用中心	马立新	马立新、於锋、孙龙霞、蔡东林、周学剑、朱驰光、何毅、高阳、石蕾、朱虹、胡宏、王中、徐正东、陈旭东、李旭琴、唐晓东、刘斌华、黄广亚、倪建林、朱国良、朱广龙、郭其中、严斌、狄洪强
40	主要农作物农药减量控害技术集成与推广	江苏省植物保护站	田子华	田子华、顾中言、何东兵、朱凤、丁涛、陈传翔、王凤良、陆彦、朱先敏、马学文、孙雪梅、孙雪方、程玲娟、王永青、于海艳、姚焕钊、姜海平、毛艳芝、尹敬学、钱增才、李红、万玉成、孙光宁、祁昌晓、姚君明
41	安吉白茶产业化关键技术集成与应用	浙江省农业技术推广中心	俞燎远	俞燎远、赖建红、陆文渊、龚淑英、陆德彪、程玉龙、柳丽萍、金晶、汤丹、赵东、王辉、钱虹、冷明珠、王碧林、王华建、程华娟、曾莉莉、许万富、叶海斌、薛勇、王岚、宋昌美、朱坤发、金杰、柏德林
42	食用菌高效栽培模式及循环利用技术集成与示范推广	浙江省农业技术推广中心	陈青	陈青、陈再鸣、袁卫东、何伯伟、蔡为明、金群力、吴邦仁、叶晓菊、龚佩珍、余维良、张晖、李强、姜娟萍、潘飞云、王伟科、王素彬、徐波、吴平、闫静、郑巧平、李汝芳、周建林、刘小培、蔡俊冲、苏干光

（续）

序号	项目名称	第一完成单位	第一完成人	主要完成人
43	大棚葡萄双膜覆盖集成技术研究与推广	台州市经济作物总站	何凤杰	何凤杰、徐小菊、陈青英、何桂娥、徐春燕、陈荣敏、江海娥、李学斌、罗达龙、贺坤、高海群、李兴良、颜荣辉、李斌、王林云、杨希宏、秦兴川、沈林章、陈锦宇、王立如、王华新、陈祥棣、孙良都
44	规模化猪场自动喂料系统技术集成与示范推广	浙江省畜牧技术推广总站	何世山	何世山、李奎、杨晓平、俞国乔、任丽、张晓红、刘雅丽、王海燕、吕见涛、毛杨仓、林海虎、周永华、朱珉、孙亚丽、孙振国、毛日明、徐存富、吴彩花、蒋锦华、费波、刘小俊、冯伟民、沈顺新、詹参民、朱明江
45	高配合力水稻两系不育系 1892S 系列抗逆组合的选育与应用	安徽省农业科学院水稻研究所	杨联松	杨联松、汪新国、白一松、孔令娟、王士梅、张培江、张毅、胡晓斌、马光荣、江和平、沈文生、孙如银、冯骏、吴传洲、郭永生、刘礼明、曹月琴、鲁仕利、程翀宇、程爱女、郭启发、沈国霞、高宗坤、董克起、刘和明
46	高产、稳产、广适杂交中籼稻Ⅱ优 508 的选育与应用	宿州市种子公司	刘良柏	刘良柏、施伏芝、罗志祥、许诺、黄爱国、李先金、李明、阮新民、从夕汉、王晶晶、郭然、毛立浩、蒋永、刘飞、汤雷、马瑜、司伟、汪文灿、路冠军、王晶晶、张道田、于学奎、刘家乐、杨继红、冯家春
47	安徽小麦大面积均衡增产技术集成创新与示范推广	安徽农业大学	黄正来	黄正来、曹承富、汤春桥、张文静、乔玉强、郯云生、夏萍、杜世州、贺文畅、杨光、陈欢、李福军、云慧、王永玖、刘东、高秋华、程仲金、陈慧霞、孙定红、张贺飞、徐健、柏华胜、彭红心、蒋荣华、张建群
48	高繁殖力肉用安徽白山羊新品系及配套高效养殖技术推广	安徽农业大学	章孝荣	章孝荣、凌英会、张子军、王恒、孙志辉、查湖生、谢俊龙、何国荣、李永胜、周宏华、何为俊、朱玉宜、解继洋、孟祥辉、纪岭、周杰、王雪芳、李静、兰延坤、张希胜、罗继明、王芳权、万小凤、杨维庆、孙灯同
49	油菜秸秆还田农机农艺互适性技术研究与示范	安徽省农业机械技术推广总站	何超波	何超波、闫晓明、沈明星、朱鸿杰、何成芳、蔡海涛、吴然然、张奋飞、成海燕、张开仁、章根全、郑贤、周建、郭健、胡云天、朱咏萍、沈克军、洪腊宝、王世虎、张大宝、孙进军、胡方保、鲍光跃、晋圣明、朱须友

（续）

序号	项目名称	第一完成单位	第一完成人	主要完成人
50	安徽生态龟鳖产业化技术研发与示范推广	安徽省水产技术推广总站	赖年悦	赖年悦、崔凯、魏泽能、蒋业林、万全、孙德祥、侯冠军、陆剑锋、任青松、项旭东、陈冬林、张静、王军、梁贺、徐金云、陈德贵、李正荣、王伟、李翔、陈贵生、石殿军、季曙春、谢满华、何传书、汪庭有
51	安徽省省域主要粮食作物配方施肥关键技术研究与集成应用	安徽省土壤肥料总站	钱晓华	钱晓华、郭熙盛、孙义祥、常江、胡荣根、周学军、胡仁健、刘晓玲、杨平、朱克保、蒋浩永、赵燕洲、张世昙、汪锡春、麻建东、李宏松、黄守营、葛承文、刘加廷、倪志云、王侠、谢怀乾、陈多永、亢四毛、韩金华
52	甘薯良种龙薯9号高产高效技术推广	福建省龙岩市农业科学研究所	林金虎	林金虎、郭其茂、罗维禄、黄萍萍、王定禧、郑小雄、陈益明、罗兵贤、吴胜芳、张文斌、邱国清、卢锦荣、游天智、卢寿春、林煜春、林芳、戴南火、廖炳招、吴振新、张欣荣、刘山林、刘文学、李开建、叶启营、涂意福
53	大宗淡水鱼繁育工艺创新及生态养殖模式示范推广	福建省水产技术推广总站	游宇	游宇、薛凌展、邓志武、林德忠、黄恒章、叶翚、李万宝、王艺红、朱小发、秦志清、陈志援、杜聪致、张小东、杨晓燕、饶晓军、张永红、张礼华、廖生枝、赖美丽、吴忠友、邱勇、邱捷财、修建文、张桂莲、张挺
54	江西省水稻施肥关键技术集成与推广应用	江西农业大学	赵小敏	赵小敏、朱安繁、涂起红、郭熙、黄燕燕、金伟、钟厚、毛平丰、杨民若、刘芳珍、刘会生、罗明荣、刘敏、陈烈辉、刘建军、余策金、曾林泉、李志明、廖国新、何云、徐歪德、陈慧、刘称、彭金铜、盛志华
55	双季稻分蘖调控关键技术及其高产优质栽培研究与推广应用	江西省农业科学院	彭春瑞	彭春瑞、孙明珠、陈金、胡水秀、刘昌炽、胡友发、徐荣、武睿、邓国强、杨飓、姚易根、陈学军、郑舜华、彭忠亮、鄢国亮、刘绵庆、杨忠保、张朝阳、颜振荣、刘清河、罗国华、刘青、曾晓勇、吴曙光、樊云文
56	巴氏钝绥螨控制柑橘害螨技术研究与应用	江西省植保植检局	钟玲	钟玲、钟喜发、丁清龙、夏斌、李蔚明、熊健生、平先良、陈伟、殷玉明、刘森、孙攀、黄为民、杨小玲、何兴财、华斌、朱学燕、袁兴华、曾繁斌、叶兆斌、王国民、曹人琼、吴仰辉、欧阳志荣、卢芳敏、刘培平

（续）

序号	项目名称	第一完成单位	第一完成人	主要完成人
57	生猪清洁生产技术集成与示范	江西省畜牧技术推广站	吴志勇	吴志勇、徐晓云、吴志坚、张磊、徐轩郴、徐昕、肖永鸿、朱文有、邱吉安、刘新发、邹荣林、谢朝霞、吴寿生、郭柳春、黄良保、邹福根、朱红英、欧阳友平、丁建龙、万红伟、宋金华、李天琦、王长水、熊祖浩、刘国檠
58	优质高效玉山黑猪新品系选育与推广	江西省农业科学院畜牧兽医研究所	万明春	万明春、韦启鹏、尹德凤、郑小明、唐艳强、应小林、彭贵福、赖华、林克团、杨文清、钟志华、徐武正、吴平山、涂凌云、张轶、潘乳玲、邓新民、赵清泉、史庆爱、蓝功平、沈牡鸿、廖茂勇、曾文、徐俊杰、胡蕾
59	蚕桑高效生产与利用关键技术研究与示范	江西省蚕桑茶叶研究所	叶武光	叶武光、杜贤明、高其璋、黄伍龙、胡丽春、管帮富、毛平生、桂干林、张飞生、卢水清、胡铭、董红玲、刘金龙、付邱、朱国凤、郭鸿云、张小平、夏凤、贺风香、贺翔华、刘苏娇、颜敏仕、刘太阳、康金国、罗仁青
60	德州700万亩整建制吨粮市高产稳产关键技术集成与推广	德州市农业技术推广站	李令伟	李令伟、韩伟、杨连俊、李庆方、李方京、王艳华、王义、王立红、张平、崔丽娜、秦玉芬、郭文艳、王风池、禹光媛、刘春花、代成江、于春华、李新中、张照坤、张莹莹、张承华、薛登峰、宋传华、韩淑华、田殿彬
61	马铃薯品种选育、脱毒快繁及标准化生产技术体系创新与应用	山东省农业技术推广总站	高中强	高中强、董道峰、高瑞杰、郝国芳、王娟娟、高涵、刘国琴、马海艳、史民、李先干、杨林、赵竹青、刘霞、李培兴、初欣平、周绪红、于洪梅、王增香、麻常妍、李哲、刘静、吴修波、赵旭、姜爱娣、姜飞
62	设施蔬菜有机基质栽培标准化技术体系建立与应用	泰安市农业科学研究院	高俊杰	高俊杰、孔怡、胥岚、武晓亮、刘中良、高昕、李平、王国荣、裴翠花、陈彦锋、赵光梅、王祥峰、杨广怀、赵贤良、张中华、张波、胡枫冉、朱士旺、侯延利、韦洪银、刘知利、王明波、戴明涛、徐玉京、郭广份
63	山东耕地地力评价成果集成与推广	山东省土壤肥料总站	万广华	万广华、李涛、赵庚星、李建伟、卢桂菊、李金铭、张建青、侯小芳、邵鹏、于舜章、岳玉德、韩秀香、高海涛、李勇、吴明伟、高文志、陈文、杨庆礼、孙金霞、赵建光、陈素莹、任会波、杨淑广、刘德勇

（续）

序号	项目名称	第一完成单位	第一完成人	主要完成人
64	潍坊市耕地分级评价及地力提升技术研究与推广	潍坊市土壤肥料工作站	张西森	张西森、潘云平、楚伟、高淑荣、侯月玲、陈永智、赵志英、刘锦华、杨晓燕、董雪梅、左其锦、王迎春、张焕刚、贺键、刘建生、李亚庆、周录英、孙倩、程元刚、张振乾、刘英杰、郑学文、李晓梅、刘磊、刘善飞
65	河南小麦品种结构优化与布局利用	河南省种子管理站	马运粮	马运粮、周继泽、常萍、邓士政、程丽红、王晨阳、王家润、任成玉、胡殿亚、许纪东、郭庆、袁华京、张文杰、谭振伟、马翠云、郑雷、周大坤、洪永乐、徐得富、李有成、张传胜、姜廷春、车天瑞、周建军、李国栋
66	河南省小麦全蚀病发生动态监测与控制技术推广应用	河南省植物保护植物检疫站	韩世平	韩世平、蔡聪、宋敬魁、刘辉志、马巍、李建仁、寿永前、董彦防、尹绍忠、张丰军、孙志永、赵兵、宋钢锋、王永锋、李新良、王清鹏、陈文彦、胡贵民、徐彦坤、曹然、吕秀廷、徐竹莲、房新强、崔得领、张国奇
67	商丘市夏玉米种肥异位同播技术集成与产业化推广应用	商丘市土地肥料管理站	赵广春	赵广春、王建设、王进文、范慧娟、李素珍、李景鑫、李振峰、王英、申文兵、张永阁、李秀荣、王同保、齐少杰、孙淑芝、郭淑敏、皇美玲、唐靖华、李继英、皇雅领、吕元勋、彭素华、窦敏、陈利蒙、吴奇锟、赵志强
68	河南省夏花生丰产提质增效绿色栽培技术集成与推广	河南省经济作物推广站	郑乃福	郑乃福、任春玲、曲奕威、余辉、张国彦、冯春营、刘文伟、张莉、杨静丽、张东林、王喜民、杨显金、张建华、王尚朵、于璐、张瑜、董二国、贾成锁、刘军、杨文建、张项颖、李建锋、李军、高萍、乔颖
69	高效经济作物主要病虫害绿色防控技术集成与推广应用	济源市园艺工作站	赵兴华	赵兴华、孙红霞、王红霞、王江蓉、彭红、代保平、翟庆慧、冯振群、薛龙毅、王旭东、李艳丽、曹贤、杨型明、胡锐、李伟波、聂合乡、贾永贵、李进中、张利平、陈菊荣、李静一、席孟玲、卢清、薛梦宁、靳俊英
70	规模化猪场主要动物疫病净化集成技术研究与应用	河南省动物疫病预防控制中心	闫若潜	闫若潜、刁新育、郑海学、赵雪丽、程果、吴俊华、李秀梅、张林海、赵林萍、邱永周、赵森林、帕孜依拉·哈依巴尔、贾海瑞、柴春生、王建设、葛健、侯学群、关穀博、杨立、马怀廷、桑玉成、谭杰、刘德源、张传志

（续）

序号	项目名称	第一完成单位	第一完成人	主要完成人
71	南阳牛优异种质创制与新品种选育技术及应用	河南省动物卫生监督所	白跃宇	白跃宇、郑春雷、施巧婷、王建钦、唐洪峰、杜俊锋、徐浩天、冯富敏、柏中林、全清华、路群超、杨树林、董应臣、张卫民、宋正改、李燕、李静、郑寒冰、张瑞铎、侯冰、郑中华、石先华、马莲、张成峰、刘宽峰
72	湖北省超级稻高产高效集成技术示范推广	湖北省农业科技人才办（厅科技发展中心）	金国胜	金国胜、梅香生、陈文辉、聂练兵、鄢竞哲、胡继红、王珍、梅少华、王夕珂、郑明川、段建设、程盛、王良军、刘孔清、朱永东、宋红志、张从德、马志勇、赵杰、张善品、古树伟、赵立忠、张钧寿、高述国、吴胜雄
73	双低油菜全程机械化高效生产技术示范与推广	湖北省油菜办公室	蔡俊松	蔡俊松、程勇、孙海艳、欧阳敦军、陈爱武、李春生、易苏丹、刘清云、杨彤、陈传安、张树雄、吴海亚、卢金应、符家安、谢远珍、黄振余、吴勇刚、王长兵、胡佰超、张治国、沈国钦、王先贺、罗后伟、张良敏、李秋生
74	莲藕新品种安全生产综合配套技术推广应用	湖北省蔬菜办公室	柯卫东	柯卫东、袁尚勇、刘义满、张锋、胡正梅、李峰、喻春桂、彭金光、辛复林、代柏春、张献忠、黄齐奎、王四芳、邓春梅、黄永洋、陈红、殷明、任道友、杨堂军、陈桂川、黄修荣、江文凤、黄新农、杜丑新、彭功新
75	蚕桑省力高效生产技术集成与应用	湖北省农业科学院经济作物研究所	吴洪丽	吴洪丽、郝瑜、胡兴明、陈登松、关永东、孙波、周洪英、谭旭辉、鲍喜惠、肖胜武、王峰林、郭云、王宏新、代仕林、赵强、唐小磊、陈爱军、彭志祥、邵世祖、郭宏铭、熊永年、蔡召成、谌宏远、黄文斌、刘宗田
76	土壤障碍因素调查及中低产田改良技术示范	湖北省土壤肥料调查测试中心	梁华东	梁华东、张明祥、汪航、巴四合、汤向红、刘芳、童凤林、田科虎、唐霖、马自波、李进山、邹锋、吴庆丰、徐曾娴、周建光、张淑贞、江龙堤、曹超喜、郭智慧、周霞、王鹏、李京蓉、邓艳国、费华萍、季安成
77	两系杂交早稻株两优15的推广应用	湖南省贺家山原种场	姜守全	姜守全、李智谋、谭旭生、李建彬、黎小平、唐海燕、刘晓霞、曾跃华、刘洪、魏贱生、胡仁科、郭文高、聂勇、阳春瑜、姚仁祥、管恩相、蔡少先、操成波、刘陵武、刘勇、曾凤凰、方杰、管锋、伍振平、郭君

（续）

序号	项目名称	第一完成单位	第一完成人	主要完成人
78	长江棉区棉花轻简技术集成与示范推广	湖南农业大学	熊格生	熊格生、陈常兵、吴碧波、唐海明、白岩、卜茂平、任家贵、熊纯生、程泽新、缪立群、徐一兰、徐三阳、汪云先、郭利双、王芳敏、阳秋波、黄庆、符艳春、黄华南、曹红林、易波、柯梁、潘宁松、刘士元
79	“兴蔬”牌系列蔬菜良种的推广应用	湖南省蔬菜研究所	邹家华	邹家华、王日勇、段晓铨、蒋宏华、黄巍、李燕凌、杨涛、熊恒多、林漫、李治明、孙伟、滕彬、周志保、李跃辉、辜良书、夏兴勇、但立华、王树斌、周铁夫、周海斌、陈宏、马润、段从芝、陈春梅、腾久才
80	高致病性猪蓝耳病活疫苗免疫推广项目	湖南省兽医局	张强	张强、王昌建、郑文成、张朝阳、郭永祥、朱春霞、李智勇、唐小明、宁华杰、胡国平、曾荣、刘文泽、刘伟、贺东晖、陈桂华、武维宝、黄琼、罗玄生、蒋太运、卢建新、谭运华、张强、李建群、李锦田、朱义政
81	宁乡猪生产综合配套技术推广	湖南省畜牧兽医研究所	傅胜才	傅胜才、周建华、彭英林、李述初、邓缘、朱吉、郭乐、谢菊兰、陈方志、任慧波、陈晨、李雄、冯小花、胡雄贵、曾勇波、郭兴桂、孙建帮、李建元、杜丽飞、刘伯承、卢帅、左剑波、李剑锋、唐曼科、罗璇
82	湖南省大宗淡水鱼养殖模式升级及应用	湖南省水产科学研究所	伍远安	伍远安、王金龙、王冬武、谢仲桂、李传武、何志刚、廖伏初、宋锐、李绍明、李红炳、肖维、蔡云泉、宋炳林、万译文、孙美群、洪波、皮俊荣、胡新念、刘术高、闵杨、邹利
83	优质高产抗逆水稻新品种“华航31号”推广应用	华南农业大学	陈志强	陈志强、王慧、刘永柱、郭涛、司徒志谋、刘朝东、冯锦乾、梁克勤、陈淳、单泽林、郑溪、张书涛、陈坤朝、董国明、刘培文、燕翔、何强生、黄兵、张活强、朱永强、曾卫洪、梁朵嫦
84	广东省水稻三控施肥技术的推广应用	广东省农业科学院水稻研究所	钟旭华	钟旭华、林绿、黄农荣、林青山、田卡、陈志远、周继勇、梁向明、李瑞民、石坤华、邹华旭、曾建祥、何健灵、朱小丽、张耀国、谭耀华、涂新红、黄国栋、陈标、郑声云、欧杰文、姚广林、邱浓光、陈景欣、郑作扬

（续）

序号	项目名称	第一完成单位	第一完成人	主要完成人
85	高产、广适、耐热甜玉米品种粤甜16号及配套技术应用	广东省农业科学院作物研究所	胡建广	胡建广、刘建华、祁喜涛、罗学梅、卢文佳、李余良、古幸福、黄真珍、肖旭林、李沛森、谭建杰、马义荣、王振招、邓彩联、吴晓、杨允、邱林波、陈观添、谢铜波、张顺强、谢先华、王世勇、黄洪华、陈远标
86	广西超级稻高产栽培技术集成与推广	广西壮族自治区农业技术推广总站	杨为芳	杨为芳、谭素宁、韦月白、陈爱平、罗永仕、曾家焕、黄寿月、赵坚丽、罗炜斌、陆和远、廖贵英、蒙全、杨光文、张金艳、周景平、郑基锐、黎应勇、杨小田、陈家金、李艳琼、窦威、陶继嗣、杨奕志、李志翔、钟光亮
87	旱地甘蔗高效节本栽培技术集成示范推广	广西壮族自治区农业科学院	李杨瑞	李杨瑞、朱秋珍、杨丽涛、史长兴、谭宏伟、王维赞、陈赶林、梁胜林、蒋柱辉、李廷化、蓝日星、秦初旺、黄炳林、周启美、陈星富、陈务佳、黄卫、邓汝强、李懋登、陆辉德、黄新筱、潘启颜、韦金凡、李杏、伍荣冬
88	甘蔗螟虫生防技术产业化及推广应用	广西壮族自治区植保总站	师翱翔	师翱翔、王华生、陈丽丽、张清泉、谢义灵、宋一林、黄晞、张婕、黄树生、陈上进、颜文好、韦世训、陈润忠、黄忠泊、梁彩勤、韦应贤、黄清康、李仕龙、彭明戈、陆汉鲜、谢宗强、刘树冠、梁家岳、郑锡志、黄淑娇
89	大型种猪场猪瘟控制与净化集成技术研究和应用	广西农垦永新畜牧集团有限公司	吴志君	吴志君、邓志欢、肖有恩、蒋志疆、韩定角、卢永亮、兰云、张海瑛、梁书颖、欧海珠、秦荣香、张宁、蒙春宁、苏华、陆江、李碧珍、黄克宏、覃国喜、姚若存、黄菲、陆富良、刘钦华、曹玉美、卢峰
90	优质鸡健康养殖技术示范推广	广西壮族自治区畜牧研究所	韦凤英	韦凤英、何仁春、秦黎梅、韦平、覃仕善、文信旺、吴亮、李开坤、粟永春、庞芳清、谢建华、陈训、潘定业、黄吉辉、邓继贤、吴强、沈前程、韦小喆、吴锦山、全志勇、曹孟洪、潘能平、黄建烨、雷佳霖、唐燕飞
91	优质高效蚕业生产模式与关键技术集成示范推广	广西壮族自治区蚕业技术推广总站	陆瑞好	陆瑞好、祁广军、罗坚、黄艺、黄显卓、潘启寿、全诚、唐燕梅、磨长寅、潘家宽、黄守洋、杨家崇、宾荣佩、罗日梅、潘龙帅、龙福全、欧学贤、黄志君、黄开伟、唐妍、邵晓锋、陆冰梅、韦孔林、韦志横、袁万顺

（续）

序号	项目名称	第一完成单位	第一完成人	主要完成人
92	广西水稻、玉米、甘蔗测土配方施肥技术推广应用	广西壮族自治区土壤肥料工作站	宾士友	宾士友、于孟生、郑丹、康吉利、梁运献、谢龙周、罗德英、李云春、李懿静、唐翠英、张承涛、冯时钦、关艳玉、李锦莲、蔡紫良、潘艳婷、梁伟瑚、叶素莲、阙光超、黄业葵、张雄、黄金娟、闫京训、李东、蓝佳光
93	广适型优质杂交水稻博优225选育与示范推广	海南省农业科学院粮食作物研究所	严小微	严小微、唐清杰、陈文、邢福能、林朝上、岑新杰、许振敏、朱宏、陈思勤、林家贵、王海、陈清黄、吴光辉、潘德勇、黄垂雄、潘家君、周丽霞、陈源雄、谢朝强
94	海南省冬季瓜菜农药减量主要技术应用与推广	海南省植物保护总站	李涛	李涛、张曼丽、陈剑山、柳晓磊、马叶、陈丽君、杨海中、李鹏、周小伟、张龙、曾宇、冯清拔、彭燕、陈帅、李良会、金宝红、陈侨、张传海、陆红霞、方齐胜、褚锟鹏、薛英健、陈光能、王崇颖、王祚民
95	豇豆设施安全高效栽培技术示范与推广	三亚市南繁科学技术研究院	孔祥义	孔祥义、罗丰、许如意、王爽、杨小锋、柯用春、肖春雷、刘勇、孙鸿蕊、吴明晓、吴乾兴、袁廷庆、黄国宋、万三连、林方梧、任红、李秋洁、冯亮、韩晓燕、肖日升、林道源、黄庆文、王艳凌、郑联盟、招业
96	海南优质肉牛及配套生产技术示范推广	海南省畜牧技术推广站	冯飞	冯飞、李义书、陈斌玺、李明发、朱永雄、朱芳贤、刘仙喜、谢有志、倪世恒、吴力民、孟飞、陈明柳、吴多德、张少庚、林岑、李博玲、王石、米恒、宋丽鸿、陈昌健、陈川锋、郭礼晶、钟健敏、吴淑疆
97	重庆市超级稻标准化栽培技术集成与推广	重庆市农业技术推广总站	郭凤	郭凤、曾卓华、陈松柏、罗小敏、詹林庆、唐光泽、左丛戎、杨世文、汪运彪、贺红周、徐茂权、谢贤敏、罗绍岳、刘厚宪、易小艳、肖方国、何清中、尹叶华、周渝、祝家兵、陈英德、王祖民、刘建军、刘良学、王地生
98	玉米BC8241Ht质系列杂交种的选育与应用推广	重庆三峡农业科学院	霍仕平	霍仕平、张兴端、晏庆九、张健、张蔚鸿、雷世梅、余志江、佘兴蓉、马秀云、任建飞、王雪金、向振凡、卿明敬、周佳、张芳魁、许明陆、李承端、周良明、张建红、冯云超、王开周、汪兴茂、潘明安、吴传平

（续）

序号	项目名称	第一完成单位	第一完成人	主要完成人
99	丘陵山区优质高产高效油菜新品种及配套技术示范推广	西南大学	李加纳	李加纳、刘丽、徐洪志、曹永华、易靖、马培云、周爱平、胡斯刚、郭继萱、邹勇、李红梅、周志淑、潘建华、李正文、唐洪兵、程绪生、张祖光、唐平、曾川、邓豪、任泓钢、胡世方、黄明贤、刘世勇、殷宇
100	榨菜杂交种"涪杂2号"选育及高效安全栽培技术集成与推广应用	重庆市渝东南农业科学院	范永红	范永红、刘义华、胡代文、王旭祎、王彬、林合清、冷容、张召荣、沈进娟、董代文、何超群、董华权、徐茜、王春涛、傅航、于晓虎、周波、付琼玲、张巨波、邱凤仪、陈兴伦、姚强、许冬梅、梁兴梅
101	池塘鱼菜共生综合种养技术推广	重庆水产技术推广站	李虹	李虹、王波、倪伟锋、刁晓明、李谷、杜朝晖、池成贵、吴晓清、周春龙、薛洋、袁建明、罗强、甘婷婷、熊隆明、梁毅、张波、曹豫、郝亚琴、陈畅、黎学练、曾仁甫、肖吉峰、周士涛、穆宗友、谢云灿
102	三峡环库循环生态农业带构建与产业化应用	重庆市农业技术推广总站	熊伟	熊伟、王久臣、杨灿芳、王飞、孔文斌、范晓伟、黄明、冯海平、梅会清、刘伟、向芳、付世军、张树全、吴兴文、汪勇、鲍洪波、李戎、张勋、戴建修、向波、胡万芬、卜雨明、郑勇、张璐、袁东升
103	优质专用甘薯绵薯系列品种的选育与推广	绵阳市农业科学研究院	丁凡	丁凡、彭慧儒、冯泊润、余韩开宗、刘丽芳、陈刚、张思林、邓先志、罗华友、刘跃富、钟思成、唐琼英、陈凯、何成杰、刘军国、丁超、杨尧、梁联成、雷天才、向奉友、胡学勇、赵华林、罗在旭、张洪、唐长春
104	四川蔬菜提质增效集成技术研究及应用推广	四川省园艺作物技术推广总站	刘小俊	刘小俊、吴传秀、梁根云、杜晓荣、刘娟、孔建雄、杨挺、杨红宣、何文斌、游敏、王喜、段波、林伟、罗红萍、陈华、干雪梅、吴永祥、吕兴平、钟向东、许必兴、岳军、代秀蓉、吴天菊、雷庆华、肖国俊
105	红心猕猴桃早结优质高效技术集成研究与推广应用	广元市农业科学研究所	罗仁革	罗仁革、何仕松、江治贤、吴世权、侯春霞、方军、刘波、梁冬、田子茂、冯建海、陈波、李明、唐伟、周兵、李君、蒙立波、伍洪昭、何仕银、马映东、王树锦、杨思润、郭长江、徐桂琼、王建、王正伟

（续）

序号	项目名称	第一完成单位	第一完成人	主要完成人
106	肉用山羊舍饲养殖综合技术研究集成与推广应用	四川省畜牧科学研究院	熊朝瑞	熊朝瑞、王永、陈天宝、俄木曲者、郭春华、范景胜、易军、陈期康、张国俊、卢忠华、罗淑英、何伟、沈军、陈瑜、李联彬、但晓波、卿静、康建国、刘代均、邓胜东、朱世木、陈勇、伍国军、黄鹏、黄长清
107	四川省高标准农田建设技术集成与推广应用	四川农业大学	邓良基	邓良基、欧阳平、黄有胜、高雪松、王昌全、蒲波、黄耀蓉、粟光明、李正武、陈善勇、李友明、杨明朝、陈奇、毛德鸿、胡学艺、张小学、谢勇强、李强、李自学、曹晓明、袁宁、马文昌、向琼、黄龙业、杨明会
108	贵州粮食增产增效技术集成与应用	贵州省农作物技术推广总站	熊玉唐	熊玉唐、胡建风、龚静、唐维民、周应友、蒙懿、万江红、田洪刚、黄用海、马强伦、倪玉琼、陆英燕、杨军、安强、罗红、李斌、杨再培、赵庆洪、钟华义、范学良、王玉国、田仁江、吴德顺、高周权、徐永昌
109	酱香型白酒专用高粱绿色高效栽培技术推广应用	贵州省农作物技术推广总站	朱怡	朱怡、李士敏、胡朝凤、袁雨晴、章洁琼、蔡炎、穆元相、曾令琴、邱星、刘垚、司元进、陈仕平、姜培跃、王显模、蔡世均、周益、邓金池、蔡回金、穆正箭、杨素、黄建生、幸群梅、谢胜涌、张思学
110	马铃薯测土配方施肥系统推广应用	贵州省土壤肥料工作总站	韩峰	韩峰、陈海燕、杨波、杨梅、陈开富、张春林、杨楠、范贵国、赵伦学、何焱、龙胜碧、王坤、杨鸿雁、何开祥、曹怀亮、刘均霞、陆才云、彭华、王庆锋、赵成龙、田斌、龙求志、李俊彦、张兴模、罗运雄
111	热带抗病优质玉米新品种选育及推广	云南省农业科学院粮食作物研究所	番兴明	番兴明、李勇成、陈洪梅、钱成明、黄云霄、张运锋、蔡世昆、刘金菊、高连彰、肖卫华、冯绍卫、程金朋、王燕林、王进、王宝书、卢天王、陆顺生、吕学菊、梁桂英、李朝华、滕松、赵祥云、姜成、黄廷祥、王雪文
112	早熟高产油菜品种选育及集成技术推广应用	云南省农业科学院经济作物研究所	李根泽	李根泽、符明联、蔡云川、贺斌、李庆刚、罗延青、余绍伟、杨进成、陈志雄、字德华、奚俊玉、赵严林、杨玉珠、储庆龙、王炳剑、杨正富、刘庆荣、杨家明、刘思虎、唐亚梅、王定石、王志万、李文胜、李坤孟、黄体孝

（续）

序号	项目名称	第一完成单位	第一完成人	主要完成人
113	月季新品种选育及集成技术推广应用	玉溪市农业科学院	张钟	张钟、董春富、张军云、杨世先、王文智、张建康、胡颖、李清云、刘树林、徐建、普正贵、胡丽琴、王海波、普进东、陆继亮、张友生、王爱明、杨绍聪、马丽华、方晓东、白坤芬、朱金银、张士来、普光发、毕立坤
114	生猪"321"免疫新技术研究与推广应用	云南省动物疫病预防控制中心	周建国	周建国、段博芳、濮永华、朱明旺、颜亨铭、杨余山、尹红斌、黄杰、李玉静、李志明、夏九鲜、赵家礼、陈勇、普跃进、俞承余、张政贤、朱凤琼、保有祥、潘世卫、王黎明、郭云然、陶永艳、沐琼华、赵维佑、韩荣林
115	云南省大宗淡水鱼新品种引进、试验示范及推广应用	云南省水产技术推广站	田树魁	田树魁、龙斌、杨其琴、杨辉明、王建伟、华泽祥、段昌辉、唐月香、马卫祖、王翔、普林槟、石永伦、钟应华、陈刚、周永兴、高云兰、郑水娥、胡国华、李春芳、赵立、李梅、范伟、陈斐、苗春、姜亮坤
116	云南耕地质量提升技术示范与推广	云南省土壤肥料工作站	尹增松	尹增松、宗晓波、徐红、陈天友、刘友林、杜东英、宋林、王继廉、李宏、赵丽梅、余琨、罗波、和义忠、栗九宝、朱建宇、康二、劳大、金永坤、李坤、侯丽华、邹亚彤、陈明昌、黄初臻、陈国才、朱兴朝
117	西藏粮油高产创建技术集成与示范推广	西藏自治区农业技术推广服务中心	席永士	席永士、李芳、李维、胡俊、米玛次仁、王福录、达瓦扎西、辛志荣、郝建伟、唐浩峰、次仁云丹、依斯麻、尼玛次仁、扎西达瓦、边欧、次仁德吉、格来朗杰、次仁琼达、班洪光、拉巴旺堆、小卫、常瑛、布穷瓦、格桑、旦增
118	西藏无公害蔬菜标准化生产技术推广	西藏自治区农畜产品质量安全检验检测中心	徐平	徐平、刘海金、杨晓菊、黄鹏程、刘玉红、苟玉枚、群宗、拉巴次仁、李小庆、谢嵘、洛杰、泽旺伦塔、尼玛次吉、格桑、拉巴曲吉、次央、拉巴平措、扎西罗布、田科兴、边巴参木、格桑曲珍、土丹坚增、阿措、次仁央宗、达娃次仁
119	西藏农区统一灭鼠	西藏自治区农业技术推广服务中心	陈俐	陈俐、陈志群、阿梅、普琼、查斯、蔡英、王丽娟、扎西、支张、央拉、旦增、格桑措姆、平措扎西、李福荣、白玛央金、邓春华、归桑旺姆、何明杰、杜平、多吉顿珠、云旦顿珠、卓玛央宗、央青、普桑、达娃

（续）

序号	项目名称	第一完成单位	第一完成人	主要完成人
120	关中灌区优质小麦千斤生产技术示范与推广	陕西省农业技术推广总站	王荣成	王荣成、孙建阁、杨美悦、武明安、杨林、王钧强、薛源清、韩彦会、王雅、张玉礼、郝进进、李春游、王丽、白存生、杨飞、雒景吾、杨静、罗宏锋、杨自方、张大鹏、李天魁、向永安、师武、王海燕、刘少勇
121	陕西省小麦吸浆虫监测防控关键技术研究与推广	陕西省植物保护工作总站	刘俊生	刘俊生、冯小军、郭海鹏、钱丰、梁春玲、魏会新、马小平、许彦蓉、王会玲、冯安荣、费关键、赵琳、乔欢、惠军涛、杨小军、李泾孝、郭冰亮、李丽、李新海、郑爱芳、宋梁栋、李文胜、鲁毅、兀旭红、党政
122	优良苜蓿品种引种试验示范及推广项目	陕西省草原工作站	李海英	李海英、任榆田、耿金才、张铁战、崔志锋、胡晓宁、任茜、周黎明、孙志孝、薛浩、吴福琴、刘向炜、许立胜、白锦保、王志军、闫朝、李耀宇、王奇亮、史小雄、候志强、冯娟、谢鹏慧、常丽、宋亮亮、白彦琼
123	抗寒高产优质饲用黑麦新品种的选育及推广应用	甘肃省草原技术推广总站	孟祥君	孟祥君、韩天虎、俞联平、曹永林、富新年、杨浩、张少平、李晓鹏、李春涛、潘正武、施昌玉、马隆喜、才让吉、马廷选、祁晓梅、徐义、吉文斌、孙志英、张小云、霍斌山、吴泽喜、吴昌顺、张光辉、关添升、祁万祯
124	青海省中小型马铃薯生产机械化技术推广	青海省农牧机械推广站	赵得林	赵得林、马国福、许振林、李全宇、汪生华、田文庆、张学林、赵睿、施生炳、赵永德、蔡邦国、王守豪、张维国、周忠祥、贺有财、李颖、刘洪刚、阿吉林、吴彦让、李帅用、张宝元、李兰、王育海、李启银、杨卫宁
125	青海省春油菜病虫害综合防控体系的构建与应用	青海省农业技术推广总站	张剑	张剑、李新苗、任利平、刘得国、徐淑华、王显红、雷延洪、韩生录、刘选德、张可田、王生峰、张宇卫、赵金兰、陈英、祁增兰、吴文祥、张建凤、杨占彪、张发云、张海忠、周措吉、张振霞、余国平、张颖平、高斌
126	高原型藏羊规范养殖技术集成与示范推广	青海大学	侯生珍	侯生珍、王志有、杨生龙、李双元、李淑娟、李敏、范涛、周玉青、袁桂英、王西峰、三百顿珠、索南才让、董海宏、宋永武、李长云、李剑、扎西、宋仁德、鲍林、叶万福、肖长琴、罗自清、刘东升、王贵元、耿岗

（续）

序号	项目名称	第一完成单位	第一完成人	主要完成人
127	牧区包虫病及牛羊寄生虫病防治技术研究与推广	青海省动物疫病预防控制中心	马睿麟	马睿麟、蔡金山、沈艳丽、赵全邦、汪永洲、马占全、阿保地、胡广卫、李静、曹政、王文勇、董泽生、袁友贞、黑占财、扎西吉、旦正措、汪燕昌、才让扎西、吴新、曹学法、拉毛彭措、蔡相银、李海梅、林元、才让加
128	大型网箱鲑鳟鱼养殖技术研究与示范推广	青海省渔业环境监测站	申志新	申志新、王国杰、王振吉、杨旭、星强华、吴济红、赵娟、唐伟华、简生龙、杜海燕、关弘弢、刘廷杰、马玉花、肖勇、颜中顺、韩国忠、郑泽、朱仁强、余楚强、权宁波、袁军、郭又奇、赵明、索生宁
129	宁夏玉米增产增效综合技术集成与示范推广	宁夏回族自治区农业技术推广总站	徐润邑	徐润邑、王永宏、杨桂琴、马自清、田恩平、王华、文玉琳、王峰、雍忠、杜伟、李欣、申学庚、张学科、马建平、张志亮、陈建军、吴建勋、陈天喜、刘建明、杨自建、王双喜、姚自成、李树生、高斌、秦秀花
130	宁夏牛羊优质饲草高效利用关键技术示范推广	宁夏回族自治区畜牧工作站	张凌青	张凌青、陈亮、洪龙、杜杰、封元、张建勇、刘一鹤、刘彩凤、曹玉魁、胡世强、赵亚国、张志强、马建成、周成、王秀清、杨春莲、王小平、王占林、邵喜成、刘崇贞、魏学义、武建文、赵学峰、李阳东、李军
131	宁夏设施蔬菜秸秆反应堆技术示范推广	宁夏回族自治区园艺技术推广站	蒋学勤	蒋学勤、俞风娟、张翔、赵金霞、王继涛、赵玮、张桂芳、于丽、余立云、温学萍、马守才、潘长胜、梁朴、谢彦、白生虎、吴恭信、张生忠、杨学斌、王金燕、杨学贵、蒋万兵、靳军良、李晓莉、曹淑娟、杨荣华
132	马铃薯良种繁育关键技术研究及其高效栽培技术集成与示范推广	新疆农业科学院综合试验场	冯怀章	冯怀章、罗正乾、张新志、杨茹薇、吴燕、刘易、赵卫芳、雷春军、金向东、翟德武、何新霞、乌尔古丽·托尔逊、木合塔尔·买合木提、刘梅、董爱云、周黎明、阿不都热合曼·马合苏提、吐逊江·艾合买提、阿不都热依木·吾斯曼、艾山江·吐鲁甫、张洋军、马桂兰、阿布来提·马合木提、田建文、魏永江
133	新疆设施蔬菜根结线虫绿色防控技术研究与推广应用	新疆维吾尔自治区植物保护站	李晶	李晶、李克梅、艾尼瓦尔·木沙、王惠卿、芦屹、魏新政、刘玉、濮生成、王岩萍、张良文、韩顺涛、潘卫萍、吴伟、李月珍、杨晓清、杨华、武华军、徐金虹、谭文君、鲜君花、刘芳、李艳娥、杨青红、解玉梅、游春丽

（续）

序号	项目名称	第一完成单位	第一完成人	主要完成人
134	巴州地区加工用红辣椒新品种试验示范推广	巴州农业技术推广中心	崔继武	崔继武、屈涛、何新辉、韩冬、杨寒丽、蒋梅、刘燕萍、段晓兰、王桂霞、楼爱玲、贺春红、热孜万古丽·克力木、乔金玲、葛新兰、吐尔洪·艾则孜、刘娟、杨建江、乔亚丽、谭忠宁、沈凤瑞、张辉、郑江洪、王颖、王金国、李海燕
135	喀什地区测土配方施肥技术集成与推广	喀什地区农业技术推广中心	阿力木江·赛丁	阿力木江·赛丁、帕尔哈提·吾甫尔、傅连军、张勇、塔依尔·伯克日、库尔班·玉苏普、孜热皮古丽·赛都拉、约麦尔·艾麦提、王海孝、邝作玉、艾尼·买买提、程卫、古丽妮萨·喀迪尔、阿依姑丽·那买提、努热故丽·艾山、周琰、努尔买买提·托合提尼亚孜、阿瓦姑丽·吐尔洪、李翠梅、艾山·玉素甫、吐尼沙姑丽·吐尔逊、阿依图苏·库瓦尼、阿瓦姑丽·依力、汗左然木·依米尔、孙阳迅
136	航天诱变水稻"连粳1号"选育与推广	大连市特种粮研究所	谢辉	谢辉、孙有毅、张月园、董福玲、李敏、谢璘、洪玮、张春财、应建华、谢芳园、王亿年、杨琳昱、宋晓光、于晓丽、张明娜、徐春和、姜公武、黄箭、苏晓萌、钱朗、赵德珠、何献声、于志斌、解仁平、徐洪德
137	青梗松花菜新品种选育与产业化推广	厦门市种子管理站	孙国坤	孙国坤、叶明鑫、杨彬元、黄永修、陈龙杰、陈艺婷、林志强、许卫东、梁农、颜慧莹、朱惠贞、李文北、杨卓飞、林彦振、王智卿、郭顺财、陈斌、叶和、汤陈财、李晓龙、张发治、洪世飙、陈春松
138	棉花叶面营养诊断技术应用与推广	新疆生产建设兵团第一师农业技术推广站	肖春鸣	肖春鸣、奉文贵、黄琦、吴志勇、卜东升、雷长春、杲先民、刘敏、殷彩云、马娅莉、王河江、水涌、陶学江、夏永强、罗进军、肖翼仙、宋全伟、江文明、李新建、王灵燕、刘力玮、陈香兰、王怀海
139	新疆兵团鲜食葡萄提质增效关键技术集成与示范推广	新疆农垦科学院	郭绍杰	郭绍杰、苏学德、李鹏程、张学军、李铭、王刚、邱毅、苏安久、胡杰、营良富、陈波、赵庆祥、徐建华、王强、高祥雷、牛淑慧、包会强、丁新荣、侯军、张连杰、艾音格、赵燕平、陈恢富、王霞、李祎
140	白星花金龟绿色防控技术研究与推广应用	新疆生产建设兵团第十二师农业科学研究所	程君	程君、马德英、李涛、陈梅、王文学、谢利刚、冯文娟、陈江青、邹以强、林儒

（续）

序号	项目名称	第一完成单位	第一完成人	主要完成人
141	全国农垦规模化养殖场标准体系建立与示范推广	新疆生产建设兵团畜牧兽医工作总站	韩广文	韩广文、李宏健、麻柱、钟景田、李艳华、武建亮、司建军、刘胜军、徐利、孙东晓、王朝军、王国明、王祺宝、李纪平、李敏、于俊勇、宁晓波、马光辉、陈林生、王英姿、杨超、朱玉林、梁鸿斌、杨红卫、余良文
142	基于区域布局的玉米机械化高效高产栽培技术创新集成与示范推广	黑龙江八一农垦大学	杨克军	杨克军、赵长江、王宝生、王智慧、李佐同、王玉凤、张翼飞、沈海燕、骆生、姜占文、丁兆禄、王淑娜、张海森、李纯伟、高金凤、孙淑清、于伟民、任传军、梅立峰、刘元明、寇文生、阎丽娜
143	黑龙江省玉米茎腐病防治技术示范与推广	黑龙江省农垦科学院	王平	王平、纪武鹏、于琳、陈柏利、高红星、吴成龙、吴艳霞、戴志钺、孙跃荣、许芳、王芳、孙柯、刘文研、王红霞、李新磊、黄晶、潘俊永、张宝艳、张洪建、汪兴林、李树铭、文辉、胡燕燕、纪春茹
144	奶牛主要代谢病防治关键技术推广	黑龙江八一农垦大学	徐闯	徐闯、夏成、张洪友、杨威、陈媛媛、吴凌、刘春海、王卉、许连祥、肖玉萍、贾斌、黄海波、邹天红、陶春卫、王亮、李徐延、陈军、韩立君、孙继影、宋利国、杨彪、张琪、刘恩忠、陈彦民、郜洪泉
145	高地隙自走式植保机应用与推广	黑龙江省农垦科学院	刘卫东	刘卫东、吴显斌、马增奇、钱海峰、刘友香、于秋竹、于涵、王龙、马丽萍、蒋明明、贾忠军、戴凤霞、范玉宝、黄家安、李淑琴、张元月、杜明辉、徐祥龙、韩东来、崔逸、王广星、苗得雨、聂录、何兆清
146	双季稻机械化生产技术研发与应用	中国水稻研究所	朱德峰	朱德峰、王岳钧、钟武云、文喜贤、李木英、陈惠哲、张玉屏、陈国梁、丁秋凡、周建祥、曹华威、孙雄彪、曹永辉、苏柏元、吴树业、余进、李平、寿建尧、邓春云、胡良元、丁拥军、曾腊春、章卓梁、熊友根、陆建平
147	高产高效油菜新品种大地55和中农油6号的推广应用	中国农业科学院油料作物研究所	梅德圣	梅德圣、胡琼、张春雷、张勋、王相琴、肖圣元、崔瑾、汪友元、梁宇锋、周庆嶅、程应德、张国忠、吴细卯、高世海、李林海、赵军、段生、胡化如、谭盛民、赵业奎、李成国、叶虹

（续）

序号	项目名称	第一完成单位	第一完成人	主要完成人
148	重金属污染产地叶菜类蔬菜安全生产关键技术示范与应用	农业部环境保护科研监测所	郑向群	郑向群、郑顺安、丁永祯、师荣光、李晓华、曾娟、黄文星、薛家凤、刘林涛、刘晓继、柯凯敏、翟忠琴、张波、方明、王献志、王云、汪名富、张生来、程小云、高双五、蒋双武、马天桥、刘园、叶良阶、付维新
149	甘南牦牛选育改良及高效牧养技术集成示范	中国农业科学院兰州畜牧与兽药研究所	阎萍	阎萍、梁春年、郭宪、石生光、丁学智、姬万虎、包鹏甲、李瑞武、王宏博、褚敏、克先才让、杨振、喻传林、刘振恒、杨小丽、拉毛索南、庞生久、姚晓红、夏燕、拉毛杰布、王宏、赵雪、杨林平、苏旭斌、王润丽
150	毛皮动物健康养殖关键技术集成与推广应用	中国农业科学院特产研究所	李光玉	李光玉、刘晗璐、钟伟、张铁涛、张海华、孙伟丽、彭凤华、王国良、曲学忠、王殿永、谢海鹏、王淑明、唐崇艳、臧金来、杜东升、于一伟、胡大伟、刘学军、丛培强、项方、王玲、吕春艳、郭蕊、于蓬勃、朱金红
151	中苜3号耐盐苜蓿新品种的推广应用	中国农业科学院北京畜牧兽医研究所	杨青川	杨青川、康俊梅、孙彦、张铁军、龙瑞才、马建军、祁永、赵忠祥、云继业、王霞、徐化凌、姜慧新、任卫东、毛勇、于合兴、高连枝、张建荣、刘光男、李炳瑞、高青华、郭玲、许其华
152	退化草地植被恢复与重建技术集成与推广应用	农业部环境保护科研监测所	杨殿林	杨殿林、赵建宁、皇甫超河、朱岩、田青松、白龙、张乃琴、朗巴达拉呼、蒋立宏、王彩灵、洪杰、王宇、高荣、张冬梅、草原、胡高娃、李东晖、白宝玉、谭毓文、那顺乌力吉、吴金海、郭瑞香、孙权、伊德尔宝音、吴春江
153	我国北方草地害虫及毒害草生物防控技术推广与应用	中国农业科学院草原研究所	刘爱萍	刘爱萍、徐林波、张礼生、韩海斌、任卫波、高书晶、德文庆、范光明、崔智林、王世明、康爱国、王惠萍、张艳、郭慧琴、牛文远、张爱萍、徐忠宝、乔艳荣、张福顺、姜翠萍、王梦圆
154	哲罗鱼规模化繁育与产业化	中国水产科学研究院黑龙江水产研究所	尹家胜	尹家胜、徐伟、匡友谊、佟广香、张永泉、徐奇友、王天才、李满江、谭清伟、李晓青、王洪波、孙剑、梁双、代明山、王炳刚、马秀风、辛向东、刘洪宇、李想、黄明彬、田小青、李宇光、杨铁成、甄凤博

（续）

序号	项目名称	第一完成单位	第一完成人	主要完成人
155	芒果优良品种与产业化关键技术的推广应用	中国热带农业科学院热带作物品种资源研究所	陈业渊	陈业渊、黄国弟、华敏、尼章光、党志国、张贺、周文忠、凌逢才、张世云、陈景锋、陆英、赵兴东、张余川、陆弟敏、罗胜友、邱有尚、韦璠宴、杨桂林、黎兴健、鄂权、广波付、黄利珍、黄月霞、杨健弘、李爱丝
156	草莓立体高效育苗关键技术集成与产业化示范	农业部规划设计研究院	李邵	李邵、齐飞、周长吉、尹义蕾、张跃峰、丁小明、鲁少尉、连青龙、鲍顺淑、田婧、陈明远、潘守江、蔡峰、张正伟、周进、张渊、胡佳羽、赵智明、谢英杰、张新、祝保英、胡荣梅、杨子强、袁文辉
157	秸秆还田腐熟技术推广应用	全国农业技术推广服务中心	杨帆	杨帆、董燕、钱国平、王正超、孟远夺、孙钊、殷文、蒋平、陈金洪、徐礼和、杨珍珠、杜宏、韩伟、龚财雄、沙海辉、谢祥太、赖兴尧、雷振、裴天福、林万树、潘永祥、崔国洪、吴卫贤、王丽华
158	草原鼠害绿色防控技术应用与示范	全国畜牧总站	洪军	洪军、刘晓辉、杜桂林、林峻、李新一、星学军、冯今、王瑞玲、王有良、赵霞、罗延洪、王明智、石春荣、王学良、百岁、范晓岚、管军辉、金国、那顺吉日嘎拉、马自荣、王凤飞、王琼、布和巴特尔、魏晓巍、贺喜格巴雅尔
159	水产养殖节能减排技术集成与示范推广	全国水产技术推广总站	高勇	高勇、陈学洲、翟旭亮、景福涛、李红岗、邵蓬、陈萍、马立鸣、蒋礼平、陈丽芝、易家新、陈功林、张洁、王孟华、黄远南、孔海明、任庆东、姜成斌、谢洪良、孙连民、梁勤朗、王静娟、陈石娟、王盛青

三、农业技术推广成果奖三等奖名单

序号	项目名称	第一完成单位	第一完成人	主要完成人
1	京津冀主要粮菜作物新品种筛选及配套技术集成应用	北京市种子管理站	张连平	张连平、肖文静、池秀蓉、李文琴、刘树勋、王玉珏、刘晓燕、焦立东、张丽华、王海霞、赵建华、徐全明、杨晓斌、王世国、杨红军、刘云、何福旺、赵永和、袁瑞江、卢建泉、申玉清、李文阁、朱会珍、刘秀红

（续）

序号	项目名称	第一完成单位	第一完成人	主要完成人
2	优质抗病高产"京葫"系列等西葫芦新品种的选育及推广	北京市农林科学院	李海真	李海真、李兴盛、张国裕、张帆、李炳华、贾长才、王德欣、王庆、丁海凤、赵冬梅、张丽英、耿丽华、温常龙、袁晓伟、马德平、佟二健、孟宪沛、张海龙、侯俊明、王玉江、王青川、张涛、张同俭、高继月、李兴昌
3	京北冷凉区蔬菜高效安全生产技术集成与推广	北京市农林科学院	赵同科	赵同科、安志装、王激清、马茂亭、陈仲江、龚富强、杨贵明、刘社平、张亮、林保民、刘中华、宋进库、李金平、刘瑜、李铁成、万秀云、侯桂兰、王留芳、闫志华、王建英、毕晓庆、梁久杰、李振忠、串丽敏、杨振宏
4	食用菌高效栽培及菌糠再利用技术集成示范与推广	天津农学院	班立桐	班立桐、黄亮、王玉、杨丽维、赵新海、杨红澎、张大鹏、张红颖、孙茜、王慧、金国庆、马钟艳、张建亮、杨华、图尔洪·萨依提、郭立曼、刘会君、李洪梅、史忠伟、崔海霞、张国海、翟春雷、韩志江、程耀民、王学洁
5	设施蔬菜高效生产模式及配套技术示范与推广	天津市蔬菜技术推广站	李海燕	李海燕、王锐竹、吴建金、甄少华、谢文旭、杨鸿炜、王丽、李岩、王玉清、吴均、付连军、郭淑静、孙桂文、孙勇、袁平、孟宪刚、刘亚娟、刘贵锁、王世通、王永新、张廷孝、赵增林、张宝瑞、高庆东
6	水稻机插秧配套育秧与插后田间管理技术推广	河北省农林科学院滨海农业研究所	张启星	张启星、薛志忠、杜卫军、张海燕、郑树森、孙秘珍、付秀悦、田丽、刘艳荣、张翠英、李彩云、郑秋兰、张薇、赵晖、左永梅、李佳梅、张春芝、顾建新、马合军、王兴川、耿雷跃、刘双海、王立功、李福建、马佳
7	多抗玉米品种冀农1号技术集成与推广	河北省农业技术推广总站	张进文	张进文、王建民、杨艳华、赵清、王若然、张秀艳、严春晓、韩金星、蔡翠静、赵克丽、杨树昌、王晓梅、刘玉玲、孙焕第、史会普、王新红、李慧英、赵红梅、高连水、李占行、荣志刚、韩丽敏、韩福祥、陈冬梅、付建征
8	春播覆膜油葵栽培技术研究及应用	邢台市农业技术推广站	杜运生	杜运生、李艳、侯学亮、黄晨、刘爱婷、秦洁、刘丽君、张存霞、刘俊彦、李薇、王玉英、李晓丽、宋利玲、霍艳改、杨莹娜、武墨广、林云霞、马灌洋、王孟泉、弓晓丽、贾欣娟、郝向娜、赵尚杰、杜范华、家军其

（续）

序号	项目名称	第一完成单位	第一完成人	主要完成人
9	"唐甜系列"甜瓜新品种及产业化配套技术推广	唐山市农业科学研究院	任瑞星	任瑞星、孙逊、苑国民、苏俊坡、赵振海、裴祥旺、常永辉、李喜玲、李娟、王蕊、陈凤金、段慧敏、张大为、项平、冯贺敬、闫文香、郭贵宾、李如欣、梁小菊、李江峰、张艳芳、胡小双、赵学军、王振涛、李秋艳
10	奶牛规模化饲养关键技术试验与示范	河北省畜牧良种工作站	倪俊卿	倪俊卿、马亚宾、刘建辉、张进红、蒋桂娥、杨晨东、杜占宇、王泽奇、刘永超、于金波、袁绍将、付领新、刘慕欣、张玉成、武盛、闫立省、卢文成、李文新、东贤、张秀卫、林文秀、吴国成、王超、梁昌友、李春芳
11	肉牛良种繁育及标准化养殖技术集成与推广	承德市畜牧研究所	邱殿锐	邱殿锐、郭建军、李素霞、李树青、刘计双、解国庆、金晓东、孙晓东、郝云武、吴广军、赵建伟、李俊荣、王保安、张贵云、王志成、王宏磊、王颖、王景利、汪春雪、吕建民、叶晓彬、夏鸿杰、辛淑梅、富景宁、赵金华
12	水产养殖水质改良与环境修复微生态制剂研究与示范推广	沧州旺发生物技术研究所有限公司	张连水	张连水、李春岭、张青松、王春国、裴秀艳、王继芬、石国军、宋艳茹、宋学章、王振怀、高才全、丁军、靳会珍、张慧霞、徐小雅、张智英、杜宝明、徐建志、远全义、刘绍娟、张君、张进、宋建、张旺林、蔡华林
13	山西省玉米丰产方机收秸秆还田技术推广	山西省农业机械化技术推广总站	张玉峰	张玉峰、李晋汾、乔延丹、李浚泽、许洪峰、薛平、贺孝兵、李文革、岳文龙、李计明、柴映波、高玉新、张晓瑛、史俊玲、薛纬奇、韩福云、田云伟、李彦平、段志杰、周明亮、任玉刚、王延军、贾绍辉、关雪峰、邓建兰
14	春玉米测土配方施肥技术推广	山西省土壤肥料工作站	赵建明	赵建明、杜文波、兰晓庆、麻润萍、王瑞、陈文生、李变梅、姜春仙、安春香、王丹、乔雯、丁炜、蒋锋、索海田、孟宪昌、李华、朱连柱、孙树荣、郝永亮、李玉林、韩敏娟、王五虎、吴咏梅、韩靓、任勇峰
15	内蒙古优质肉牛繁育关键技术集成推广	内蒙古自治区家畜改良工作站	李忠书	李忠书、包呼格吉乐图、石满恒、王峰、张志宏、成立新、王景山、魏景钰、裴永志、薛玲、赛音巴音、吴敖其尔、乌兰其其格、布仁其其格、伊德日贡、丁伟良、陈凤英、李建军、胡日查、白金山、达布希拉图、图门巴雅尔、田秀军、许庆阳、齐栓住

（续）

序号	项目名称	第一完成单位	第一完成人	主要完成人
16	秸秆利用与肉牛育肥技术集成示范推广	通辽市畜牧兽医科学研究所	李良臣	李良臣、贾伟星、郭煜、高丽娟、韩玉国、郑海英、杨晓松、康宏昌、阿木古楞、李旭光、刘国君、董福臣、黄保平、七叶、萨日娜、包明亮、李津、于明、于大力、王旭东、刘哲迁、张延和、刘文杰、韩润英
17	马铃薯垄作全程机械化生产技术集成推广应用	内蒙古自治区农牧业机械技术推广站	程国彦	程国彦、王玉柱、白相萍、范希铨、张绍勋、王顶世、刘海东、班义成、吴利华、王志强、郝俊茂、翟永明、田九梅、田淑萍、魏国明、亢银平、郭学峰、云建楠、王生、张振业、王茂德、郭林春、孙晓光、周埃红、靳伟龙
18	西辽河灌区耕层土壤质量提升技术模式研究与应用	通辽市土壤肥料工作站	葛海峰	葛海峰、姚锦秋、侯迷红、苏敏莉、丛向阳、舒遵静、郝宏、丛苍松、张颖雷、陈晓爽、赵文生、张淑媛、关爱波、陶杰、张东旭、王景和、谷秀芳、邢振飞、包春花、孙树昌、刘亚波、白凤军、刘力、李金春、李少龙
19	呼伦贝尔市耕地地力评价与应用	呼伦贝尔市农业技术推广服务中心	崔文华	崔文华、王璐、张连云、部翻身、孙亚卿、马立晖、付智林、王崇军、王红霞、冯丹、李东明、高丽丹、史琢、刘全贵、杨胜利、王星、孙洪波、丛培军、朴晓英、崔亚芬、吴曙照、冯淑杰、于心岭、孙丽华、张丽
20	内蒙古草原害虫生物防治技术推广应用	内蒙古自治区草原工作站	张卓然	张卓然、马崇勇、乔峰、谢秉仁、潘建梅、郭永萍、张东红、长征、乌云其其格、赵健、佟金泉、王荣芳、田彦军、代春玲、乌兰图亚、赵海荣、王金财、阿燊、包玉亭、卢文斌、高冠军、高尚、任吉彬、莫日根朝克图
21	辽宁水稻丰产增效技术集成研究与示范推广	辽宁省水稻研究所	马兴全	马兴全、侯守贵、代贵金、于广星、陈盈、李海波、张新、马亮、付亮、刘宪平、尹雪松、李柱、王福全、孙桥、许健国、赵书颖、武仲科、何娜、齐泽波、杨淑琴、邵靖霞、陈赤、孙生刚、金玲、魏明
22	耐盐高抗水稻新品种盐粳 456 选育及应用	辽宁省盐碱地利用研究所	李振宇	李振宇、赵文生、于亚辉、陈广红、杨秀山、吕小红、魏振、赵丰久、崔妍、杨森月、佟建坤、许明辉、肖艳宏、魏彬、刘丽、唐丽丽、李景波、崔玉灿、詹贵生、张昆、陈万仁、梅琳琳、田明武、揣德民

（续）

序号	项目名称	第一完成单位	第一完成人	主要完成人
23	蓝莓优良鲜食品种引进筛选及高效栽培技术研究推广	丹东市高冠蓝莓研究开发中心	高建华	高建华、赵鑫、宋国柱、高鲲、詹立平、金明强、张立新、宋玉波、张凤翔、王文福、赵晓宇、刘精芳、黄兴家、尹正勇、杨海峰、韩冰、于家鑫、王传岐、邹畅、张丽华、李竞峰、曹丹凤、王永昌、丁学忠、金鹏
24	刺参生态繁养及产业化开发技术示范推广	辽宁省水产技术推广总站	刘学光	刘学光、李勃、赵玉勇、刘彤、孙岩、赵希纯、杨辉、单红云、刘月芬、石峰、姚志国、宋立新、杜萌萌、纪卫东、张婧琪、金文鑫、车向庆、胡小弘、于宏伟、李成军、迟秉会、张志明、李云飞、周志刚、王忠菊
25	水稻生产全程机械化技术集成与示范推广	辽宁省农业机械化技术推广总站	杨洪身	杨洪身、辛明金、于君、任文涛、吕宏靖、尤丹、刘智卓、方红梅、谭兴宇、杨和荣、蒋圣田、夏涛、马振超、宋诗军、黄驰、徐玉清、陈茹、孔桂玲、于春峰、钟长瑞、杨波、刘国海、栾晓萍
26	辽宁省主要蔬菜测土配方施肥关键技术研究与应用	辽宁省土壤肥料总站	于立宏	于立宏、刘顺国、李泽锋、姜娟、王颖、陶姝宇、常麦尚、刘瑞娟、于国锋、高杨、张成华、韩东、姜雪峰、薛振亚、杨宇、张福财、王振宇、姜钧武、谭忠、马英杰、李井波、于凤臣、高伟、高远新、张德刚
27	吉林省早熟、优质超级稻品种配套技术示范与推广	吉林省农作物新品种引育中心	许东哲	许东哲、张强、朴秀吉、金晓飞、薛洪亮、王艳丽、崔满成、尚莉莉、杨瑞红、程玉飞、尹大鹏、王刚、张宏双、高春梅、朱艳辉、兰桂云、王聪、吕冬梅、宋军、彭云、赵金彪、刘卫东、宋秀平、常志龙、张春燕
28	高产优质多抗水稻新品种通禾838、通育245推广应用	通化市农业科学研究院	李彦利	李彦利、赵剑峰、初秀成、贾玉敏、赵基洪、时羽、邱献锟、孟令君、韩康顺、宋顺奇、李秀南、赵斌、宋国智、李东波、张琼、鲁桂霞、王立平、陈成刚、宇金玲、孙永臣、杜跃强、杨栋、魏春梅、管凯义、郭福
29	马铃薯"延薯4号"应用与推广	延边朝鲜族自治州农业科学院（延边特产研究所）	许震宇	许震宇、康哲秀、吴京姬、郎贤波、南哲佑、玄春吉、安贞女、张亚辉、金学勇、王志成、崔东成、张振洲、王焕军、虞鑫、王秋媛、郑海燕、娄志远、申长日、廉忠华、朴哲龙、王艳丽、刘长贵、高巍、于长河

（续）

序号	项目名称	第一完成单位	第一完成人	主要完成人
30	无公害棚室蔬菜主要栽培技术集成推广	吉林省园艺特产管理站	张雪超	张雪超、修荆昌、马家艳、柴秋泉、黄明荣、费友、刘铄石、孙永生、张凯新、韩景林、朱景辉、曹国先、祖晓光、刘晓新、杨占龙、游力刚、赵晴、张庆军、冯德超、管俊、陈金丰、王文武、张曼殊
31	一挂鞭油豆及配套栽培技术的推广应用	吉林省蔬菜花卉科学研究院	徐丽鸣	徐丽鸣、辛焱、赵福顺、程英魁、李志民、李欣敏、田硕、姜奇峰、吴慧杰、谭克、金玉忠、耿伟、马燕、王宇微、石晓海、梁志敏、许世霖、王厚继、赵庆丽、李晓梅、张福辉、王小杰、张波、蔡春、魏庆生
32	花生地膜覆盖栽培技术推广	松原市农业技术推广总站	张兴启	张兴启、李英、孙立新、于英梅、张铁良、张翠萍、温天赤、肖欣刚、姜霞、王世杰、刘国付、潘玉荣、曹瑞宏、刘艳辉、张劲松、侯莲英、佟国华、黄跃立、王彦臣、张永臣、沈金鑫、王兴刚、连志远、张龙枝、陈洪刚
33	农业部主推技术—稻田综合种养技术	吉林省水产技术推广总站	刘丽晖	刘丽晖、李兆君、孙占胜、满庆利、刘洪健、孙闯、孙继超、张玉臣、王雪发、王彦立、杨枫、白银龙、徐文彪、李东峰、张信平、杨丽卓、吴再平、丛景波、张立群、张绍影、薛加忠、杨质楠、程绍宏、沈连静、任丽芳
34	保护性耕作技术示范与推广	东辽县农业机械局	张春阳	张春阳、孔令臣、魏长林、刘万亿、苏杰、李金环、郭子军、张玉英、肖桂云、王长文、张海利、任宝柱、黄静、于胜梅、任杰、杨红雨、李国琦、孙红宇、魏强、陈玉志、娄玉勇
35	寒地水稻秸秆直接还田实用技术模式试验研究与应用	哈尔滨市农业技术推广服务中心	顾思平	顾思平、韩阳、王崇生、安浩、周玮、赵娜、张俊宝、闫淑清、李翠英、徐爱艳、李大伟、郭喜忠、张晓波、王彦军、潘志君、郭荣利、张凤丽、何志龙、徐兴玲、徐凤杰、王银玲、赵伟、矫振勇、李宝玉
36	黑龙江省玉米优势产区高产、高效集成技术推广	黑龙江省农业技术推广站	张相英	张相英、崔守富、贾显明、梁海桥、赵瑞华、李秀华、范春峰、宋玉发、戴兴玉、鲁永明、温广发、宋宝玉、关升禄、李晓明、曲召军、王胜华、郭才、焦福玉、张成、王金富、薛占国、窦盛勇、唐晓瑜、李琴、黄训海

序号	项目名称	第一完成单位	第一完成人	主要完成人
37	黑龙江省绿色食品玉米生产技术研究与应用推广	黑龙江省绿色食品发展中心	李旭	李旭、唐雪源、刘胜利、徐晓伟、孙德生、李钢、杨成刚、杨海东、陈启合、宋智慧、孙广辉、张玉华、邵波、吴相团、任临江、谢志国、付玉、丁慎刚、潘晓宁、黄永利、周英伟、马国良、韩丽伟、于晶、许忠华
38	高固氮能力、广适应性大豆根瘤菌技术示范与推广	黑龙江省土肥管理站	王国良	王国良、逄镜萍、刘国辉、周泽宇、张凤彬、祝朝霞、张菁、王志华、杨勇、柴斌、唐国江、顾显权、刘淑娟、汤彦辉、周丽霞、赵明慧、佟国繁、李延昌、姜海波、唐秀玲、陈飞、韩惠、吴显峰、史春雨、陈婧
39	寒地棚室蔬菜高效栽培技术集成创新与应用	东北农业大学	蒋欣梅	蒋欣梅、刘在民、于锡宏、张险峰、王新国、张淑兰、王春英、马启友、翟洪远、潘惠文、汪宗仁、张永花、林国海、李敏、孟德斌、赵志、刘海霞、赵宏、吕云、丛超、王森、张伟、王世民、杨平、刘娟
40	生鲜乳中硫氰酸根快速检测方法的推广	黑龙江省兽药饲料监察所	郭文欣	郭文欣、刘全宇、许瑾、王玉、郭蔚、张哲锋、徐承斌、白玉刚、车玉媛、何焕学、李树春、王忠、丛艳锋、曹有才、刘慧鑫、周航、丁健、白会新、翁春玲、闫治军、吴永胜、张思学、许玉军、乌日汗、张树合
41	柞蚕多抗性品种"龙蚕2号"的选育及推广应用	黑龙江省蚕业研究所	任淑文	任淑文、李志、杨立军、王天茂、范娟、徐延东、高北林、李吉勇、袁建江、董辉、朱玉国、崔国峰、国亚忱、杨兴武、殷曼、魏述春、万发勇、王敬勇、董士荣、赵建民、邹本东、段晓翠、闵凡春、胡野、张瑜
42	高寒地区稻田综合种养技术集成示范推广	黑龙江省水产技术推广总站	张毅	张毅、孔令杰、邹民、杨秀、张旭彬、王昕阳、牛立国、高天宇、艾丹、康志平、邓吉河、刘凤志、侯庆福、王延东、华正利、陈文军、李居棕、张慧忠、刘志杰、单红、林朋、殷平、周明满、李秀芳、王成红
43	寒地盐碱地桑园复合高效立体生产集成技术	黑龙江省蚕蜂技术指导总站	安美君	安美君、王淑芬、马晓斌、宋青山、高清、王伟、魏钦、王凤英、李志辉、李哲帅、赵炜、樊君、张喜春、赵洪池、李艳辉、王铁成、刘锐、王广成、丛玉林、李海龙、丛殿峰、吴瑞华、吴景刚、暴海坤、尹绍丰

（续）

序号	项目名称	第一完成单位	第一完成人	主要完成人
44	精准施药技术研究与推广	黑龙江省植检植保站	林正平	林正平、陈继光、崔长春、肖迪、李鹏、司兆胜、赵滨、闫强、刘晓波、阴俊杰、王丽军、邱绍鲁、翟宏伟、王宝峰、张春平、张锴、李巍、高明洋、李春利、韩福太、林波、付美英、王淑香、于彬、陈洪波
45	上海果树效能提升关键技术集成与示范应用	上海市林业总站	杨储丰	杨储丰、夏琼、刘璐璐、朱彬彬、郑洁、郁海东、张晋盼、沈霞、王忠、孙祥玲、潘骏、卢玉金、胡留申、崔荣祥、蒋飞、乔勇进、高超、黄广育、陆春燕、刘海明、顾卫华、管华明、任节红、赵宝明、金凤雷
46	上海市生猪科技入户工程	上海市动物疫病预防控制中心	沈富林	沈富林、刘炜、严国祥、曹建国、吴昊旻、李何君、许栋、赵洪进、叶承荣、龚飞、沈强、成建忠、孙伟强、陈建生、李坚、何水林、郑国卫、黄松明、徐卫兵、郭庆、王永利、郁超德、包金土、顾新忠、吴继承
47	高产优质多抗小麦新品种华麦5号的选育与推广应用	江苏省大华种业集团有限公司	周凤明	周凤明、周义东、姜建友、王子明、陈培红、王俊仁、许明宝、徐启来、吕以忠、解小林、陈春、唐成友、张志高、王祝彩、张安存、张晓慧、陈付祥、亢立平、沈会生、李农、朱玉平、王金明、庄小丽、吕宏飞、秦龙
48	设施蔬菜连作障碍生态解除技术集成与推广	江苏徐淮地区淮阴农业科学研究所	吴传万	吴传万、王立华、任旭琴、杨文飞、杜金河、罗玉明、巩普亚、朱晓林、嵇友权、徐井风、王伟中、陆海空、郭延敏、仲崇峻、惠海峰、曹锦华、刘敏、祁用华、张志英、徐春阳、刘泽华、徐梅生、王先伟、陈展群、吕爱民
49	条斑紫菜种质创新及产业化应用	江苏省海洋水产研究所	陆勤勤	陆勤勤、朱建一、周伟、胡传明、张美如、张涛、许广平、陈国耀、张岩、贾秀林、朱庙先、姜红霞、丁亚平、姜波、杨立恩、韩晓磊、邓银银、李俐、马国新、李海波、徐洪、王祥建、张同林、陆晓莹
50	农业废弃物生物利用技术集成及其在农业减肥增效中的推广应用	南京市耕地质量保护站	徐生	徐生、王少康、马宏卫、钱生越、袁登荣、梁晓辉、周一波、王玉红、陈文超、曹云德、吴洪生、曹蓉、马银洁、刘宣东、陈莉萍、陈艳、海如拉·木萨、赵九红、刘燕、耿翔、邵孝候、秦永美、徐丽萍、刘健明、吕洁

（续）

序号	项目名称	第一完成单位	第一完成人	主要完成人
51	松阳茶产业转型升级技术集成示范与推广	松阳县茶叶产业办公室	叶火香	叶火香、潘建义、翁炎生、张林福、马军辉、徐火忠、陈银方、何卫中、陈国宝、周为、姚孟超、包建丰、何科伟、陈旭清、刘林敏、兰建军、杨必林、黄东峰、叶益兰、李小荣、叶艳萍、潘仪超、魏碧华、黄樟土
52	柑橘黄龙病入侵扩散流行规律与监测预警防控技术研究推广	台州市植物保护检疫站	钟列权	钟列权、汪恩国、余继华、张敏荣、李克才、冯贻富、许燎原、黄茜斌、张仙春、顾云琴、明珂、陈克松、郑章麟、杨性长、陈宇博、卢璐、贺伯君、李海亮、应俊杰、陈伟、陶建、颜日红、王晓芳、陈红
53	水生蔬菜安全生产标准化技术研究及应用	浙江省农药检定管理所	陆剑飞	陆剑飞、周小军、宋会鸣、杨桂玲、朱丽燕、虞淼、卢淑芳、陈轶、虞冰、陈礼威、邹华娇、冯金祥、季卫英、姜干明、陈海新、邵根清、张俊华、陆军良、潘光飞、谭卫建、孔燕、潘伟、屠珠彩、张鸿、孙飚
54	烟农5158优质高产栽培技术研究与推广应用	阜阳市农业技术推广中心	邓坤	邓坤、李庭奇、赵丽、吴永康、王树剑、徐四有、肖文娜、桑涛、任超、王安庆、杨泽峰、李雪松、苑文才、杨冬薛、王化玲、肖彦波、孙永磊、胡易冰、张玉强、柳兆春、刘东恒、洪江鹏、刘西超、苑广超
55	高产、稳产、广适阜豆9号的推广应用	阜阳市农业科学院	李智	李智、于伟、蒋晓璐、张鹏、朱秀华、王敏、陈华训、宋涛、王树文、周月巨、周洪利、樊志明、杜霄力、王传之、孙云飞、郭志竣、潘志金、郑军、李铭、李智民、李伟、谢守田、欧阳佰柱、田坤发、孙丽华
56	设施草莓优质高效关键技术研究与应用推广	长丰县农业技术推广中心	廖华俊	廖华俊、耿言安、宁志怨、魏发胜、兰伟、董玲、袁艳、沈海燕、江芹、钱小强、王素平、李卫文、闫莉、贺雷风、李必芝、王伟伟、杨积冠、卜晓静、薛炳杰、姚传云、李四军、施善全、张国前、单光展、胡黎明
57	九华佛茶标准化生产技术集成研究与应用	池州市农业技术推广中心	朱永胜	朱永胜、吴满霞、张启利、王优旭、刘道贵、陈金涛、钟国花、朱勤、夏良胜、盛祥文、包伟华、彭有生、周来俊、徐世俊、戴彭东、胡先进、陈国清、程孝明、胡其伟、雷元胜、包少科、施文、何顺明、王慧琴、汪原英

（续）

序号	项目名称	第一完成单位	第一完成人	主要完成人
58	黄山黑鸡遗传资源的发掘、保护与利用	安徽省畜禽遗传资源保护中心	张伟	张伟、詹凯、汤洋、田传春、吴惠娟、罗联辉、杨秀娟、李俊营、舒宝屏、胡成来、马飞、吴蓉、孙建武、于侠贞、任俊涛、刘虎、许家玉、王涛、郑佩飞、刘峻、孙自富、叶圣山、潘琪、程良新、赵凯
59	现代肉鸭产业健康养殖模式构建与应用	宿州市畜牧兽医技术推广中心	李尚敏	李尚敏、车跃光、陈晓红、吕占领、杨敏、唐世方、高翔、陈军辉、张梅、何维、殷献文、马心玲、孙运华、马建敏、王佳、钟洪义、蔡华、陈丽、凌志强、仲继武、陈秀娟、卢玉良、宋远志、张荣号、夏明金
60	适合头季机收再生稻品种筛选与栽培技术集成示范	福建省种植业技术推广总站	徐倩华	徐倩华、林武、杨志和、刘正忠、郑莉、龚建军、黄芬、俞道标、黄金星、廖盛水、陈春花、吴德飞、应德文、朱英飒、林建军、陈梅香、陈秋香、曾仁杰、方明春、卢学义、郑钦亮、范贵生、李宝天、程芳华、吴德淼
61	福建省蔬菜设施生产关键性技术集成与推广	福建省福州市蔬菜科学研究所	林峰	林峰、徐磊、卢文坚、吴卫东、林来金、蔡恩兴、郑洪、陈琰臻、陈彬、沈吉昌、蓝允明、王道锋、张奕、陈少珍、叶敬用、许思亮、史伯洪、张钦逊、黄冰煌、汤土宾、刘福长、林惠彩、陈国宗、吴美英、王晓丹
62	竹荪高效栽培及配套技术的示范推广	福建省食用菌技术推广总站	羿红	羿红、林戎斌、谢福泉、高允旺、林陈强、陈仁财、肖胜刚、颜振兰、林汝楷、戴敏钦、余添发、王忠宏、谭礼荣、肖兰芝、杨 彬、陈克华、朱传进、钟长科、罗朝荣、聂晓玲、钟祝烂、黄言锦、林桂荣、黄忠英、陈秀丽
63	南方葡萄"五新"集成与标准化推广	福建省福安市经济作物站	王道平	王道平、袁韬、徐锦斌、施金全、袁素华、李以训、詹小敏、江映锦、张春荣、张贵珍、谢万森、高锦华、刘成涛、裴朝鉴、陈静、张华帮、缪进金、周红、王程伟、吴银增、郑成恭、陈达华、谢鹏进、雷荣华、林龙辉
64	规模猪场疫病净化技术集成与推广	福建省动物疫病预防控制中心	周伦江	周伦江、吴方达、王隆柏、胡错、邱位木、陈祝茗、邬良贤、江秀红、毛坤明、童洪生、陈渊泉、林建民、龚万明、林南昌、谢飞龙、阮美英、甘善化、王易尧、郑坚、黄剑锋、林炳锻、林金玉、曾新斌、薛永钦、陈立伟

（续）

序号	项目名称	第一完成单位	第一完成人	主要完成人
65	多楼层健康养猪关键技术集成与推广	福建省泉州市动物卫生监督所	吴秋玉	吴秋玉、洪志华、吴艺鑫、戴国能、郑远鹏、黄建晖、黄长春、林志谦、洪小珠、陈泽金、黄少纯、张莹、潘东建、黄延招、杨家飞、陈碧红、程潮清、陈伟洵、吴志泉、李春景、杨君宜、张素霞、戴娜桑、吴艺林、张海
66	病死畜禽无害化处理技术集成与推广	福建省农业机械鉴定推广总站	黄宏源	黄宏源、廖清棋、陈凌霄、曾中华、唐义平、林玮、岑晓鹏、张玲、游志音、郑美金、杨金文、李绿生、周可才、陈炳中、刘树根、王国钟、黄友星、雷建强、康永松、潘希岳、姚永强、谢应祥、陈永生、蔡华元、罗起柳
67	生草栽培防控果园面源污染技术应用与推广	福建省热带作物科学研究所	李发林	李发林、郑涛、郑域茹、张伟强、卢永春、黄绿林、曾瑞琴、徐月华、林晓兰、武英、谢南松、张金桃、岳辉、黄欢明、陈丽萍、黄双勇、徐晓新、林智明、林俊杰、曾春华、卢炳坤、陈裕兴、陈炳森、游淑玲、王阿桂
68	双季稻"三控"施肥技术示范与推广	江西省农业技术推广总站	黄大山	黄大山、陈忠平、乐丽红、贺娟、江金林、邱晓花、程建宏、肖小勇、汪斌、刘陆生、郭光淦、黄德辉、董太福、郑海燕、王雪桥、朱智亮、周文新、刘圣孝、邹福生、林小平、曾九苟、汪金生、黄国星、王大团、刘逢春
69	优质杂交稻欣荣A系列品种选育与示范推广	江西先农种业有限公司	廖万琪	廖万琪、曾兴平、徐老九、温祥明、罗潮洲、钟家富、周建龙、曾庆桂、李良仁、陈景智、严金明、黎余华、钟坤、钱海林、黄兴作、肖林、叶德萍、黄河清、徐顺辉、夏小勇、彭杨、徐林典、曾其华、成连香、刘泉冲
70	江西省南方水稻黑条矮缩病的发生与防控关键技术研究与示范推广	江西省农业科学院植物保护研究所	李湘民	李湘民、杨迎青、肖明徽、钟勇、胡水秀、付英、杜琳琳、陈前武、段德康、王云光、朱桂兰、洪豹元、刘方义、余春华、柳岸峰、刘银发、赖昌秀、姚华源、邓海富、屈向华、刘玉生、占建仁、杨春后、王全荣、陶志勇
71	辣椒疫病治理对策研究与推广应用	江西省农业科学院植物保护研究所	马辉刚	马辉刚、戚仁德、何烈干、方荣、万志锋、赵伟、王修慧、张润华、汪涛、钟人祥、周银生、杨群林、赖金美、朱业斌、熊莉、闵平秀、徐方、李鹏、伍有生、陈昌银、但建平、朱跃冬、罗荣昌、刘永松、艾明

（续）

序号	项目名称	第一完成单位	第一完成人	主要完成人
72	江西省蚕桑方格蔟自动上蔟技术集成研究与示范	江西省经济作物技术推广站	聂樟清	聂樟清、郭丽虹、王军、胡文亭、梁财、王世丰、方秋平、刘春平、周卫东、陈团显、陈艳、张莉娜、卢彬、马承和、艾利仁、周笑娥、朱友明、方炳生、胡才军、巫绍荣、卢大贵、双巧云、高东屏
73	黑尾近红鲌育苗与增养殖技术示范推广	江西省水产科学研究所	曹义虎	曹义虎、曾庆祥、邓勇辉、张建铭、丁立云、傅培峰、张桂芳、彭冬明、李刚、金学东、陈斌云、张相洋、曾少林、李平生、曾明昱、彭家峰、曾志雄、吕操飞、明朋、刘彰坤、邬新宾、谢永忠、周中元、陈博
74	江西省耕地基础地力研究及应用	江西省土壤肥料技术推广站	丁蕾	丁蕾、朱大双、李传林、方克明、吴淑秀、彭慧明、谭斯坦、巫世芬、孙毛毛、胡乐明、刘武辉、张春燕、罗昭宾、刘凯、胡长战、朱莉英、袁子鸿、郑冬梅、黄卫燕、阳太羊、梁盛、王清亮、吴志青、王福林、蒋建平
75	高产优质多抗新品种圣稻13、14、15、16选育与示范推广	山东省水稻研究所	杨连群	杨连群、马加清、张士永、陈峰、袁守江、孙公臣、朱文银、徐建第、杨百战、吕连启、孙庆海、刘宪政、朱磊、张及、王明霞、侯恒军、高爱芳、张增环、严卫古、刘江、许增海、孟凡德、杨忠喜、赵振民、王月敏
76	1 700万亩粮食高产稳产综合配套技术集成与推广	菏泽市农业技术推广站	王海燕	王海燕、孙明涛、高新磊、孙玉霞、侯峰川、卞公明、徐长斌、鲁莉、王西峰、武爱霞、孙红霞、李杰、吴翠平、宋秀霞、仵允波、赵爱霞、王允莲、周中桦、李效敏、巩风田、李净、蒋正强、赵国栋、石爱芹、高翠英
77	潍麦8号小麦品种选育及配套技术研究与推广	山东省潍坊市农业科学院	张连晓	张连晓、张桂珍、魏秀华、于海涛、闫志国、葛晓轩、白星焕、李萌、李华、刘福平、雷彩霞、孙桃园、曹春雷、王焕伦、刘壮、李飞、邱家辉、孙素娟、寇玉湘、高静、明淑莲、吴钧波、韩风浩、王国胜、黄卫梅
78	胶东丘陵花生丰产增效关键技术研究集成与示范推广	烟台市农业技术推广中心	王廷利	王廷利、陈红、姜常松、赵全桂、杜连涛、姜大奇、王志强、陈康、周洪军、丛山、张善云、李善举、王植义、周丽梅、孙再生、李德奎、李云朋、原晓玲、孙立业、温绍莲、范美玲、陈立涛、高桂香、任卫华、孙春晓

（续）

序号	项目名称	第一完成单位	第一完成人	主要完成人
79	芦笋新品种快繁与高效栽培技术示范推广	山东省潍坊市农业科学院	于继庆	于继庆、徐晓英、李书华、李霞、李保华、厉广辉、牟萌、包艳存、郑红霞、李芳、马洪波、张春良、王汉良、栾波波、钟希杰、殷玉楼、赵凯、刘保真、刘千硕、周显荣、张秀华
80	苹果脱毒良种良砧苗木培育及大面积开发应用	山东省烟台市农业科学研究院	姜中武	姜中武、赵玲玲、宋来庆、唐岩、刘美英、沙玉芬、孙燕霞、黄永业、王利平、杨鲁光、路绍杰、张杰、许文梅、李元军、刘禄强、王文、阮树兴、孙世英、王东清、刘锡钢、黄启宝、都兴政、王红、谭业明
81	盲蝽区域性治理技术研发与应用	山东省农业科学院植物保护研究所	门兴元	门兴元、刘涛、肖云丽、卢增斌、孙廷林、付亚萍、宋燕、谭焕鹏、温吉华、谢传峰、曲诚怀、王广莲、王坤春、孙淑建、魏淑梅、李国强、刘开军、郭红伟、刘荣昌、解红岩、张俊杰、范慧、刁立功、李红军、牟建进
82	山东奶牛生产性能测定技术集成与推广	山东省农业科学院奶牛研究中心	李荣岭	李荣岭、李建斌、柴士名、赵秀新、宋杰、刘文浩、李彦芹、侯明海、赵桂省、王军一、孟范永、高运东、于洪富、赵鲲、鲍鹏、薛光辉、王玲玲、杨君、高丹、曹维伟、刘晶、王业华、衣恒磊、门子富、李京斌
83	重大动物疫病病原学检测技术推广	山东省动物疫病预防与控制中心	陈静	陈静、王贵升、王苗利、马慧玲、张月、李星、王敏、迟静、刘文钦、王翠兰、李同华、段春华、韩开顺、王德江、郑凯、仇弦、房秀杰、刘清荣、李玉杰、秦浩、王晓艺、刘竹清、李军文、王伟华、黄兴军
84	牛粪污无害化处理技术及生态养殖模式示范推广	山东省畜牧总站	侯世忠	侯世忠、李有志、杨景晃、张淑二、战汪涛、胡洪杰、胡智胜、王建民、张振兴、张晓川、秦亮、祝丽、王廷鸿、张含侠、孙洁、张强、郭颖媛、邱新文、刘琳琳、呆双、张广锋、杨长东、肖培长、冯莉莉、沈海庭
85	南阳市吨粮田节本增效集成技术示范与推广	南阳市农业技术推广站	兰书林	兰书林、卢绍东、沈桂富、刘鹏、赵君华、李烨、陈照先、戴浩、李金歧、樊骅、华永、夏书贞、高需、余丰秋、包金桂、李随安、李杰勇、申海侠、宋哲、刘有强、郑伟、谢志宇、王欣东、胡龙宝、郭贵

（续）

序号	项目名称	第一完成单位	第一完成人	主要完成人
86	设施蔬菜安全高效规模化生产技术示范推广	河南省农业广播电视学校周口市分校	刘民乾	刘民乾、宋建华、石东凤、黄增敏、李国阳、王顺领、唐岭峰、穆长安、祁勇、张俊丽、苏艳华、陈会民、李俊杰、徐如民、朱洪启、李丽、司学样、刘卫民、杨保全、韩景红、范力更、杨歌华、李民、侯雪红
87	洛阳市区域化特色高效种植研究与应用	洛阳市农业技术推广站	郭新建	郭新建、周应军、张伟、孙广建、师媛媛、谢长营、赵健飞、吕宁湘、逯怀森、王哲武、韩高修、赵红伟、刘洛明、张改平、畅俊玲、范建伟、曲新生、潘兆星、滑志武、赵阳春、李春阳、王书霞、苏恒通、薛宏昌、刘玉杰
88	畜产品及兽药饲料质量安全控制关键技术示范及推广应用	河南省畜产品质量监测检验中心	张发旺	张发旺、高延玲、马俊、韩立、郑洪、刘凤美、董鹤娟、谢倩、陈应战、张国正、刘涛、杨卫东、刘书平、王红利、李国舜、卢新愿、陈永军、陈惠卿、焦国宝、刘向军、张永辉、刘彬、杨永韬
89	氨基酸缓释剂在饲料中的研制与开发推广	河南省水产科学研究院	张卫东	张卫东、张玲、赵德福、张远方、胡亚东、张亚、马伟伦、刘德中、冯俊霞、张彬、孙香脂、杨国成、梁电舟、贾振荣、马殿国、蒋宏萍、张建平、杨瑞华、王新利、杨文巩、张跃平、李全兴、杨立峰、王勇
90	驻马店农机农艺融合花生机械化生产技术研发与推广	驻马店市农业机械化技术推广站	王东升	王东升、李凤、吴长城、徐学政、张俊世、张建立、石大春、刘金象、郭效红、王玉良、吴斌、刘润泽、黎涛、黄成、郑有旺、殷俊涛、舒少敏、张新建、陈坡、杨合林、贺文廷、梁轲轲、宋建功、李运堂、余明
91	特色农产品质量安全追溯系统的推广与应用	三门峡市农业信息中心	费玉杰	费玉杰、冯莉、杨伟峰、郭华、董晓红、王秀梅、沈小红、张玲、黄永伟、刘晓敏、黄红、丹超、吴伟民、范春霞、刘雪锋、贾晓慧、李崇波、宋新武、张建忠、杨晶波、时永全、李新成、张朋波、张菊红、王晓
92	黄冈市水稻再生稻（一种两收）高产技术研究与推广	黄冈市种子管理局	郭建新	郭建新、陈依敏、钱太平、杨继文、张晓勇、徐小兵、朱启雄、赵俊峰、陈建军、彭红兵、张继新、陈凌、姚志启、何新平、何俊峰、查晓华、王佑才

（续）

序号	项目名称	第一完成单位	第一完成人	主要完成人
93	孝感香稻生产技术集成及产业化研究与应用	孝感市农业技术推广总站	王文丰	王文丰、王记安、马琼瑶、周明照、谢春甫、魏建清、王艳树、刘翔、高泉、荣汉华、曾寿生、季珍华、王伟刚、江俊涛、邹明召、张远武、聂超斌、李君平、安波涛、杨志远、胡建初、李兆新、熊启安、王文乔、熊孜
94	襄麦55丰产稳产技术集成与示范推广	襄阳市农业科学院	凌冬	凌冬、郝福新、黄大明、汤颖军、陈桥生、张道荣、方遵超、石磊、王文建、宋祖青、张刚、张勇、张爱丽、聂强强、寇从贤、江本霞、谢刚、刘俊波、李新智、李宁、曾祥志、杨青松、彭朝元、曾云、李红波
95	秦巴山片区（鄂西北）小麦条锈病监测与综合防控技术应用和推广	十堰市农业科学院（十堰市农业科学技术研究推广中心）	叶青松	叶青松、张凡、陈文勇、周军、向世标、李敏、黄朝炎、彭敏、封海东、蔡高磊、曾正国、李典军、李化平、陈新举、彭宣和、胡学明、张磊、寇章贵、杨健、徐进、成洪、黄紫燕、何涛、刘明鹏、刘志莉
96	恩施茶区优质高效新品种选育与生产关键技术集成应用	恩施土家族苗族自治州农业科学院	张强	张强、崔清梅、梁金波、杨年红、罗业文、田智仁、戴居会、王银香、周洋、胡兴明、李慧、罗鸿、田青、王永健、张建国、陈千财、余斌、蒋需泽、杨春凤、姚建军、郑承荣、张余芳、胡家雄、田忠、张德国
97	规模化生态养鸡553养殖模式示范推广	湖北省畜牧技术推广总站	蔡传鹏	蔡传鹏、黄京书、李德学、潘爱銮、蒲跃进、俸艳萍、董以良、陈红颂、间晓平、陶利文、马爱武、周才祥、董秀均、叶汉珍、刘建军、张荣兵、范涛、周祖涛、顾想中、黄启发、吴文平、高辉、谢志荣、梁丽娜
98	湖北省绿肥种植和利用技术体系构建与推广应用	湖北省耕地质量与肥料工作总站	王忠良	王忠良、鲁剑巍、易妍睿、戴志刚、吴润、郑磊、向永生、王才兵、张俊、胡海建、田贵芳、吴述勇、鲁君明、唐广筠、王少华、邹家龙、姚苍、雷德华、李培根、李雄峰、余大龙、徐维明、郑启旭、梅富山、徐祖宏
99	超级稻整建制推广模式创建与应用	醴陵市农业技术推广中心	易建平	易建平、夏胜平、黄国龙、吴同胜、杨乾、杨冬奇、李红霞、唐伯辉、王根明、谢建业、吴远国、龙玉斌、廖作军、黄志斌、罗建国、谭丽、谭爱琼、赵二毛、周金龙、谢秋中、欧阳可根、潘治平、刘绍华、邱林、余超群

（续）

序号	项目名称	第一完成单位	第一完成人	主要完成人
100	油菜"早熟三高"品种及集成技术推广	湖南省衡阳市衡阳县农业技术推广中心	林忠秀	林忠秀、邱启生、祝平洋、刘康星、高双红、邹征欧、颜秀萍、唐家轩、刘章生、蒋科、黄明春、肖用煤、颜玉龙、李勤、王渡波、王美孝、屈春志、李洁、黄明刚、曾荣清、文志强、曾志宇
101	爱能系西瓜高效生产技术集成推广	湖南生物机电职业技术学院	陶抵辉	陶抵辉、邓沛怡、黄先进、张青、李益锋、黄新文、肖建飞、周杰良、荀栋、黄青山、曾晓楠、王中原、刘坤、雷冬阳、武凝玲、姜放军、李妙、杨晓萍、刘飞驰、朱巽、曾宪军、郑晓伶、陶杰、彭灵芝、霍稳根
102	优质常规稻新品种泰四占的选育及推广应用	惠州市农业科学研究所	罗奕云	罗奕云、曾海泉、王惠昭、江新晓、钟元和、罗华峰、朱江敏、叶永青、贺远东、汤倩、胡庭平、康玉珍、邵建明、黎俊荣、刁石新、卢宗强、杨少波、林力夫、谢灵先、黄文彪
103	观赏南瓜及其艺术化栽培技术在都市农业中的推广应用	珠海市现代农业发展中心	沈汉国	沈汉国、陈继敏、林沛林、李一平、潘丽晶、刘文、任淑梅、谢河山、喻国辉、容标、樊胜南、李吉庆、傅炽栋、杨镇明、宫庆友、刘湘、黄聪灵、李群、罗丽霞、蓝伟泉、邓樱、吴贤、朱为东、吴国麟、杨玉环
104	龙眼叶面喷施氯酸钾近季产期调控技术研究与推广应用	茂名市水果科学研究所	曾祥有	曾祥有、罗剑斌、陈广全、钟声、曾运友、陆宏谋、赵俊生、冯声海、廖倩、朱焱宗、陈俊、傅莉斌、吕华强、崔成坤、谭文、陈孙荣、赖文全、梁一柱、谢文源、凌小鹏、林增、李景秀、陈花、梁岸明、金华春
105	凤凰单丛乌龙茶资源保护和品质提升技术与产业示范	广东南馥茶业有限公司	林伟周	林伟周、陈伟忠、郑协龙、苏新国、林程辉、柯泽龙、陈思藩、阮志燕、陈俊辉、韦玉莲、王小娟、蔡创钿、陈若荣
106	优质高效生态茶园栽培关键技术集成与应用	广东省农业科学院茶叶研究所	唐劲驰	唐劲驰、唐颢、戴军、黎健龙、周波、胡海涛、陈汉林、曾文伟、陈海强、陈勤、陈佳琳、李裕南、许少忠、李丹、许东龙、许梓文、许素桂、许林泉、洪红记、许建文
107	规模化水产养殖环境综合调控新技术及其推广应用	广东省微生物研究所	许国焕	许国焕、许玫英、马连营、蔡云川、杨永刚、张宏涛、张丽、陈杏娟、陈金涛、邓登、马家好、欧阳斌、张波杰、梅承芳、魏逸峰、倪加加、范兰芬、李志良、钟玉鸣、程炜轩、杨旭楠、韩木兰、杜鹃、陈亚剑、谭文俊

序号	项目名称	第一完成单位	第一完成人	主要完成人
108	桂北番茄病虫无害化治理技术集成研究与推广	桂林市经济作物技术推广站	唐学军	唐学军、曾沛繁、袁辉、蒋玉梅、高立波、李晓晖、王卫平、王逢博、龙平、罗淑梅、张驰、谢彦超、蒋雪荣、朱林、蒙朝亿、蒋生发、廖素清、余世文、曾纪云、陈光华、李敏馨、苏顺英、李宗兰、潘禄定、赵桂兰
109	果桑高效种植与深加工一体化技术应用及示范推广	广西壮族自治区农业科学院农产品加工研究所	孙健	孙健、李丽、李昌宝、刘国明、杨正帆、何雪梅、李杰民、零东宁、郑凤锦、郑博强、陈显民、赵酉城、李明财、张祖韬、潘达省、黄永津、陆瑞弟、李卫国、杨丹娇、梁日光、罗金仁、盛金凤、苏宝铭、陆瑞兄、覃惠敏
110	大宗淡水鱼良种引进繁育及养殖技术示范与推广	广西壮族自治区水产引育种中心	吕业坚	吕业坚、龙光华、叶香尘、李昌伟、梁克、陈寿福、邓主华、黄德生、张盛、覃俊奇、甘习军、滕忠作、荣登培、张振寿、莫小政、刘运广、蒙淼、李健华、黄明君、莫洁琳、李贤明、邓美兰、黄汉森、潘朝敏、刘民彬
111	耕地质量提升技术技术示范推广	广西壮族自治区土壤肥料工作站	陀少芳	陀少芳、梁雄、欧飞、陈尚广、覃迎姿、梁鸿宁、全水木、高敏、梁国现、陈燕丽、廖首发、陈建军、秦绣勤、丘宗明、覃秀能、陈国辉、何永新、蒙培碧、陶世兴、莫福圣、林贤、胡光威、何文照、周运贵、岑活芳
112	三亚市南方水稻黑条矮缩病预测与防控推广应用	三亚市农业技术推广服务中心	麦昌青	麦昌青、王硕、邓德智、陈成连、董昌院、陈燕、冯本禄、梁威、孙玉贤、苏永国、陆三毛、董文璟、郑联超、胡家乐、高昌明、刘伯安
113	苦瓜嫁接育苗技术研究与高产栽培示范	海南省农业科学院蔬菜研究所	黎汉强	黎汉强、高芳华、陈静远、杨衍、王伟、孔繁竟、李小云、邓长智、陈永森、陈燕、赵春梅、冯丹丹、何秋兰、王广师、陈明静、莫天林、宋明、蔡昌辉、李家洲、王静、符永威、陈锦辉、符永卫
114	海南斜纹夜蛾可持续防控技术推广	海南省农业科学院植物保护研究所	吉训聪	吉训聪、潘飞、秦双、陈海燕、林珠凤、赵海燕、梁延坡、岑彩霞、陈胜、蔡江文、彭振高、陈志科、吴健志、陈祥军、王德长、夏海洋、张韦华、苗胜江、魏虹、黎祥文、陈洪、莫雄、郭泽成、周国启、许贵民
115	绿色防控技术在热带特色农业生产中的应用	三亚市农业技术推广服务中心	袁伟方	袁伟方、陈川峰、李祖莅、李碧平、吉立斌、孙令福、麦世科、黎灵凯、陆大作、赵壮优、李杰、王明安、彭时顿、许惠秋

（续）

序号	项目名称	第一完成单位	第一完成人	主要完成人
116	海南省地力评价技术研究与推广应用	海南省土壤肥料站	吕烈武	吕烈武、张冬明、黄顺坚、王汀忠、刘存法、谢良商、徐济春、张天斌、梁娟、魏大钦、吴景峰、蔡景山、岑珠、李月琼、吴宗礼、韩英光、龙笛笛、侯立恒、何彦、钟昌柏、袁辉林、祁君凤、刘发和、王熊飞
117	水稻农药减量控害技术集成与推广	重庆市种子管理站	刘祥贵	刘祥贵、吴金钟、王泽乐、周天云、宿巧燕、肖晓华、乔兴华、肖华勇、罗国全、裴行军、赵亮、袁文斌、段继红、石琼、刘祖荣、杨超敏、蒋四清、曾镜、廖群英、袁孝海、程春、张凤、黄静、胡成香、黄庭
118	种猪性能测定评估与高效繁育技术集成示范	重庆市畜牧技术推广总站	王华平	王华平、陈红跃、王震、张科、何道领、韦艺媛、李晓波、张川、黄小林、蒋林、周丽萍、曾相春、张志颖、刘丽娜、屈治权、郑英、张国庆、李元生、游浩、谭春、张凤兰、张力、刘子凡、朱彦涛、刘光华
119	重庆市山羊标准化规模养殖技术示范与推广	重庆市畜牧技术推广总站	李发玉	李发玉、张璐璐、尹权为、景开旺、康雷、陈东颖、朱燕、董高华、杨月娥、胡直友、焦辉勇、任远志、赖纯明、刘述彬、董长生、龙小飞、徐太敏、黄晓峰、周灵杰、冉光胜、苟举碧、庞展、左朝郢、刘其林、张远梅
120	重庆市三峡库区户用沼气应用模式的创新与推广	重庆市农业生态与资源保护站	王正奎	王正奎、王莉玮、易廷辉、席仲伟、张一知、陈天国、王林学、杨志敏、杨玲、李林、魏光枢、李华明、张立、方绪彪、曾强、唐晓东、黄建林、周鹏、钟娟、罗勇、朱万林、李云刚、胡学木、李生强、皮亚华
121	四川省水稻品种抗瘟性研究及稻瘟病循环治理技术推广应用	四川省农业厅植物保护站	尹勇	尹勇、封传红、彭云良、刘俊豆、王胜、王小松、王东风、叶香平、陈厚兴、曾伟、杨德斌、王彬、张才儒、杨子威、张勇、张邦华、李庆成、王孟辉、李德贵、李仁英、张晓龙、廖克海、艾光建、方学明、宋林全
122	南充市稻麦油灾害性病虫发生规律和综合防控技术研究应用	南充市植保植检站	彭昌家	彭昌家、白体坤、丁攀、冯礼斌、杜庞燕、尹怀中、文旭、郭建全、肖立、胡强、庞锐、李艳辉、王明文、崔德敏、苟建华、肖孟、郑艳、卢宁、张黎、李鸿韬、蔡琼碧、胥直秀、晏莉霞、杨成银、赵崇明

（续）

序号	项目名称	第一完成单位	第一完成人	主要完成人
123	丰产多抗内麦系列品种选育与推广	四川省内江市农业科学院	黄辉跃	黄辉跃、杨旭东、荣飞雪、王相权、姚朝友、王仕林、汪仁全、朱维高、朱刚、阳琴、罗亮、李仁洲、徐兴全、徐渊、尹晓辉、杨彬、陈晓东、鄢振财、文富祥、蔡利、陈启发、王纯洁、黄敏、王革、刘刚
124	优质杂柑新品种选育及高效栽培技术集成应用	眉山市经济作物站	王孝国	王孝国、彭良志、李永安、江东、徐海涛、邱军、邹桂林、张咸成、牟婷婷、陈德勇、王小华、李培、徐文科、袁兴亮、李革、李红春、张微慧、刘川丽、罗宇、陈仲刚、黄长征、袁贵全、丁光辉、杨建权、潘楠
125	达州市食用菌产业提质增效技术集成与应用	达州市农业科学研究所	徐建俊	徐建俊、王志德、李彪、李远江、缪凯、曾宪荣、马洁、赵辉、陈合、杨智君、彭祖辉、刘昌黎、杨强、邱大武、杨智潘、张希伟、郝界、周勇、耿新翠、刘成、王明、王洪祥、郑红梅、卢毅、弋淮
126	四川生猪标准化养殖技术集成与应用	四川省畜牧总站	应三成	应三成、冯波、钟志君、彭章华、徐旭、康润敏、王金江、何经纬、侯显耀、郑友华、周彦、赵碧刚、柴勇、肖翀、杨丽萍、谢波、熊登泰、陈伟、陈军、刘胜田、阮述平、邓伶宁、阳伟红、庞济生、王晓斌
127	牦牛种间杂交生产及配套技术研究集成与示范推广	四川省草原科学研究院	罗晓林	罗晓林、官久强、魏雅萍、杨平贵、安添午、陈生梅、杨全秀、毛进彬、赛多加、塞尚林、侯定超、王玉华、泽旺仁真、泽科卓玛、尚科、陈艳、杨本兰、罗让甲初、王科、李信、卓玛泽让、庞宗美、张清建、王芝林
128	南方鮎生态高效养殖技术推广应用	攀枝花市水产站	兰世刚	兰世刚、周波、李云兰、唐琪、王定国、刘亚、谢伟、帅柯、张继业、刘匆、王俊、杨德付、尹恒、鲍斌、李杰、陈彦伶、黄明军、石兴智、周太敏、黎文静、黄光波、王苧一、张良雄、魏云龙
129	基于3S技术的草原监测关键技术创新与推广应用	四川省草原工作总站	唐川江	唐川江、鲁岩、何光武、刘勇、谢红旗、唐祯勇、李小松、唐伟、侯众、何正军、王书斌、严东海、苏剑、李开章、马钰、党阳铭、廖习红、王文胜、孙顺斌、王勇、刘勇、张璐、邱志娟、朱洪森、李林霖

（续）

序号	项目名称	第一完成单位	第一完成人	主要完成人
130	马铃薯晚疫病预警与控制技术应用	贵州省植保植检站	谈孝凤	谈孝凤、张斌、唐建锋、耿坤、任明国、粟俊、胡秋龄、李丹、陆金鹏、丁绍斌、袁烨、李定超、冯明义、陆晓欢、黄建军、杨胜英、杨毓雄、王武、王友琼、杨梅、蔡彪、庞剑、蔡安禄、蒙光炯、王懿
131	遵义朝天椒生态化栽培技术示范与推广	遵义市果蔬工作站	毛东	毛东、陈荣华、胡建宗、令狐昌英、朱守亮、田浩、肖登辉、易伦、曾令明、龚文杰、罗仁发、张秀玥、令狐丹丹、冉隆俊、刘元士、陈沐、李雪维、黄承森、王家丽、孙俊、况用权、罗燚、吕昌置、王春娅、李乾碧
132	茶叶优质高效栽培技术集成与推广应用	遵义市茶产业发展中心	吴文平	吴文平、幸育毅、郑文佳、曹安东、王海燕、陈正芳、林继忠、洪俊花、陈科森、杨军、罗艳、丁明珍、刘文富、田维敏、冉卫斌、姚勇、孙先勇、田志婵、曹云
133	贵州省猪蓝耳病综合防控技术集成与推广	贵州省动物疫病预防控制中心	张华	张华、程振涛、景小金、田海蓉、岳筠、肖琨、吴学卫、吉正华、阳德华、赵世斌、杨云文、张平、宋友明、袁啟怀、吴剑、刘建军、蔡平、李兴荣、何治惠、田井成、柯欣、罗高国、洪乃忠、姚茂斌、黄德江
134	贵州喀斯特山区生猪标准化养殖技术集成应用	贵州省禽遗传资源管理站	张芸	张芸、杨忠诚、邓位喜、吴高奇、韦骏、杨民、刘青、申学林、陈万祥、李其国、李冬光、王永茂、田应学、陆玉安、陈继位、郑刚、李顺琼、谯玉红、吴春友、周小波、裴毅敏、刘正海、韩贞选、邓俊礼、谢鸿
135	贵州山地优质杂交牛生产配套技术推广应用	贵州省畜禽遗传资源管理站	李波	李波、孙鹃、龚俞、蒋会梅、徐建忠、张勇、陈敏、贺成龙、张纯新、梁正文、杨开、李国华、卢世平、徐云峰、刘玉祥、叶龚飞、杨秀台、李智健、田松军、谢卫华、廖双、向良胜、刘浪、杨娟、李朝俊
136	动物防疫社会化服务组织建设与应用推广	遵义市动物疫病预防控制中心	毛以智	毛以智、曾贵英、冉隆仲、陈能桥、徐茂文、龙冲冲、丁瑞碧、杨国勇、刘英、严庆强、黄开荣、徐方红、朱大举、犹勤、罗德霞、张萍、廖永江、徐全忠、王宗常、宋代祥、苏吉富、张明涛、陈晓辉、杨国君、胡昌华

（续）

序号	项目名称	第一完成单位	第一完成人	主要完成人
137	绿肥提升耕地地力技术集成与应用	贵州省土壤肥料工作总站	唐志坚	唐志坚、苟红英、黄国斌、吴康、胡腾胜、胡辉、陈强、杨茂云、田必树、左栋清、伍桂荣、丁献云、杨万福、唐妥、陆裕珍、王仕玥、吴建国、唐正平、曾令斌、罗洪超、文凭、贺寿兰、阮义林、蔡明勇、国洪英
138	西南稻飞虱监控技术推广应用	云南省植保植检站	李永川	李永川、桂富荣、李亚红、谌爱东、张林、胡慧芬、苏龙、罗晓荣、韦加贵、范荣武、李秋阳、陈吉祥、李正祥、宁锦程、柳树国、万红梅、杨所庭、李静、钱秀英、周庆、丁文芳、何永福、刘海燕、吴自明
139	雅玉系列玉米新品种示范推广	云南省种子管理站	王德海	王德海、孙林华、段其忠、殷长生、张平、瞿桂鑫、刘峰、胡学爱、黄春有、冯怀斯、岳文东、王丕联、杨涛、肖安云、王朝庆、杨志明、曾桂香、罗映兵、段国应、杨文斌、段华荣、刘安周、赵汝铭、许自伟、张强
140	特晚熟芒果生产关键技术推广应用	云南农业大学	彭磊	彭磊、周玲、汪开华、张兴旺、陈矫、李林梅、洪明伟、苟明志、李正凯、龚仁学、张国辉、王应友、王开德、任顺莉、管华国、杨再荣、李朝琴、郭学红、贺水莲、殷德松、宋静武、胡春武、刘泽华、刘昌羽、陈朝静
141	咖啡加工关键技术研究与推广	云南省农业科学院热带亚热带经济作物研究所	黄家雄	黄家雄、文志华、孙有祥、庄春海、杨俊敏、李荣福、程金焕、罗心平、毕晓菲、何红艳、徐兴才、周亚辉、胡发广、吕玉兰、李贵平、韩跃东、黄健、张晓芳、李亚男、杨阳、武瑞瑞、杨旸
142	适度规模生猪标准化生产技术推广	昆明市动物疫病预防控制中心	金卫华	金卫华、何晓辉、张莉萍、杨斌、王苏云、吴茂竹、任正平、杨品、王志祥、陈万高、钟俊、赵伟、徐红平、赵才宽、杜江、邹星炳、马明韬、杨文忠、蒋召贵、马真明、王振仙、尹伟、胡俊芳、代金锋、张俊良
143	乌蒙山区作物施肥指标体系建立与推广应用	昭通市土壤肥料工作站	胡德波	胡德波、张定红、任习荣、马艳、许玉平、杨德祥、李安艳、李才荣、李德全、钟艳、郎维华、王世华、陈祥金、李绍兵、苏世强、闫世友、张锴、马忠红、田应金、周忠恒、王颖、谭兴平、钟德卫、王崇香、谭帮春

（续）

序号	项目名称	第一完成单位	第一完成人	主要完成人
144	陕西北部耐密型春玉米品种筛选与配套技术推广	陕西省种子管理站	范东晟	范东晟、张宏军、崔巍峰、王弘、雷军、王志成、高飞、刘五志、李剑英、苗仲学、詹升林、刘祎、王聪武、王世军、候成祥、王文侠、姚淑婷、杨秋萍、李王周、陈峰、王永前、王玮、任新塬、张永刚
145	优质高产谷子良种引进及配套技术示范推广	榆林市农业科学研究院	王斌	王斌、王孟、王彩兰、井苗、尚武平、付治忠、强羽竹、杨晓军、闫海燕、任树岗、雷锦银、吴清亮、姬奎、祁华、刘新荣、白宝军、薛丁山、艾荣、张瑞、徐雄培、张连生、杨虎军、刘进、郝锦鑫、王旭
146	宝鸡市粮食作物高产高效施肥技术集成与推广	宝鸡市农业技术推广服务中心	王周录	王周录、侯江龙、刘旭科、刘斌侠、张敦熙、封涌涛、强红妮、刘瑞、王银福、闫武斌、徐烈琴、郝勤科、乌鸿科、杜建平、吕辉、廖秋奇、霍维荣、杜军强、杨鑫、马全生、甘文娟、张军、苏波、吴铁军、田金玉
147	北方早熟大棚甜瓜新品种选育引进及高效栽培技术集成与推广	西安市农业技术推广中心	窦宏涛	窦宏涛、吕芳、李省印、纪辉、胡会英、张丽、邢文艳、武云霞、问亚军、刘养利、杨团应、王媛、张迎军、马忠琴、颜仙芳、柏全、王丽萍、董建平、张建彬、温来宏、杨柏虎、吕金鹏、张建宁、赵可合、袁高中
148	肉羊高效养殖关键技术集成与推广	西北农林科技大学	周占琴	周占琴、张锁良、陈生会、张爱平、杜文国、邢金锁、宋宇轩、刘璐、张耀山、宋先利、杜俊芳、梁忠、尹海科、郝守东、陈浪、田会娟、吴鑫、黄艳平、闫强、王学主、王忠林、刘文明、薛荣发
149	陕西省绿色农产品标准化技术推广	陕西省农业环境保护监测站（陕西省绿色食品办公室）	李文祥	李文祥、杨毅哲、潘峰、孙永、林静雅、倪莉莉、李群辉、宋莉珍、张建刚、严红英、苏建举、宋举、张彦、郭英、段润和、刘永录、刘涛、赵远山、殷毓文、田文、高利平、李林军、范润民、阳晓青、穆小鹏
150	甘肃省现代玉米制种技术集成研究与示范	甘肃省敦煌种业股份有限公司	马世军	马世军、马宗海、闫治斌、王多成、张德、陆登义、王学、闫富海、张致栋、李世风、张小燕、王玉晶、吴宏楠、张英、何彦民、魏崔勇、谢军、李玉廷、于永鲲、于加品、杨振清

（续）

序号	项目名称	第一完成单位	第一完成人	主要完成人
151	马铃薯主要窖藏病害防控技术研究与示范推广	甘肃省植保植检站	姜红霞	姜红霞、杨成德、陈秀蓉、李昌盛、胡琴、韩晓荣、张文贞、刘文乾、蒲威、冉平、王晓宏、漆文选、聂战声、张旭红、成轩、赵琴娃、张虎平、蒋丙军、张振军、赵丽娟、王芳、仲彩萍、徐永虎、孙轶新、王伟峰
152	高产优质厚皮甜瓜新品种金冠的选育与示范推广	兰州市农业科技研究推广中心	张勤	张勤、张延河、李锦龙、俞春梅、郭香、蔡爱武、靳生杰、蔺晓伟、王宏涛、姚建云、王春梅、宁晓蓉、张有国、高艳红、贺同金、徐建云、曹惠玲、段振佼、马玉霞、独瑜、马维宇、宁廷梅、徐宏星、党志河、李永祥
153	甘肃省优质猪肉生产配套技术研究与示范	甘肃农业大学	滚双宝	滚双宝、马丽萍、姜天团、封洋、张昌吉、李洁、孔晶晶、戚晓花、王俊生、黄文东、薛世强、杜妮妮、徐子华、李英芳、张永东、张建华、王振华、闫晓燕、刘小莲、马新、白仲乾、杨彩英、王建善
154	甘肃高山细毛羊新类群选育	甘肃省畜牧业产业管理局	何明渊	何明渊、李范文、梁育林、王学炳、王天翔、张海明、王凯、李桂英、安玉锋、常伟、冯明延、李锋红、张军、李岩、陈颢、王喜军、杨剑锋、李吉国、王丽娟、张锦蓉、张自云、张金菊、安海燕、潘晓荣、王克明
155	猪新型免疫佐剂中试及其高效疫苗疫病防控示范	中国农业科学院兰州兽医研究所	景志忠	景志忠、张云德、马忠、曾爽、贾怀杰、陈国华、田波、崔青、李栋、张建华、李玉峰、许映东、冯保华、王笑笑、杜虎印、张喜霞、梁仲翠、朱文录、郑新宏、郭奕龙、王育彰、张小勇、姚丰民、张全胜、肖树萍
156	张掖市玉米秸秆饲料商品化生产配套技术研究与应用	张掖市草原工作站	权金鹏	权金鹏、孔吉有、马垭杰、顾新民、王鹏、韦鹏、李祖凤、朱小成、王登彪、戴德荣、李洪亮、杨丽萍、巴向国、魏玉兵、董江、张爱玲、黄子杰、孙鉴弘、乔生忠、姬宏伟
157	甘肃省耕地质量提升技术集成研究与应用	甘肃省耕地质量建设管理总站	崔增团	崔增团、郭世乾、傅亲民、吴立忠、高飞、尹得仲、刘五喜、雒家其、李耀辉、雒兴刚、刘祁峰、毛森煜、王乐光、陈建平、全亚明、曹振林、李兴元、赵伟、崔银花、许兴斌、雷艳红、廖伟军、路亮霞、郑月兰、董禄信

（续）

序号	项目名称	第一完成单位	第一完成人	主要完成人
158	早熟丰产优质白菜型油菜新品种选育及推广	青海省海北藏族自治州农业科学研究所	白尼玛	白尼玛、仁青吉、张燕霞、马长寿、祁建峰、任海瑛、牛建伟、许建业、李克伦、李明旺、拉毛卓玛、李明明、黄中红、米生金、肖爱国、李长帅、宋月奎、谢洪福、张生权、张成兰、许生福、达梅花、鲍宪荣、苟智彬、普哇措
159	青海省微生态养猪技术适应性研究和示范	青海省畜牧总站	韩学平	韩学平、张晋青、付弘赟、德乾恒美、叶培麟、石全有、罗海青、乔永顺、王国仓、贺清林、陈永伟、胡宁红、包国祥、赵香珍、李生辉、李金元、杜永忠、侯淑萍、秦怀荣、刘金录、张成、张慧、彭永顺、祝武甲、赵国荣
160	青海省第二次草地资源调查与研究	青海省草原总站	辛有俊	辛有俊、董永平、辛玉春、王加亭、尚永成、孙海群、李守才、马正炳、张宝文、王立亚、张集民、才吉、都耀庭、朱永卿、马青山、梁泽胜、苏有志、王永槐、张学功、王永顺、索南江才、才旦、索南加、严慧琴
161	宁夏特色优质鱼类产业化关键技术集成与示范	宁夏回族自治区水产研究所	张锋	张锋、李力、连总强、董在杰、田昌凤、苟金明、赛清云、姬伟、哈银涛、汪宏伟、白文贤、刘彦斌、肖伟、张成锋、杨英超、田永华、王晓奕、张朝阳、刘巍、段陶育、王旭军、宣小玲、石伟、黄涛
162	农田残膜机械化回收与再生利用试验研究与示范推广	宁夏回族自治区农业机械化技术推广站	田建民	田建民、万平、田巧环、马廷新、原项英、杨极乾、辛国智、方海军、任俊林、张喜旺、杨晓瑜、刘秉义、李军、彭粒、田志道、倪永、闫雪琴、张明、魏玉忠、王鸣镝、李小平、铁军、何克玉、张广东、孙万华
163	宁夏阳光沐浴工程系统设计与推广实施	宁夏回族自治区农村能源工作站	贾向峰	贾向峰、马京军、黄岩、李敬、路学花、陈尔撒、田峰、赵永宏、张利宝、刘志毅、齐康、王岚、高莉、王宏雷、闫吉军、张甲明、李忠禄、张薇、张燕、齐国俊、黄治东、王志金、张玉华、张宝柱、李红兵
164	新疆棉花生态品质区划布局研究及标准体系建立	新疆农业科学院经济作物研究所	艾先涛	艾先涛、王俊铎、韩璇、梁亚军、贾广成、刘春梅、李雪源、龚照龙、郭江平、郑巨云、赵志信、李瑜、赵鑫、彭延、吴久赟、吐尔逊江·买买提、李光磊、胡晓愍、傅炜、帕孜来姆、张黎、苏秀娟、买买提·莫明、刘建喜、韦丹阳

（续）

序号	项目名称	第一完成单位	第一完成人	主要完成人
165	人畜间结核病流行病学的调查研究及推广应用	乌鲁木齐市动物疾病控制与诊断中心	李爱巧	李爱巧、呼西旦·阿巴拜克力、刘思国、杨启元、施远翔、王六合、陈利苹、李君莲、陈飞、帕提玛·努合曼、程维疆、何生、郭亚军、王爱菊、方新元、张成成、郭新钢、刘军成、周棕长、王杏芹、赛力克江、韩义忠、舒峰、彭华刚、罗文毅
166	北方温室桃标准化栽培技术研究与推广	瓦房店市农业技术推广中心	付波	付波、关海春、杨凤英、宫文超、金柏年、吕志明、郝瑞敏、张从慧、邹丽文、韩荣华、刘玉军、刘智强、孟春玲、唐国琨、张伟伟、吴家川、孙长乾、孙晓燕、岳洪泉、于洪科、宋世雄、陈立儒、王粟娥、郑峰
167	白羽肉鸡健康生态养殖技术集成应用	大连市畜牧总站	陈大君	陈大君、高林、晨光、李帅、许志国、陈林、何湾、李治、王清玲、陈和、梅强、战萍、潘秀东、王蔚、宇振涛、吴明柱、史凯帅、徐翠、谢尚洲、高忠武、刘丽萍、金石、周清毅、李殿卿、刘志强
168	青岛市百万亩夏玉米高产创建集成技术示范与推广	青岛市农业技术推广站	刘岩一	刘岩一、王军强、宫明波、李正家、殷登科、李霞、万更波、邵长侠、修翠波、李金山、张守杰、兰孝帮、褚爱宏、焦文辉、高林夏、赵长花、江崇明、吴卓斌、王同雨、刘云峰、范学鹏、宋光明、王玉红、张翠欣、孙正江
169	南茶北引优质高效关键技术集成与实践	青岛市果茶花卉工作站	王漪	王漪、李晓东、张云伟、李玉胜、丁庆莲、刘彩飞、王韶红、辛克利、刘蕾、傅财贤、周水溪、李瑞香、张海华、徐召学、高志绪、荆志强、黄亚宁、孙立涛、韩燕红、张广东、张勇、李学敏、李勇、刘顺超、于斌
170	优质抗病榨菜新品种选育及推广应用	宁波市农业科学研究院	孟秋峰	孟秋峰、汪炳良、王毓洪、郑华章、诸渭芳、杨文祥、黄雪萍、陈承、杨伟斌、周焕兴、黄新灿、任锡亮、宋慧、沈学根、曹亮亮、顾大江、丁桔、贾世燕、蔡岳兴、叶伟宗、戚自荣、陶忠富、马剑萍、黄巧玲、张志明
171	草莓品种引进、选育和优质高产栽培技术研究推广	宁波市种植业管理总站	张松柏	张松柏、张庆、吕鹏飞、姚红燕、范雪莲、裘建荣、俞庚成、邱宏良、徐佩娟、杨莺莺、郭焕茹、金彬、吴丹亚、崔萌萌、金伟兴、严志萱、赵巳栋、丁峙峰、张军、胡庆存、蒋铭、谢剑敏、康鑫、张兆园、黄士文

（续）

序号	项目名称	第一完成单位	第一完成人	主要完成人
172	台湾农友长茄（704）高效栽培技术推广	厦门市农业技术推广中心	杨强	杨强、叶庆成、王洪铭、彭建兴、董铁生、孙传芝、蔡金镭、陈雪雅、林小牧、陈燕玲、卢彩燕、王再兴、陈福治、郭凌飞、邱少彬、林建民、吴开通、叶榕坤、洪丽红、林扬鹏、陈牡丹、陈朝阳、许金滨、陈木林、杨进绪
173	水稻机械精量旱直播技术应用与示范推广	新疆生产建设兵团第一师一团	罗锡文	罗锡文、魏新元、王奉斌、闫志顺、吴文俊、王在满、袁杰、章秀福、刘文胜、双文、李智明、张艳军、刘文国、余海华、雷金保、李美然、景桂英、谢君、陈淑英
174	早熟杂交棉新品种选育及推广应用	石河子农业科学研究院	赵海	赵海、李玉国、郭景红、姚炎帝、齐贵鹏、刘洪亮、刘振海、张爱华、万英、秦江鸿、祖丽皮亚、杨永林、邵丽萍、黄磊
175	新陆中37号的选育与推广	新疆塔里木河种业股份有限公司	张朝晖	张朝晖、李军华、李琴、李天义、宋继辉、徐建疆、曹娟、刘今河、丁胜、姚仕林、郑奕、张荣庆、张万里、刘金山、朱建民、刘洪献、易湘娟、张耀武、刘慧平、李代阔、蔡军、王勇、宋克福、杜东
176	优质多胎肉用羊新品系选育与示范推广	新疆农垦科学院	杨华	杨华、陈明辉、叶红敏、王建、桂东城、杨永林、周利平、李国保、蒲新竹、赵建新、蒋俊萍、曾学伟、赵万军、吴海莉
177	垦农系列高产高油高蛋白大豆新品种选育推广及种质资源创新	黑龙江八一农垦大学	朱洪德	朱洪德、费志宏、朱桂英、冯丽娟、胡远富、王斌斌、刘德福、马兰、张伟、宋伟、李洪林、宋德辉、张科、李刚、宋大涛、魏海锋、吴莹莹、戴立国、张纯雨、张广成、任艳萍、王立东、包春莲、许杰、张宝龙
178	半悬挂甜菜收获机应用与推广	黑龙江省农垦科学院	周成	周成、熊文江、杨柏松、王静学、刘彬、孙学亮、陈东升、杨桂荣、王深研、郑金波、蔡建华、房欣、周绍斌、任俊杰、聂强、李永波、王文强、陈焕容、房玉军、李晓明、靳明峰、岳远林、柳长义、郭建国、张岩
179	低成本和低功耗的大棚综合信息系统研究与推广应用	广东省农垦科技中心	刘建成	刘建成、黄军辉、谢季青、洪向平、黎政文、蔡志忠、张文梅、苏军元、刘胜利、黎智、关经伦、黄所、徐献灵、高俊文、林晓明、董晓倩、黄巧洁、杨娜、沈富标、王小明、林丽惠、程宏彪、陈海深、谭旭平、张艳莉

（续）

序号	项目名称	第一完成单位	第一完成人	主要完成人
180	香蕉产业升级关键技术研究与推广	中国热带农业科学院热带生物技术研究所	张锡炎	张锡炎、黄秉智、李华平、魏守兴、许林兵、谢艺贤、杨护、翁忠贺、程秋、陈昌胜、陈开越、郭顺云、柯月华、黄庆华、庞秋勇、郑明万、何琨、黄振兴、张思伟、蒲运锋、郭庆军、周凤城、苏坚宏、陈的琳

四、农业技术推广贡献奖名单

序号	获奖人所在单位	获奖人
1	北京市昌平区农业服务中心	邓佐民
2	北京市土肥工作站	曲明山
3	北京市大兴区农机服务中心	孙广春
4	北京市畜牧总站	王玉田
5	北京市海淀区水产技术推广站	马胜利
6	北京市昌平区畜牧水产技术推广站	张士海
7	天津市蓟县农作物育种栽培研究所	李春生
8	天津市奶业发展服务中心	曹学浩
9	天津市原种场	于福安
10	天津市水产技术推广站	张振奎
11	天津市农业机械推广总站	张宝乾
12	高碑店市农机技术推广服务站	高建光
13	保定市清苑区农业技术推广中心	王淑珍
14	定州市农业环境保护监测站	王彦平
15	峰峰矿区动物卫生监督所	孔德江
16	满城县满城农业技术推广站	曹素娟
17	承德久财农牧开发有限责任公司	孙士河
18	馆陶县馆陶镇农业技术推广综合区域站	任永霞
19	枣强县马屯农业技术推广区域站	张文静
20	河北省乐亭县水产中心	赵丽瑾
21	河北福成五丰食品股份有限公司	于春起
22	饶阳县牧兴兽医站动物医院	张满其
23	遵化市农业畜牧水产局农产品综合质检站	王立颖
24	遵化市城区农业技术推广区域综合站	董峰海
25	唐山市农业机械质量监督管理站	曹春雨
26	石家庄市鹿泉区农业机械化技术推广站	孙志文

（续）

序号	获奖人所在单位	获奖人
27	石家庄市鹿泉区宜安农业技术推广区域站	刘会平
28	怀安县畜牧水产局左卫动物防检监督分所	张广义
29	石家庄市农林科学研究院	田国英
30	辛集市农业技术推广中心	王玉新
31	平乡县农业技术推广中心	刘志坤
32	昌黎县新开口经济开发区市政管理处	张丽敏
33	沧县畜牧水产管理中心	李艳荣
34	唐山市畜牧水产品质量监测中心	李爱军
35	唐山市曹妃甸区农林畜牧水产技术推广站	刘秋华
36	沙河市动物卫生监督所褡裢分所	刘明生
37	河北省宣化县土壤肥料工作站	宋胜普
38	献县农业局科教站	王艳
39	山西省长治市长治县畜牧兽医中心	崔双保
40	大同市动物疫病预防控制中心	樊生平
41	灵丘县畜牧兽医工作站	孟德荣
42	晋中市老黑蔬菜专业合作社	杜清福
43	山西省怀仁县农业服务中心	张慧齐
44	浮山县蔬菜产业服务中心	陈华
45	榆次区农业技术推广中心	徐竹英
46	太谷县农业机械中心	郭金跃
47	曲沃县水产技术推广站	杨东亮
48	山西省永济市农机服务中心	吴红卫
49	临汾市尧都区农村能源管理站	杜建军
50	翼城县南梁农业技术推广服务中心站	李新生
51	山西省运城市农业科学教育工作站	黄玉民
52	巴林右旗麻斯他拉农牧业专业合作社	李武
53	赤峰市松山区夏家店乡农业站	杨金福
54	呼伦贝尔农垦集团有限公司	张更乾
55	呼伦贝尔市农业技术推广服务中心	刘辉
56	开鲁县农机化技术推广服务站	陈磊光
57	喀喇沁旗农业技术推广站	景振举
58	呼伦贝尔生态产业技术研究院	杨杰
59	苏尼特右旗草原工作站	乌兰
60	清水河县农牧业局农机监管站	苏顺和
61	乌兰察布市家畜改良工作站	张勇

（续）

序号	获奖人所在单位	获奖人
62	四子王旗家畜改良工作站	杜文
63	扎鲁特旗玛拉沁艾力养牛专业合作社	吴云波
64	通辽市科尔沁区农业技术推广中心	梁万琪
65	扎赉特旗农业技术推广中心	刘复伟
66	乌审旗农业技术推广植保植检站	吕荣亮
67	巴林右旗动物疫病预防控制中心	敖特根夫
68	扎鲁特旗畜牧工作站	李强
69	北镇市水产技术推广站	杜娟
70	本溪满族自治县农业技术推广中心	李玉德
71	黑山县畜牧技术推广站	贾恩贺
72	昌图县种畜禽监督管理站	孙喜奎
73	黑山县畜牧技术推广站	李强
74	辽宁省北镇市廖屯镇农业技术推广站	李会杰
75	建平县农业技术推广中心	方子山
76	大洼县田家镇农业科学技术综合服务站	韩春光
77	沈阳华泰渔业有限公司	高征
78	宽甸满族自治县农业技术推广中心	闫会安
79	康平县农业技术推广中心	姜河
80	清原满族自治县水产技术推广站	韩晓宏
81	凌源市农业环境保护站	孙晓光
82	辽宁省凌源市农村能源办公室	刘晓飞
83	辽宁省生态畜牧业管理站	郑林
84	昌图县农业机械化技术推广服务站	赵永胜
85	辽宁省义县农业机械化技术推广站	赵文义
86	昌图县黑猪原种场	康庄
87	长春市农业技术推广站	刘国学
88	长春市双阳区农业科学技术推广站	衣绍清
89	德惠市农业技术推广中心	崔振礼
90	吉林省敦化市农业技术推广中心	刘文华
91	桦甸市八道河子农业站（农机站）	吕端春
92	东辽县云顶镇亿发农机专业合作社	王景辉
93	桦甸市金牛牧业有限公司	潘淑红
94	东丰县农业机械技术推广站	付国峰
95	吉林省集安市畜牧兽医总站	刘爱萍
96	农安县华家镇站北村姜家店4组	朱有财

（续）

序号	获奖人所在单位	获奖人
97	洮南市农业技术推广中心	杨桂莲
98	镇赉县水产技术推广站	王玉辉
99	松原市宁江区绿色食品开发办公室	李国
100	榆树市农机技术推广服务总站	宁文生
101	吉林省东丰县植物保护植物检疫工作站	赵华
102	榆树市农业环境保护与农村能源管理站	张长生
103	黑龙江省密山市动物疫病预防与控制中心	郑柏臣
104	黑龙江省密山市农业机械化新技术推广站	韩玉福
105	密山市裴德镇农业综合服务中心	邵淑华
106	黑龙江省东宁市绥阳镇农业技术服务中心	冷滨
107	黑龙江省宁安市动物卫生监督所	陈国军
108	黑龙江省拜泉县农业科学技术推广中心	程岩
109	绥棱县农业技术推广中心上集区域站	桂全江
110	黑龙江省肇源县畜牧兽医局草原监理站	吴晓海
111	方正县德善乡农业综合服务中心	刘兆国
112	黑龙江省鹤岗市东山区蔬园乡人民政府农业技术推广站	刘经才
113	绥滨县连生乡长春村	徐忠华
114	绥滨县农业技术推广中心	王殿君
115	绥滨县水产技术推广站	邰永芬
116	北安市主星乡农业技术推广站	吕智华
117	延寿县安山乡农业技术综合服务站	刘兆东
118	黑龙江省兰西县兰西镇综合服务中心	郑春静
119	黑龙江省农业技术推广站	许为政
120	黑龙江省农业机械化技术推广总站	孙征权
121	上海市金山区动物疫病预防控制中心	卢春光
122	上海市农业技术推广服务中心	陆雪珍
123	上海市金山区水产技术推广站	姚春军
124	上海市崇明县水产技术推广站	黄志峰
125	海门市万年镇海果果品专业合作社	王永康
126	江苏省农垦农业发展股份有限公司黄海分公司	杨松
127	海安县畜牧兽医站	周发亚
128	江苏农林职业技术学院	王全智
129	东海县农业技术推广中心	汪洪洋
130	江苏省畜牧总站	朱满兴
131	句容市天王镇农业服务中心	黄永根

（续）

序号	获奖人所在单位	获奖人
132	连云港市赣榆区植保植检站	韦有照
133	沛县科教管理站	刘勇
134	江苏省渔业技术推广中心	陈辉
135	兴化市周奋乡农业服务中心	王志勇
136	盱眙健坤生态农牧业发展有公司	高发林
137	苏州市相城区水产技术推广站	陆建平
138	南京市江宁区谷里街道办事处农业服务中心	周治明
139	南京市高淳区农业技术推广中心	吕迟华
140	盐城市盐都区北宋水产品养殖专业合作社	宋传勇
141	仪征市真州镇畜牧兽医站	吴业勇
142	昆山市锦溪镇农业服务中心	盛永明
143	东台市农业机械化技术推广服务站	王春
144	盐城市亭湖区农作物栽培技术指导站	王永超
145	泗洪县归仁镇农业经济技术服务中心	马光辉
146	常熟市碧溪新区（街道）农技推广服务中心	陆燕
147	常州市金坛区动物疫病预防控制中心	杨文卫
148	常州市武进区嘉泽镇农技农机站	蒋燕忠
149	杭州水良蔬菜专业合作社	钟水良
150	金华市农业机械研究所	陈长卿
151	江山市农业技术推广中心	周江明
152	杭州市萧山区农业机械监督管理总站	李鉴方
153	莲都区大港头农业技术服务站	郑建林
154	嘉兴市秀洲区种子管理站	刘金弟
155	金华市水产技术推广站	李明
156	象山县畜牧兽医总站	陈淑芳
157	武义县经济特产技术推广站	徐文武
158	龙泉市经济作物站	张世法
159	浙江省诸暨市店口镇农业公共服务中心	陈鲁妙
160	浙江省嘉善县农业经济局粮油站	徐锡虎
161	长兴县水产技术推广站	范益平
162	龚老汉控股集团有限公司	龚金泉
163	海盐县畜牧兽医局	李海虹
164	岳西县店前农业综合服务站	胡知佐
165	濉溪县孙疃镇农林技术服务中心	李娟
166	安徽省凤台县大兴集乡农业技术推广站	李刚

（续）

序号	获奖人所在单位	获奖人
167	六安市裕安区动物卫生监督所	郝大丽
168	安徽省宿州市埇桥区修春家庭农场	雷修春
169	石台县七都镇农技站	潘平鑫
170	五河县小溪农业技术推广站	李树品
171	黄山市徽州区岩寺镇政务服务中心农技综合服务站	童文花
172	安徽省合肥市肥东县店埠农业技术推广区域中心站	刘霞
173	颍上县润河镇农业综合服务站	王冠军
174	怀远县水产技术推广中心	孙守旗
175	安徽省龙亢农场	杨永华
176	太和县淙祥现代农业种植专业合作社	徐淙祥
177	安徽省无为县红庙镇农业服务中心	王本刚
178	黄山市屯溪区屯光镇政务服务中心农业技术推广服务站	王安贵
179	安徽省滁州市凤阳县府城镇农业技术推广站	张家喜
180	安徽省亳州市谯城区张店乡农业综合服务站	周超
181	安徽省黄山市歙县北岸镇农业站	姚建军
182	砀山县农机技术推广站	张高辉
183	安徽省枞阳县种植业管理局会宫镇农技站	王志信
184	含山县农机化技术推广服务站	熊元清
185	巢湖市庙岗乡农业综合服务站	茆邦根
186	安徽省宣城市泾县昌桥乡农业技术推广站	陈爱明
187	安徽王家坝农作物种植专业合作社	丁凯
188	福建省罗源县水产技术推广站	王在文
189	福建省南平市建阳区将口镇三农服务中心	吴建军
190	福建省福州市动物疫病预防控制中心	陈月香
191	福建省平潭县土壤肥料技术站	游雪芸
192	福建省莆田市荔城区黄石镇农业服务中心	王银松
193	福建省上杭县聚胜家庭农场	梁永英
194	福建省漳州市芗城区天宝镇农村经济服务中心	黄立新
195	福建省清流县沧龙渔业专业合作社	陈志仁
196	福建省云霄县水产技术推广站	王万东
197	福建省武平县土壤肥料技术站	危天进
198	福建省明溪县城郊农业技术推广站	叶玉珍
199	福建省武夷山市岚谷乡农业技术推广站	王标明
200	福建省南安市溪美街道办事处农业服务中心	蔡金钻
201	福建省罗源县飞竹镇农业技术推广中心	林显琛

（续）

序号	获奖人所在单位	获奖人
202	浮梁县寿安农业技术推广综合服务站	叶水平
203	峡江县农业技术推广中心	周斌
204	井冈山市畜牧兽医局	严景生
205	峡江县土壤肥料站	吴建华
206	江西省国营恒湖综合垦殖场	童金炳
207	遂川县畜牧兽医局	谢良楳
208	高安市裕丰农牧有限公司	杨食堂
209	江西省绿能农业发展有限公司	凌继河
210	九江市粮油生产技术指导站	沈福生
211	修水县茶叶产业办公室	吴东生
212	上饶市广丰区果业管理办公室	黄昌新
213	都昌县水产局水产技术推广站	张宝明
214	贵溪市水产工作站	徐保明
215	宜丰县农业技术推广中心	张国光
216	银河镇农技推广综合服务站	周翠梅
217	永修县畜牧兽医局	袁涛根
218	瑞昌市农业机械管理局	熊少平
219	分宜县农业机械管理局	胡福根
220	赣县农业技术推广站	廖世亮
221	赣州市章贡区种子管理站	王莉红
222	鄄城县农业技术推广站	吴复学
223	临朐县农村能源环境保护办公室	马玉键
224	荣成市农机化技术推广服务站	刘军
225	临沂市渔业技术推广站	朱士祥
226	山东省农业机械技术推广站	陈传强
227	临朐县畜牧技术推广站	郭秀清
228	利津县农业机械管理局	薄传民
229	寿光市植物保护站	胡永军
230	威海市文登区畜牧兽医技术服务中心	汤日新
231	五莲县益通肉鸡养殖专业合作社	张加书
232	滕州市畜牧兽医技术服务中心	张祥礼
233	德州市畜牧站	夏冬
234	沂源县三才果品专业合作社	王存刚
235	枣庄市市中区农业技术推广中心	朱剑涛
236	章丘市植保站	胡延萍

（续）

序号	获奖人所在单位	获奖人
237	无棣县畜牧兽医站	王者勇
238	夏津县植物保护站	于佃平
239	莒南县农业机械管理局	宋会强
240	无棣县土壤肥料工作站	姚海燕
241	新泰市动物疫病预防控制中心	吴衍岭
242	山东省莘县土壤肥料工作站	张洪启
243	烟台市种子管理站	王丽敏
244	山东省东营市东营区牛庄镇农业综合服务中心	朱宝慧
245	济宁市兖州区农业技术推广中心	李岩
246	昌邑市农业技术推广站	朱福庆
247	金乡县农业局科教站	安崇冠
248	罗庄区东开种养殖专业合作社	李士超
249	费县探沂农业技术推广站	尹兆军
250	河南省黄泛区农场	缑国华
251	济源市畜牧技术推广站	许杨
252	淮阳县动物疫病预防控制中心	李汝良
253	林州市农业科教培训站	李宏宪
254	林州市水产管理站	李斌顺
255	清丰县畜禽改良站	杨永钦
256	鹿邑县土壤肥料工作站	张玲
257	卢氏县畜牧兽医工作站	苏建方
258	武陟县农业技术推广站	谢凤仙
259	舞阳县农村能源环境保护站	冯彦
260	汤阴县畜牧技术推广站	赵景田
261	平舆县植物保护植物检疫站	冯贺奎
262	西峡县回车镇油坊村	郝群英
263	孟津县农业技术推广站	陈全虎
264	新密市乾龙农机专业合作社	张宗乾
265	漯河市郾城区农机化技术推广站	常树堂
266	西平县水产工作站	徐伟民
267	夏邑县北岭镇畜牧区域所	王恒
268	沈丘县农机技术推广站	窦忠旭
269	延津县石婆固农业技术推广区域站	申战士
270	永城市农业技术推广中心	刘明西
271	河南省农业广播电视学校临颍县分校	刘卫军

（续）

序号	获奖人所在单位	获奖人
272	滑县农机新技术推广站	张明奇
273	郏县农业经营管理站	黄俊伟
274	河南省济源市农业经济管理站	王爱根
275	滑县农业技术推广中心	刘红君
276	湖北省松滋市农村能源办公室	杨书红
277	湖北省宜都市高坝洲镇农业技术服务中心	曹光新
278	湖北省屈家岭管理区农业技术推广中心	郭垸成
279	湖北省安陆市晨风农机专业合作社	肖明庆
280	湖北省襄阳市襄州区龙王镇农业技术推广服务中心	王志豪
281	湖北省黄梅县农业技术推广服务中心小池镇分中心	张羽
282	湖北省云梦县胡金店镇农业技术推广站	谢四涛
283	湖北省监利县汴河镇人民政府农技服务中心	匡平雷
284	湖北省监利县程集镇农业技术服务中心	周祖清
285	湖北省天门市动物卫生监督所城区分所	王维安
286	湖北省松滋市畜牧兽医局	邓华明
287	湖北省荆门华中农业开发有限公司	李容
288	湖北省荆州市荆州区水产技术推广站	李德平
289	湖北省天门市绿色食品管理办公室（农业环保站、蔬菜办公室）	蒋双林
290	湖北省咸宁市植物保护站	洪海林
291	湖北省五峰土家族自治县畜牧兽医局动物疫病预防控制中心	赵国洲
292	湖北省武穴市锐兴家庭农场	杨云广
293	湖北省恩施州畜牧技术推广站	樊家英
294	湖北省咸安区大幕乡畜牧技术服务中心	章锦阳
295	湖北省黄冈市浠水县关口镇畜牧兽医技术服务中心	石伟
296	湖北省公安县旭初家庭农场	罗旭初
297	湖北省武穴市农业技术推广中心	陈容见
298	湖北省仙桃市动物疫病预防控制中心	周俊雄
299	湖北省枝江市农业机械化技术推广服务站	赵翠红
300	湖北省洪湖市农机化技术推广站	叶爱琼
301	湖北省石首市蔬菜办公室	易湘涛
302	湖北省广水市农业技术推广中心	夏骁
303	湖北省随县唐县镇农业技术服务中心	刘克文
304	湖南省衡阳市耒阳市农业局科教站	贺才明
305	沅江市南大膳动物防疫站	黄关华
306	芷江侗族自治县水产工作站	杨蔼珑

（续）

序号	获奖人所在单位	获奖人
307	湖南省湘阴县水产工作站	麦友华
308	通道侗族自治县畜牧站	朱锡祥
309	湖南省芷江县罗旧镇动物防疫站	曹述兴
310	湖南省岳阳市平江县城关镇农技推广服务中心	余懿
311	湖南省平江县南江镇农业技术推广服务中心	姚小奇
312	湖南省棉花科学研究所	何叔军
313	芷江侗族自治县动物疫病预防控制中心	李培珍
314	湖南省岳阳市屈原管理区营田镇动物防疫站	卢进
315	醴陵市农业技术推广中心	邓立平
316	罗定市农业技术推广中心	梁中尧
317	龙川县植物保护与检疫站	唐铁京
318	台山市农业技术推广中心	陈荣俊
319	平远县畜牧兽医局	林玉
320	怀集县农业技术推广中心	邹夏生
321	连州市水果技术推广总站	黄美聪
322	广西扬翔农牧有限责任公司	李家连
323	广西合浦县农机化技术推广服务站	张传宁
324	广西田东县水产技术推广站	黄维
325	广西武宣县农业技术推广站	韦兰英
326	广西田阳县田州镇农业技术推广站	叶东明
327	广西贺州市八步区贺街镇农业技术推广站	林玲
328	广西灵川县农业技术中心推广站	全明川
329	广西农垦永新畜牧集团有限公司良圻原种猪场	伍少钦
330	广西贵港市覃塘区樟木镇农业技术推广站	韦道鞍
331	广西贵港市水产技术推广站	谢志扬
332	广西容县容州镇农业技术推广站	吴华球
333	广西钦州市畜牧站	张华智
334	广西柳城县农机化技术推广站	韦贵松
335	广西壮族自治区百色市田林县水产畜牧技术推广站	杨丽霞
336	广西柳州市柳南区太阳村镇水产畜牧兽医站	唐丹萍
337	乐东黎族自治县农业技术推广服务中心	蔡开炯
338	重庆市涪陵区畜牧兽医局	韩琴忠
339	重庆市荣昌区广顺街道农业服务中心	陈安忠
340	重庆市云阳县农业技术推广站	武海燕
341	重庆市城口县农业技术推广站	沈云树

（续）

序号	获奖人所在单位	获奖人
342	重庆市万州区多种经营技术推广站	王爱民
343	重庆市大足区畜牧站	王建国
344	重庆市綦江区三江街道农业服务中心	陈全
345	重庆市开州区动物疫病预防控制中心	易兴友
346	重庆市江津区贾嗣镇农业服务中心	涂江波
347	秀山土家族苗族自治县农业技术服务中心	陈仕高
348	广元市昭化区黄龙乡畜牧兽医站	李子东
349	仁寿县文林农机管理服务站	周林波
350	苍溪县元坝镇农技推广站	罗梁安
351	安县农机化技术推广服务站	张世春
352	达州市达川区经济作物技术推广站	郭小文
353	会理县爽馨石榴专业合作社	何永标
354	剑阁县北庙乡农业服务中心	梁兴林
355	富顺县农业技术推广中心	王裕官
356	金堂县植保植检站	杨洁淼
357	蓬溪县常乐镇畜牧兽医防疫检疫站	任文荣
358	泸县嘉明畜牧兽医站	杨正州
359	合江县农技科教推广站	刘继渝
360	内江市东兴区田家畜牧兽医站	钟泽明
361	雷波县农牧局锦城畜牧兽医站	杨胜忠
362	宣汉县畜禽繁育改良站	石长庚
363	荣县正紫镇农业综合服务中心	吴剑
364	南充市农业环境保护监测站	姜磊
365	四川省南充蚕种场	王少伯
366	绵阳市农业科学研究院	余金龙
367	自贡市农牧业局农机管理站	杨航
368	马边彝族自治县动物疫病预防控制中心	周尚文
369	峨眉山市桂花桥镇农业技术服务中心	梁元明
370	仪陇县饲料站	王文艺
371	贵州省铜仁市松桃苗族自治县土肥站	石乔龙
372	独山县农村能源环保站	陆方祥
373	六盘水市钟山区畜牧技术推广站	胡荣平
374	盘县土壤肥料站	金辉
375	石阡县农村能源服务站（农业环境监测站）	李玉才
376	普定县植保植检站	唐承成

（续）

序号	获奖人所在单位	获奖人
377	余庆县农业技术推广站	刘辉
378	思南县动物疫病预防控制中心	覃廷玉
379	余庆县品种改良站	袁正宇
380	贵州省遵义县农机技术推广站	彭伦学
381	云南省保山市龙陵县碧寨乡畜牧兽医工作站	杨新周
382	梁河县畜牧站	周金道
383	玉溪市江川区水产技术推广站	张四春
384	富源县农业技术推广中心	敖文
385	砚山县蔬菜研究所	陈丽
386	个旧市大屯镇农业综合服务中心	管菊
387	盐津县畜牧兽医站	李刚
388	云南省普洱市澜沧县农业技术推广中心	解星明
389	景东彝族自治县文井镇农业服务中心	马学耀
390	勐海县农业环境保护监测站	林松
391	双柏县农业技术推广服务中心	李洪文
392	永胜县动物疫病预防控制中心	夏桂林
393	昆明市西山区茶桑果站	邵抚民
394	巍山县植保植检工作站	张仕伟
395	通海县九龙街道农业技术农机工作站	王正福
396	西藏日喀则市农业技术推广服务中心	德吉央宗
397	陕西省渭南市临渭区农业技术推广中心	武建宽
398	汉滨区农业技术推广中心	汪德义
399	城固县畜牧兽医工作站	胡小宏
400	陕西省汉中市农业科学研究所	葛红心
401	商洛市农产品质量安全检验检测中心	董照锋
402	陕西省水产研究所	王丰
403	西安市户县农业技术推广中心	乔轶宁
404	铜川市畜牧技术推广站	左建武
405	西安市葡萄研究所	纪俭
406	吴起县植保植检站	王宏彦
407	靖远县东湾高科技农业示范园区	张斌祥
408	甘肃省永登县动物疫病预防控制中心	张翠兰
409	定西市安定区畜牧技术推广站	冯强
410	甘肃亚盛田园牧歌草业集团有限责任公司	李天银
411	高台县南华镇农业综合服务中心	侯廷虎

（续）

序号	获奖人所在单位	获奖人
412	华池县农业技术推广中心	谯显明
413	岷县农业技术推广站	陈书珍
414	陇西县种子管理站	郭菊梅
415	临洮县农村能源管理办公室	文小兵
416	武威市凉州区农业技术推广中心	张柏
417	天水市秦州区农机管理站	马耀文
418	甘州区甘浚镇畜牧兽医站	赵德兵
419	武山县渔业工作站	张旭
420	青海省海晏县畜牧兽医站	河生德
421	青海省海东市平安区农业技术推广中心	段伟
422	青海省海北藏族自治州农业科学研究所	安海梅
423	永宁县农业机械安全监理站	陈银
424	宁夏灵武市农业技术推广服务中心	张仲军
425	宁夏隆德县动物疾病预防控制中心	李永刚
426	宁夏农垦贺兰山奶业有限公司	李艳艳
427	宁夏银川市金凤区畜牧水产技术推广服务中心	范慧香
428	宁夏西吉县畜牧水产技术推广服务中心	李忠杰
429	永宁县农业技术推广服务中心	迟永伟
430	宁夏中卫市沙坡头区动物疾病预防控制中心	雍长福
431	吉木萨尔县正东大蒜种植专业合作社	罗正东
432	焉耆县畜牧兽医站	徐候华
433	新疆沙湾县农机技术推广站	卢耀友
434	沙湾县农业技术推广中心	罗志明
435	轮台县农业技术推广中心	苏玲
436	伊犁哈萨克自治州畜禽改良站	乃比江·加纳比力
437	伊宁县草原管理工作站	巴克提·多司木
438	昌吉市农业机械化技术推广站	曹志华
439	伊犁州农业技术推广总站	付文君
440	新疆尉犁县农业技术推广中心	曹健
441	伊宁县农业技术推广中心	王娜
442	昭苏县畜牧兽医站	李海
443	昌吉市新峰奶牛养殖专业合作社	张峰
444	沙雅新垦农机农民专业合作社	田坦克
445	博乐市农区养殖办	孙瑛
446	博乐市农业机械化技术推广站	蒋贵菊

（续）

序号	获奖人所在单位	获奖人
447	阜康市农业技术推广中心	马昌明
448	大连市普兰店区农业技术推广中心	林文忠
449	大连市甘井子区农业技术推广中心	王景英
450	大连金砣水产食品有限公司	王顺全
451	大连金玉养殖有限公司	王寿爽
452	大连千禧苗木果品专业合作社	邹长仁
453	平度市农业技术推广站	朱瑞华
454	青岛市种子站	孙旭亮
455	青岛苑戈庄马铃薯专业合作社	宋增太
456	奉化市翔鹤生态养殖园（普通合伙）	卓仁强
457	奉化市渔业技术推广站	董任彭
458	宁波市农产品质量安全管理总站	吴降星
459	宁海县农业技术推广总站	魏章焕
460	宁波市鄞州姜山联兴粮油专业合作社	卢方兴
461	新疆生产建设兵团第四师（可克达拉市）六十六团四连	韩成功
462	新疆生产建设兵团第二师畜牧兽医工作站	徐建平
463	新疆生产建设兵团第二师畜牧兽医工作站	苗德成
464	新疆生产建设兵团第十二师农业科学研究所	智雪萍
465	新疆生产建设兵团第八师一四二团农业科	朱建波
466	新疆生产建设兵团第十师 187 团	李燕
467	新疆生产建设兵团第一师十六团农业技术推广站	侯小龙
468	新疆生产建设兵团第一师十团农业技术推广站	华瑾
469	新疆生产建设兵团第六师共青团农场农业科	黄江涛
470	新疆生产建设兵团第五师八十四团七连	王平
471	新疆生产建设兵团第三师农业科学研究所	李克富
472	黑龙江省宝泉岭农垦绥滨农场科技科	蒲江波
473	黑龙江省农垦牡丹江管理局农业技术推广站	付东波
474	黑龙江省尖山农场	冯晓辉
475	黑龙江省农垦牡丹江管理局种子管理局	孙文宏
476	黑龙江省铁力农场	李红松
477	黑龙江省引龙河农场	杨宏峰
478	黑龙江省农垦红兴隆管理局农机局	侯林山
479	黑龙江省查哈阳农场绿色食品办公室	张立刚
480	黑龙江省云山农场	何海军
481	黑龙江省前锋农场	周庆华

（续）

序号	获奖人所在单位	获奖人
482	黑龙江省齐齐哈尔种畜场	赵鑫
483	湛江农垦东方红农场十四队	詹亚玲
484	湛江农垦东方红农场	杨荣

五、农业技术推广合作奖名单

序号	项目名称	第一完成单位	主要完成人
1	中甘系列甘蓝品种的示范推广与产业化	北京华耐农业发展有限公司	贾俊、黄建新、杨丽梅、张扬勇、方智远、朱义锋、刘伟、高富欣、刘玉梅、武爱成、齐长红、侯海明、负文俊、苏浴源、朱利成、吴良忠、左继军、赖正锋、王冬梅、刘瑞冬、田炜玮、朱海晨、王玉祥、闫春元、赵雪峰、林锦辉、张丛莹、刘丽丽、张小龙、于静湜
2	杂交谷子丰产高效技术集成与应用	张家口市农业科学院	王宝地、奚玉银、高海琴、叶世峰、沈凤英、罗永华、吴伟刚、武玉环、李秀枝、张雪霞、尉文彬、赵志英、杨立军、史英俊、牛秀芬、章彦俊、乔永成、高建中、赵姝兰、武少元、朱城平、贾宝芝、封生霞、赵立平、赵帅、王征渊、柯军、赵铁军、王有军、张建玮
3	"1＋1＋N"农业技术推广模式的创新与实践	浙江大学	张国平、袁康培、宋文坚、徐海圣、钱文春、张明方、王仪春、邬小撑、叶飞华、叶均安、贾惠娟、殷益明、余东游、沈乃峰、胡伟民、朱炜、夏宜平、董元华、朱祥瑞、屠炳江、严力蛟、石伟勇、苏平、汤一、黄凌霞、叶红霞
4	茶叶质量安全与加工利用技术的开发与集成应用	安徽农业大学	宛晓春、张正竹、夏涛、李尚庆、田明、谢一平、李兵、黄剑虹、周仁桂、宁井铭、刘政权、章玉松、陈辉、许家宏、孙长应、李叶云、董曼薇、吴卫国、唐茂贵、胡淋萍、唐应芬、曾雪鸿、杨学武、焦丰宝、程自红、江稳华、余立平、夏靖远
5	江西双季稻持续丰产增效技术集成创新与应用	江西省农业科学院	谢金水、程飞虎、邵彩虹、潘晓华、周培建、刘光荣、黄山、肖运萍、商庆银、关贤交、何虎、刘小晖、刘功绍、陈先茂、黄晓峰、张美良、邱才飞、曾研华、钱银飞、肖丽萍、杨成春、袁雪梅、康美华、曾广初、郑伟、刘群生、徐赶生、梅胜芳、周军民、吴金发

（续）

序号	项目名称	第一完成单位	主要完成人
6	小麦亩产 800 千克关键集成技术示范与推广	烟台市农业技术推广中心	刘建军、王奎良、陈建友、曲日涛、赵海波、王江春、刘义国、于凯、邹宗峰、王洪章、王茂勇、李作信、王旭芳、李涛、赵严港、董景霜、赵利华、张培苹、刘霞、师长海、任强、李夕梅、谢连杰、李志强、邹瑞红、尉晶、王海英、张鑫、李凡华
7	蔬菜新品种新技术新模式示范推广	武汉市农业科学技术研究院	林处发、周国林、李青松、叶志彪、姜正军、钱运国、郭彩霞、谈太明、汪爱华、周雄祥、张俊红、王孝琴、司升云、李汉霞、李宝喜、徐长城、吴仁锋、杜凤珍、张余洋、祝花、朱运峰、宁斌、王涛涛、王斌才、宋朝阳、陶平、郑术亮、万元香、黄兴学、王自洪
8	高效瘦肉型种猪及其养殖技术示范推广	华南农业大学	吴珍芳、温志芬、罗旭芳、蔡更元、刘德武、曹长仁、陈赞谋、郑恩琴、吴秋豪、张常明、王青来、谢水华、张守全、陈运棣、张豪、刘敬顺、刘珍云、杨明、李紫聪、石俊松、李娅兰、武亮、王声会、陈丽、梁祥解
9	马铃薯高产高效技术集成研究与推广	重庆市农业技术推广总站	黄振霖、赵雨佳、欧建龙、陈永春、沈艳芬、黎华、赵勇、官治文、舒进康、李义江、刘芳、刘元平、冯洋、孔露曦、伍勇、牟婷、许洪富、姚朝富、徐毅丹、江金明、焦大春、郑燊、刘水泉、高艳平、幸建国、周红兵、肖志建
10	云岭牛新品种选育及产业化示范	云南省草地动物科学研究院	黄必志、王安奎、金显栋、杨凯、王喆、付美芬、亏开兴、曹兵海、毛华明、赵刚、李天平、詹靖玺、袁跃云、刘学洪、昝林森、杨章平、李瑞生、杨培昌、黄琦、刘建平、张先勤、梁应海、欧锡均、黄鑫、李增洪、邓家有、李顺东、廖世明
11	甘肃旱地农业系列农机具中试与示范	甘肃省农业机械化技术推广总站	孟养荣、张陆海、刘鹏霞、王赟、张中锋、张勇、雷明成、郑晓莉、闫典明、韩心宇、张荣秾、金运海、张鹏、赵明、王成贵、王彪、王瑞、芝玉胜、付占忠、张军、王海、张向波、王新俊、王生、刘新民、赵谦、董怀军、张俊芳、李辉、董丽梅

（续）

序号	项目名称	第一完成单位	主要完成人
12	肉羊高效养殖综合配套技术示范与推广	宁夏农林科学院草畜工程技术研究中心	李颖康、柴君秀、谭俊、张国鸿、杨东风、李跃军、侯鹏霞、岳彩娟、沈明亮、朱学荣、杨炜迪、刘文玲、尹建国、殷骥、慕芳、余晓文、徐占山、张惠霞、马金国、张颖琪、王学红、吴宝林、王小军、杨学峰、于建勇、鲍兴智、赵萍、何继翔、张涛
13	新疆果蔬农产品协议流通管理与服务技术推广应用示范	新疆农业科学院生物质能源研究所	叶凯、张豫、赵晓梅、鲍立威、许莹、涂振东、李琳、谢能斌、吴玉鹏、李捷、王旭辉、赵娟、李鹏宇、梅宇、季林华、呼文莉、张世雄、朱敏、刘涛
14	规模化棉花精准生产技术及产品示范与推广	石河子大学	吕新、苑严伟、马富裕、王海江、张泽、周利明、祁亚琴、伟利国、安军、冯波、刘阳春、张贤军、张国龙、张强、王秀琴、酒兴丽、鲁淑英、王飞、朱鹏、温鹏飞、曹煜
15	大豆安全节本增效关键技术示范与组装集成	黑龙江八一农垦大学	郑殿峰、冯乃杰、殷丽华、柯希望、梁喜龙、项洪涛、张明聪、韩毅强、贾鹏禹、董爱书、杜吉到、田凤玲、马桂芝、关雪辉、林清河、王晓燕、周亚芳、汪润生、张德军、顾淑丽、刘建生、杨永东、张慎雷、佛明珠、杨智超、张齐凤、张盼盼、张萍
16	高效生物饲料的产业化技术集成与示范推广	中国农业科学院饲料研究所	丁宏标、沙玉圣、印遇龙、陈刚、粟胜兰、陶正国、温庆琪、邵彩梅、钱雪桥、李士泽、杨玉英、肖俊峰、艾晓杰、卞国志、郭庆、朱明、赵剑、黄铁生
17	刺参规模化繁育与养殖模式创建及其产业化推广	中国水产科学研究院黄海水产研究所	王印庚、李成林、廖梅杰、荣小军、李彬、范瑞用、陈顺满、邹安革、孙永军、陈贵平、张正、孙慧玲、宁鲁光、卢枳伸、周朝生、刘崎、余海、张振、张述智、李万春、薛太山、刘永旗、严芳、徐海荣、鞠文明、赵欣涛、宁超峰
18	所地（企）合作推动橡胶树良种热研7-33-97示范与产业化	中国热带农业科学院橡胶研究所	李维国、高新生、黄华孙、张晓飞、王祥军、金军、位明明、张源源、黄肖、谢黎黎、白先权、王新龙、黄月球、蔡儒学、陀志强、陈有义、徐扬川、李振华、廖孝文、黄飞、刘汉文、陈君兴、李四有

（续）

序号	项目名称	第一完成单位	主要完成人
19	检疫性害虫苹果蠹蛾鉴定、监测与防控技术联合研发与推广	全国农业技术推广服务中心	赵守歧、冯晓东、熊红利、张润志、张德满、刘慧、苏小记、郭静敏、李潇楠、徐婧、陈臻、蔡明、秦萌、陈正华、阿丽亚·阿不拉、李伟、丁建云、王海旺、李令蕊、阚青松、焦晓丹、李眘、刘伟、何树文、陈海龙、崔俊锋、陆静、杨勤元、崔艮中、丁咏梅
20	生猪标准化养殖关键技术示范与推广	全国畜牧总站	石有龙、陈瑶生、刘长春、刘小红、杨军香、李加琪、王爱国、黄萌萌、陈清森、赵云翔、秦英林、余丽明、张从林、薛永柱、黄翔